青海省科技基础研究计划《青海省生态保护红线监管技术研究》（2022-ZJ-718）

青海省生态保护红线研究与应用示范

唐文家　张紫萍　刘淑慧　王　剑　毛旭锋 / 主编

中国环境出版集团 · 北京

图书在版编目（CIP）数据

青海省生态保护红线研究与应用示范 / 唐文家等主编. - - 北京：中国环境出版集团，2024.5

ISBN 978-7-5111-5859-8

Ⅰ. ①青… Ⅱ. ①唐… Ⅲ. ①生态环境保护-环境管理-研究-青海 Ⅳ. ①X321.244

中国国家版本馆 CIP 数据核字（2024）第 095241 号

责任编辑 雷 杨
封面设计 艺友品牌

出版发行 中国环境出版集团
（100062 北京市东城区广渠门内大街 16 号）
网 址：http：//www.cesp.com.cn
电子邮箱：bjgl@cesp.com.cn
联系电话：010-67112765（编辑管理部）
发行热线：010-67125803，010-67113405（传真）
印 刷 北京中献拓方科技发展有限公司
经 销 各地新华书店
版 次 2024 年 5 月第 1 版
印 次 2024 年 5 月第 1 次印刷
开 本 787×960 1/16
印 张 20
字 数 467 千字
定 价 98.00 元

编委会

前言

生态保护红线是我国国土空间规划和生态环境体制机制改革的重要制度创新，是国家生态安全的底线和生命线，是自然生态保护领域的基础性制度。划定并严守生态保护红线是党中央、国务院的重大战略部署。

生态保护红线是指为维护国家或区域生态安全和可持续发展，根据生态系统完整性和连通性的保护需求，划定需实施特殊保护的区域。生态保护红线是保障和维护国家生态安全的底线和生命线，通常将具有重要水源涵养、生物多样性维护、水土保持、防风固沙、海岸生态稳定等功能的生态功能重要区域，以及水土流失、土地沙化、石漠化、盐渍化等生态环境敏感脆弱区域纳入生态保护红线。

划定并严守生态保护红线，是贯彻落实主体功能区制度、实施生态空间用途管制的重要举措，是提高生态产品供给能力和生态系统服务功能、构建国家生态安全格局的有效手段，是健全生态文明制度体系、推动绿色发展的有力保障。2014 年，环境保护部启动了全国生态保护红线划定工作，青海省委、省政府将青海省生态保护红线划定工作列为青海省生态文明制度，这是具有突破性和牵引性的改革举措之一，生态保护红线将作为青海省生态文明制度建设总体方案的重点领域和主要任务加以推进。青海省生态环境厅和青海省自然资源厅共同成立了青海省生态保护红线划定工作专班，青海省科学技术厅将生态保护红线列入科技支撑计划和基础研究计划。本书以青海省科技基础研究计划《青海省生态保护红线监管技术研究》（2022-ZJ-718）成果为基础，从生态保护红线划定政策、生态功能评估、生态保护红线方案评估调整、勘界定标以及应用等方面进行了基础研究，为严守生态保护红线发挥科技支撑作用和基础作用。

本书在编写过程中，得到了青海省生态环境监测中心、中国科学院西北生态环境资源研究院、青海师范大学、青海省国土空间规划研究院、青海省地理空间和自然资源大数据中心、青海省气候中心、航天恒星科技有限公司、西安航天天绘数据技术有限公司、青海省环境工程技术评估中心、青海湖裸鲤救护中心、青海省有色第一地质矿产勘查院、青海省质量和标准研究院、青海交通建设管理有限公司、青海省环境科学研究设计院有限公司、陕西地建土地勘测规划设计院等单位给予的极大支持和协助，在此，感谢各单位相关人员付出的辛勤劳动。

全书共 10 章，第 1 章、第 2 章、第 3 章、第 5 章、第 6 章由唐文家完成，第 4 章由张紫萍、唐文家完成，第 7 章由唐文家、张紫萍、刘淑慧完成，第 8 章、第 9 章由刘淑慧完成，第 10 章由张紫萍完成，基础数据格式化转换和非空间数据空间数字化由艾宇、吴向楠、李媛完成。本书由唐文家、王剑、毛旭锋统稿、定稿。由于编著水平所限，书中存在不完善和疏漏之处，恳请专家和广大读者批评指正。

编　者

2024 年 2 月 3 日

目录

第1章

概述

1.1　生态保护红线概念

《国务院关于加强环境保护重点工作的意见》（国发〔2011〕35 号）（以下简称《意见》）提出“在重要生态功能区、陆地和海洋生态环境敏感区、脆弱区等区域划定生态红线”，这是我国首次以国务院文件的形式提出“生态红线”。原环境保护部先后在《国家生态保护红线—生态功能红线划定技术指南（试行）》（环发〔2014〕10 号）和关于印发《生态保护红线划定技术指南》的通知（环发〔2015〕56 号）提出了生态保护红线的概念。《中共中央办公厅　国务院办公厅印发〈关于划定并严守生态保护红线的若干意见〉的通知》（厅字〔2017〕2 号）明确了生态保护红线的概念，生态保护红线是指在生态空间范围内具有特殊重要生态功能、必须强制性严格保护的区域，是保障和维护国家生态安全的底线和生命线，通常包括具有重要水源涵养、生物多样性维护、水土保持、防风固沙、海岸生态稳定等生态功能的重要区域，还包括水土流失、土地沙化、石漠化、盐渍化等生态环境敏感脆弱区域。

2018 年，生态环境部、自然资源部联合发布了生态保护红线标识。生态保护红线标识取自书法和象形文字“山”，体现了“绿水青山就是金山银山”的思想，同时，鲜红的红线给人以警示，传达生态保护红线是生态安全底线和生命线的本质。

1.2　划定并严守生态保护红线是党中央、国务院的重大战略部署

生态保护红线是我国国土空间规划和生态环境体制机制改革的重要制度创新，是保障和维护国家生态安全的底线和生命线，是自然生态保护领域的基础性制度。党的十八大以来，党中央、国务院作出划定并严守生态保护红线的重大战略部署，不仅是坚持和完善中国特色社会主义制度，推进国家治理体系和治理能力现代化的有机组成部分，也是党的百年奋斗重大成就和历史经验的重要组成部分。

2011 年 10 月 17 日，《意见》提出，在重要生态功能区、陆地和海洋生态环境敏感区、脆弱区等区域划定生态红线，首次以国务院文件形式提出生态红线和

划定任务。2013 年 11 月 12 日，党的十八届三中全会通过的《中共中央关于全面深化改革若干重大问题的决定》提出划定生态保护红线。2017 年 10 月 18 日，党的十九大报告提出完成生态保护红线、永久基本农田、城镇开发边界三条控制线的划定工作。2019 年 10 月 31 日，党的十九届四中全会通过的《中共中央关于坚持和完善中国特色社会主义制度推进国家治理体系和治理能力现代化若干重大问题的决定》指出，加快建立健全国土空间规划和用途统筹协调管控制度，统筹划定落实生态保护红线、永久基本农田、城镇开发等空间管控边界以及各类海域保护线，完善主体功能区制度。2021 年 11 月 11 日，党的十九届六中全会通过的《中共中央关于党的百年奋斗重大成就和历史经验的决议》指出，党从思想、法律、体制、组织、作风上全面发力，全方位、全地域、全过程地加强生态环境保护，推动划定生态保护红线、环境质量底线、资源利用上线，开展一系列根本性、开创性、长远性工作。2022 年 10 月 16 日，党的二十大报告提出，以国家重点生态功能区、生态保护红线、自然保护地等为重点，加快实施重要生态系统保护和修复重大工程。

划定并严守生态保护红线工作是改革生态环境保护管理体制、推进生态文明制度建设最重要最优先的任务之一。

《中共中央办公厅　国务院办公厅印发〈关于划定并严守生态保护红线的若干意见〉的通知》（厅字〔2017〕2 号）等文件，提出了划定和严守生态保护红线的总体要求、主要任务和管控措施。

《青海省人民政府关于加强环境保护工作的意见》（青政〔2012〕21 号）中首次提出了划定重要生态功能区、生态环境敏感区和脆弱区等区域的生态红线要求。划定并严守生态保护红线先后被纳入《青海省主体功能区规划》《青海省国民经济和社会发展第十三个五年规划纲要》。青海省第十三次党代会报告提出，严守资源消耗上限、环境质量底线、生态保护红线，将各类开发活动限制在资源环境承载力之内。青海省委、青海省人民政府出台《关于贯彻落实〈中共中央　国务院关于加快推进生态文明建设的意见〉的实施意见》《关于贯彻落实〈中共中央　国务院生态文明体制改革总体方案〉的实施意见》（青发〔2015〕13 号），将生态保护红线划定与国家公园体制建设作为生态文明建设和生态文明体制改革予以重点推进。《青海省人民政府办公厅关于印发〈青海省生态保护红线划定和管理工作方案〉的通知》（青政办〔2017〕157 号）中，提出了生态保护红线划定的具体要求、主要任务和保障措施。中共青海省委印发的《关于加快把青藏高原打造成为全国乃至国际生态文明高地的行动方案》提出，建立覆盖全域、全类型与全过程的国土空间用途管制，严守生态保护红线，整合构建生态空间管制规则。

1.3　划定并严守生态保护红线是法定任务

在法律层面，建立了生态保护红线制度，划定并严守生态保护红线先后被纳入修订后的《中华人民共和国环境保护法》《中华人民共和国国家安全法》《中华人民共和国水污染防治法》《中华人民共和国海洋环境保护法》《中华人民共和国固体废物污染环境防治法》以及《中华人民共和国长江保护法》《中华人民共和国黄河保护法》《中华人民共和国湿地保护法》《中华人民共和国青藏高原生态保护法》等。

《中华人民共和国环境保护法》（2014 年 4 月 24 日第十二届全国人民代表大会常务委员会第八次会议修订，自 2015 年 1 月 1 日起施行）（以下简称《环境保护法》）是生态环境保护领域的基础性、综合性法律，是我国生态环境保护领域的基本法，被媒体评论为“史上最严环保法”。《环境保护法》是首部建立了生态保护红线制度的法律，第二十九条：国家在重点生态功能区、生态环境敏感区和脆弱区等区域划定生态保护红线，实行严格保护。

《中华人民共和国国家安全法》（2015 年 7 月 1 日第十二届全国人民代表大会常务委员会第十五次会议审议通过，自公布之日起施行）（以下简称《国家安全法》）是一部立足全局、统领国家安全各领域工作的综合性、全局性、基础性法律。国家安全工作应当坚持总体国家安全观，以人民安全为宗旨，以政治安全为根本，以经济安全为基础，以军事、文化、社会安全为保障，以促进国际安全为依托，维护各领域国家安全，构建国家安全体系，走中国特色国家安全道路。生态保护红线纳入国家安全战略框架是国家安全和国家生态安全的重要组成部分，划定生态保护红线是守住国家生态安全的底线，为保障国家安全奠定了坚实的基础。《国家安全法》第三十条：国家完善生态环境保护制度体系，加大生态建设和环境保护力度，划定生态保护红线，强化生态风险的预警和防控，妥善处置突发环境事件，保障人民赖以生存发展的大气、水、土壤等自然环境和条件不受威胁和破坏，促进人与自然和谐发展。

《中华人民共和国水污染防治法》（2017年6月27日第十二届全国人民代表大会常务委员会第二十八次会议第二次修正）第二十九条：从事开发建设活动，应当采取有效措施，维护流域生态环境功能，严守生态保护红线。

《中华人民共和国固体废物污染环境防治法》（2020年4月29日第十三届全国人民代表大会常务委员会第十七次会议第二次修订）第二十一条：在生态保护红线区域、永久基本农田集中区域和其他需要特别保护的区域内，禁止建设工业固体废物、危险废物集中贮存、利用、处置的设施、场所和生活垃圾填埋场。

《中华人民共和国长江保护法》（2020年12月26日第十三届全国人民代表大会常务委员会第二十四次会议通过，自2021年3月1日起施行）（以下简称《长江保护法》）是为了加强长江流域生态环境保护和修复，促进资源合理高效利用，保障生态安全，实现人与自然和谐共生、中华民族永续发展而制定。长江流域是指由长江干流、支流和湖泊形成的集水区域所涉及的青海省、四川省、西藏自治区、云南省、重庆市、湖北省、湖南省、江西省、安徽省、江苏省、上海市，以及甘肃省、陕西省、河南省、贵州省、广西壮族自治区、广东省、浙江省、福建省的相关县级行政区域。《长江保护法》第十九条：国务院自然资源主管部门会同国务院有关部门组织编制长江流域国土空间规划，科学有序统筹安排长江流域生态、农业、城镇等功能空间，划定生态保护红线、永久基本农田、城镇开发边界，优化国土空间结构和布局，统领长江流域国土空间利用任务，报国务院批准后实施。第二十七条：严格限制在长江流域生态保护红线、自然保护地、水生生物重要栖息地水域实施航道整治工程；确需整治的，应当经科学论证，并依法办理相关手续。第六十一条：生态保护红线范围内的水土流失地块，以自然恢复为主，按照规定有计划地实施退耕还林还草还湿；划入自然保护地核心保护区的永久基本农田，依法有序退出并予以补划。

《中华人民共和国黄河保护法》（2022年10月30日第十三届全国人民代表大会常务委员会第三十七次会议通过，自2023年4月1日起施行）（以下简称《黄河保护法》）是为了加强黄河流域生态环境保护，保障黄河安澜，推进水资源节约集约利用，推动高质量发展，保护传承弘扬黄河文化，实现人与自然和谐共生、中华民族永续发展而制定。《黄河保护法》第二十二条：国务院自然资源主管部门应当会同国务院有关部门组织编制黄河流域国土空间规划，科学有序统筹安排黄河流域农业、生态、城镇等功能空间，划定永久基本农田、生态保护红线、城镇开发边界，优化国土空间结构和布局，统领黄河流域国土空间利用任务，报国务院批准后实施。第二十六条：黄河流域省级人民政府根据本行政区域的生态环境和资源利用状况，按照生态保护红线、环境质量底线、资源利用上线的要求，制定生态环境分区管控方案和生态环境准入清单，报国务院生态环境主管部门备案后实施。生态环境分区管控方案和生态环境准入清单应当与国土空间规划相衔接。

《中华人民共和国青藏高原生态保护法》（2023 年 4 月 26 日第十四届全国人民代表大会常务委员会第二次会议通过，自 2023 年 9 月 1 日起施行）（以下简称《青藏高原生态保护法》），青藏高原被称为世界屋脊、亚洲水塔、世界第三极，青藏高原是我国重要的生态安全屏障，其生态保护地位特殊。制定《青藏高原生态保护法》是为了加强青藏高原生态保护，建设国家生态文明高地，促进经济社会可持续发展，实现人与自然和谐共生。《青藏高原生态保护法》第十二条：青藏高原县级以上地方人民政府组织编制本行政区域的国土空间规划，应当落实国家对青藏高原国土空间开发保护的有关要求，细化安排农业、生态、城镇等功能空间，统筹划定耕地和永久基本农田、生态保护红线、城镇开发边界。第十三条：青藏高原国土空间开发利用活动应当符合国土空间用途管制要求。青藏高原生态空间内的用途转换，应当有利于增强森林、草原、河流、湖泊、湿地、冰川、荒漠等生态系统的生态功能。青藏高原省级人民政府应当加强对生态保护红线内人类活动的监督管理，定期评估生态保护成效。第十四条：青藏高原省级人民政府根据本行政区域的生态环境和资源利用状况，按照生态保护红线、环境质量底线、资源利用上线的要求，从严制定生态环境分区管控方案和生态环境准入清单，报国务院生态环境主管部门备案后实施。生态环境分区管控方案和生态环境准入清单应当与国土空间规划相衔接。第二十条：青藏高原省级人民政府应当将大型冰帽冰川、小规模冰川群等划入生态保护红线，对重要雪山冰川实施封禁保护，采取有效措施，严格控制人为扰动。

《青海省生态环境保护条例》（2022 年 3 月 29 日青海省第十三届人民代表大会常务委员会第三十次会议通过）第二十六条：逐步建立生态保护红线、环境质量底线、资源利用上线和生态环境准入清单为核心的生态环境分区管控体系。县级以上人民政府及其有关部门应当将生态保护红线、环境质量底线、资源利用上线、生态环境准入清单作为经济社会发展综合决策和生态环境目标管理的重要依据。

1.4 建立国土空间规划体系的重要内容

生态保护红线是国土空间规划中的重要管控边界。《中共中央办公厅 国务院办公厅印发〈关于划定并严守生态保护红线的若干意见〉的通知》（厅字〔2017〕2 号）指出，空间规划编制要将生态保护红线作为重要基础，发挥生态保护红线对于国土空间开发的底线作用。《中共中央 国务院关于建立国土空间规划体系并监督实施的若干意见》（中发〔2019〕18 号）指出，科学有序统筹布局生态、农业、城镇等功能空间，划定生态保护红线、永久基本农田、城镇开发等空间管控边界以及各类海域保护线，强化底线约束，为可持续发展预留空间。《中共中央办公厅 国务院办公厅关于在国土空间规划中统筹划定落实三条控制线的指导意见》（厅字〔2019〕48 号）指出，统筹划定落实生态保护红线、永久基本农田、城镇开发边界三条控制线，落实最严格的生态环境保护制度、耕地保护制度和节约用地制度，将三条控制线作为调整经济结构、规划产业发展、推进城镇化不可逾越的红线，夯实中华民族永续发展基础。以资源环境承载力和国土空间开发适宜性评价为基础，科学有序统筹布局生态、农业、城镇等功能空间，强化底线约束，优先保障生态安全、粮食安全、国土安全，科学划定落实三条控制线，做到不交叉、不重叠、不冲突。

划定并严守生态保护红线是实施国土空间用途管制的重大支撑，是将用途管制扩大到所有自然生态空间的关键环节，有利于健全国土空间用途管制制度，推动形成以空间规划为基础、以用途管制为主要手段的国土空间开发保护制度。

1.5 构建生态环境分区管控制度的重要基础

党的十九届六中全会通过的《中共中央关于党的百年奋斗重大成就和历史经

验的决议》指出，党从思想、法律、体制、组织、作风上全面发力，全方位、全地域、全过程加强生态环境保护，推动划定生态保护红线、环境质量底线、资源利用上线，开展一系列根本性、开创性、长远性工作。《中共中央　国务院关于全面加强生态环境保护坚决打好污染防治攻坚战的意见》指出，落实生态保护红线、环境质量底线、资源利用上线硬约束，深化供给侧结构性改革，推动形成绿色发展方式和生活方式，坚定不移走生产发展、生活富裕、生态良好的文明发展道路。《中共中央　国务院关于深入打好污染防治攻坚战的意见》提出，加强生态环境分区管控。衔接国土空间规划分区和用途管制要求，将生态保护红线、环境质量底线、资源利用上线的硬约束落实到环境管控单元，建立差别化的生态环境准入清单，加强“三线一单”成果在政策制定、环境准入、园区管理、执法监管等方面的应用。

生态保护红线、环境质量底线、资源利用上线和生态环境准入清单（“三线一单”）生态环境分区管控体系是以改善环境质量为核心，以生态保护红线、环境质量底线、资源利用上线为基础，将行政区域划分为若干环境管控单元，在一张图上落实生态保护、环境质量目标管理、资源利用管控要求，按照环境管控单元编制环境准入负面清单，构建环境分区管控体系。筑牢生态优先、绿色发展的底线，强化综合治理、系统治理、精准治理，推动构建新发展格局。优化生态环境保护空间格局，服务高质量发展，推进高水平保护，协同推动减污降碳，强化“两高”行业源头管控。“三线一单”生态环境分区管控将生态环境保护的规矩立在前面，是源头预防和系统管理的重要手段。核心是服务于环境质量改善，落实到优先保护、重点管控、一般管控三类环境管控单元，实现生态环境管理的精细化、系统化和空间化。衔接国土空间规划分区和用途管制要求，分区分类优化环境管控分区和生态环境准入清单，守住环境质量底线。

1.6　保障和维护国家生态安全的底线和生命线

《中共中央办公厅　国务院办公厅印发〈关于划定并严守生态保护红线的若干意见〉的通知》（厅字〔2017〕2 号）指出，落实《环境保护法》等相关法律法规，统筹考虑自然生态整体性和系统性，开展科学评估，按照生态功能的重要性、生态环境的敏感性与脆弱性划定生态保护红线，并落实到国土空间，系统构建国家生态安全格局。

《中国的生物多样性保护白皮书》（2021 年 10 月）指出，划定并严守生态保护红线。生态保护红线是中国国土空间规划和生态环境体制机制改革的重要制度创新。中国创新生态空间保护模式，将具有生物多样性维护等生态功能极重要区域和生态极脆弱区域划入生态保护红线，进行严格保护。初步划定的生态保护红线，集中分布于青藏高原、天山山脉、内蒙古高原、大小兴安岭、秦岭、南岭，以及黄河流域、长江流域、海岸带等重要生态安全屏障和区域。生态保护红线涵盖森林、草原、荒漠、湿地、红树林、珊瑚礁及海草床等重要生态系统，覆盖全国生物多样性分布的关键区域，保护绝大多数珍稀濒危物种及其栖息地。中国“划定生态保护红线，减缓和适应气候变化”行动倡议，入选联合国“基于自然的解决方案”全球 15 个精品案例。生态保护红线的划定与生物多样性保护具有高度的战略契合性、目标协同性和空间一致性，将有效提升生态系统服务功能，维护国家生态安全及经济社会可持续发展所必需的最基本生态空间。

《新时代的中国绿色发展白皮书》（2023 年 1 月）指出，科学划定生态保护红线。生态保护红线是国家生态安全的底线和生命线。中国将生态功能极重要、生态极脆弱以及具有潜在重要生态价值的区域划入生态保护红线，包括整合优化后的自然保护地，实现一条红线管控重要生态空间。中国陆域生态保护红线面积占陆域国土面积的比例超过了 30%。通过划定生态保护红线和编制生态保护修复规划，巩固了以青藏高原生态屏障区、黄河重点生态区（含黄土高原生态屏障）、长江重点生态区（含川滇生态屏障）、东北森林带、北方防沙带、南方丘陵山地带、海岸带等为依托的“三区四带”生态安全格局。

青海是长江、黄河、澜沧江、黑河的发源地。三江源地区被誉为“中华水塔”。青海湖是阻止西部荒漠向东蔓延的天然屏障，是维系青藏高原东北部生态安全的重要节点。祁连山作为“青海北大门”，其冰川雪山融化形成的河流不但滋润灌溉着青海祁连山地区，而且滋润灌溉着甘肃、内蒙古部分地区，被誉为河西走廊的“天然水库”。青海独特的生态环境造就了世界上高海拔地区独一无二的大面积湿地生态系统，是世界上高海拔地区生物多样性、基因多样性、遗传多样性最集中的地区，是高寒生物自然物种资源库。青海最大的价值在生态、最大的责任在生态、最大的潜力也在生态。青海的生态地位十分重要，无法替代。保护好青海生态环境是“国之大者”。

生态安全是国家安全体系的重要基础，提供了人类生存发展的基本条件，是经济发展的基本保障，是社会稳定的坚固基石，是资源安全的重要组成部分，还是全球治理的重要内容。划定并严守生态保护红线，是贯彻落实主体功能区制度、实施生态空间用途管制的重要举措，是提高生态产品供给能力和生态系统服务功能、构建国家生态安全格局的有效手段，是健全生态文明制度体系、推动绿色发展的有力保障。

第2章

政策要求

根据国务院、全国人大、青海省人民政府、生态环境部、国家发展改革委、自然资源部、农业农村部、水利部、科技部、国家林业和草原局等门户网站，以及《中华人民共和国国务院公报》《青海省人民政府公报》（《青海政报》）、《中华人民共和国农业农村部公报》（《农业部公报》）等公开发布的有关生态保护红线政策文件、重大规划、法律规章，按照中央文件层面、部委文件层面、省级文件层面、法律法规层面、技术规程层面进行了汇总和摘录。

2.1　中央文件

2011 年 10 月，首次在国家层面提出生态保护红线，特别是党的十八大以来，党中央、国务院作出了一系列重大决策部署，党的二十大报告，制定了划定并严守生态保护红线相关政策措施，明确了划定与严守的职能部门，在重大战略规划中贯彻落实生态保护红线，并纳入《中国的生物多样性保护》等多个白皮书，见表 2-1。

表 2-1　党中央、国务院有关生态保护红线政策要求

序号	日期	文件名称	有关内容（节录）
1	2022.10.16	高举中国特色社会主义伟大旗帜　为全面建设社会主义现代化国家而团结奋斗	提升生态系统多样性、稳定性、持续性。以国家重点生态功能区、生态保护红线、自然保护地等为重点，加快实施重要生态系统保护和修复重大工程
2	2021.11.11	中共中央关于党的百年奋斗重大成就和历史经验的决议	党从思想、法律、体制、组织、作风上全面发力，全方位、全地域、全过程加强生态环境保护，推动划定生态保护红线、环境质量底线、资源利用上线，开展一系列根本性、开创性、长远性工作
3	2020.10.29	中共中央关于制定国民经济和社会发展第十四个五年规划和二〇三五年远景目标的建议	完善自然保护地、生态保护红线监管制度，开展生态系统保护成效监测评估

序号	日期	文件名称	有关内容（节录）
4	2019.10.31	中共中央关于坚持和完善中国特色社会主义制度推进国家治理体系和治理能力现代化若干重大问题的决定	实行最严格的生态环境保护制度。加快建立健全国土空间规划和用途统筹协调管控制度，统筹划定落实生态保护红线、永久基本农田、城镇开发边界等空间管控边界以及各类海域保护线，完善主体功能区制度
5	2017.10.18	决胜全面建成小康社会，夺取新时代中国特色社会主义伟大胜利	完成生态保护红线、永久基本农田、城镇开发边界三条控制线划定工作
6	2013.11.12	中共中央关于全面深化改革若干重大问题的决定	划定生态保护红线
7	2021.03.11	中华人民共和国国民经济和社会发展第十四个五年规划和二〇三五年远景目标纲要	完善生态安全屏障体系。强化国土空间规划和用途管控，划定落实生态保护红线、永久基本农田、城镇开发边界以及各类海域保护线。以国家重点生态功能区、生态保护红线、国家级自然保护地等为重点，实施重要生态系统保护和修复重大工程。 完善自然保护地、生态保护红线监管制度，开展生态系统保护成效监测评估
8	2016.03.16	中华人民共和国国民经济和社会发展第十三个五年规划纲要	划定生态保护红线，实施分区管理。划定农业空间和生态空间保护红线，拓展重点生态功能区覆盖范围，加大禁止开发区域保护力度。落实生态空间用途管制，划定并严守生态保护红线，确保生态功能不降低、面积不减少、性质不改变
9	2023.05.25	国家水网建设规划纲要	建设生态水网工程。把生态文明理念贯穿国家水网规划、设计、建设、运行、管理全过程，优化水网工程布局和建设方案，严格执行规划和建设项目环境影响评价制度，落实国土空间规划管控要求，水网工程建设应尽量避让耕地和永久基本农田、生态保护红线，避免压覆重要矿床

序号	日期	文件名称	有关内容（节录）
10	2022.02.22	中共中央　国务院关于做好 2022 年全面推进乡村振兴重点工作的意见	按照耕地和永久基本农田、生态保护红线、城镇开发边界的顺序，统筹划定落实三条控制线
11	2021.11.07	中共中央　国务院关于深入打好污染防治攻坚战的意见	加强生态环境分区管控。衔接国土空间规划分区和用途管制要求，将生态保护红线、环境质量底线、资源利用上线的硬约束落实到环境管控单元，建立差别化的生态环境准入清单，加强“三线一单”成果在政策制定、环境准入、园区管理、执法监管等方面的应用。 强化生态保护监管。用好第三次全国国土调查成果，构建完善生态监测网络，建立全国生态状况评估报告制度，加强重点区域流域海域、生态保护红线、自然保护地、县域重点生态功能区等生态状况监测评估。加强自然保护地和生态保护红线监管，依法加大生态破坏问题监督和查处力度，持续推进“绿盾”自然保护地强化监督专项行动
12	2021.10.24	中共中央　国务院关于完整准确全面贯彻新发展理念做好碳达峰碳中和工作的意见	巩固生态系统碳汇能力。强化国土空间规划和用途管控，严守生态保护红线，严控生态空间占用，稳定现有森林、草原、湿地、海洋、土壤、冻土、岩溶等固碳作用
13	2021.10.08	黄河流域生态保护和高质量发展规划纲要	将具有重要生态功能的高山草甸、草原、湿地、森林生态系统纳入生态保护红线管控范围，强化保护和用途管制措施。 在组织开展黄河流域生态现状调查、生态风险隐患排查的基础上，以最大限度地保持生态系统完整性和功能性为前提，加快黄河流域生态保护红线、环境质量底线、自然资源利用上线和生态环境准入清单“三线一单”编制，构建生态环境分区管控体系

序号	日期	文件名称	有关内容（节录）
14	2021.04.23	中共中央　国务院关于新时代推动中部地区高质量发展的意见	将生态保护红线、环境质量底线、资源利用上线的硬约束落实到环境管控单元，建立全覆盖的生态环境分区管控体系
15	2019.09.19	交通强国建设纲要	强化交通生态环境保护修复。严守生态保护红线，严格落实生态保护和水土保持措施，严格实施生态修复、地质环境治理恢复与土地复垦，将生态环保理念贯穿交通基础设施规划、建设、运营和养护全过程
16	2019.05.10	中共中央　国务院关于建立国土空间规划体系并监督实施的若干意见（中发〔2019〕18号）	在资源环境承载力和国土空间开发适宜性评价的基础上，科学有序统筹布局生态、农业、城镇等功能空间，划定生态保护红线、永久基本农田、城镇开发边界等空间管控边界以及各类海域保护线，强化底线约束，为可持续发展预留空间。 健全用途管制制度。对以国家公园为主体的自然保护地、重要海域和海岛、重要水源地、文物等实行特殊保护制度。 坚持底线思维，立足资源禀赋和环境承载力，加快构建生态功能保障基线、环境质量安全底线、自然资源利用上线
17	2019.04.15	中共中央　国务院关于建立健全城乡融合发展体制机制和政策体系的意见	坚持守住底线、防范风险。正确处理改革发展稳定关系，在推进体制机制破旧立新过程中，守住土地所有制性质不改变、耕地红线不突破、农民利益不受损底线，守住生态保护红线，守住乡村文化根脉，高度重视和有效防范各类政治经济社会风险。 按照“多规合一”要求编制市县空间规划，实现土地利用规划、城乡规划等有机融合，确保“三区三线”在市县层面精准落地

序号	日期	文件名称	有关内容（节录）
18	2018.11.18	中共中央　国务院关于建立更加有效的区域协调发展新机制的意见	建立区域均衡的财政转移支付制度。严守生态保护红线，完善主体功能区配套政策，中央财政加大对重点生态功能区转移支付力度，提供更多优质生态产品
19	2018.09.26	《乡村振兴战略规划（2018—2022 年）》的通知（中发〔2018〕18 号）	坚持人与自然和谐共生。牢固树立和践行绿水青山就是金山银山的理念，落实节约优先、保护优先、自然恢复为主的方针，统筹山水林田湖草系统治理，严守生态保护红线，以绿色发展引领乡村振兴。 强化国土空间规划对各专项规划的指导约束作用，统筹自然资源开发利用、保护和修复，按照不同主体功能定位和陆海统筹原则，开展资源环境承载力和国土空间开发适宜性评价，科学划定生态、农业、城镇等空间和生态保护红线、永久基本农田、城镇开发边界及海洋生物资源保护线、围填海控制线等主要控制线
20	2018.06.16	中共中央　国务院关于全面加强生态环境保护坚决打好污染防治攻坚战的意见（中发〔2018〕17 号）	（全国）生态保护红线面积占比达到 25%左右。 坚持保护优先。落实生态保护红线、环境质量底线、资源利用上线硬约束，深化供给侧结构性改革，推动形成绿色发展方式和生活方式，坚定不移地走生产发展、生活富裕、生态良好的文明发展道路。加快生态保护与修复。坚持自然恢复为主，统筹开展全国生态保护与修复，全面划定并严守生态保护红线，提升生态系统质量和稳定性。 划定并严守生态保护红线。按照应保尽保、应划尽划的原则，将生态功能重要区域、生态环境敏感脆弱区域纳入生态保护红线。到 2020 年，全面完成全国生态保护红线划定、勘界定标，形成生态保护红线全国“一张图”，实现一条红线管控重要生态空间。制定实施生态保护红线管理办

序号	日期	文件名称	有关内容（节录）
20	2018.06.16	中共中央　国务院关于全面加强生态环境保护坚决打好污染防治攻坚战的意见（中发〔2018〕17号）	法、保护修复方案，建设国家生态保护红线监管平台，开展生态保护红线监测预警与评估考核。 改革完善生态环境治理体系。完善生态环境监管体系。省级党委和政府加快确定生态保护红线、环境质量底线、资源利用上线，制定生态环境准入清单，在地方立法、政策制定、规划编制、执法监管中不断变通突破、降低标准，不符合、不衔接、不适应的于 2020 年年底前完成调整。实施生态环境统一监管。 健全生态环境保护经济政策体系。增加中央财政对国家重点生态功能区、生态保护红线区域等生态功能重要地区的转移支付，继续安排中央预算内投资对重点生态功能区给予支持
21	2018.01.02	中共中央　国务院关于实施乡村振兴战略的意见（中发〔2018〕1号）	坚持人与自然和谐共生。牢固树立和践行绿水青山就是金山银山的理念，落实节约优先、保护优先、自然恢复为主的方针，统筹山水林田湖草系统治理，严守生态保护红线，以绿色发展引领乡村振兴
22	2016.01.27	中共中央　国务院关于落实发展新理念加快农业现代化实现全面小康目标的若干意见（2015年12月31日）	划定农业空间和生态空间保护红线
23	2015.09.21	中共中央　国务院关于印发《生态文明体制改革总体方案》的通知（中发〔2015〕25号）	健全国土空间用途管制制度。将用途管制扩大到所有自然生态空间，划定并严守生态红线，严禁任意改变用途，防止不合理开发建设活动对生态红线的破坏
24	2015.04.25	中共中央　国务院关于加快推进生态文明建设的意见（中发〔2015〕12号）	主要目标。生态文明重大制度基本确立。基本形成源头预防、过程控制、损害赔偿、责任追究的生态文明制度体系，自然资源资产产权和用途管制、生态保护红线、生态保护补偿、生态环境保护管理体制等关键制度建设取得决定性成果。

序号	日期	文件名称	有关内容（节录）
24	2015.04.25	中共中央　国务院关于加快推进生态文明建设的意见（中发〔2015〕12 号）	健全生态文明制度体系。严守资源环境生态红线。树立底线思维，设定并严守资源消耗上限、环境质量底线、生态保护红线，将各类开发活动限制在资源环境承载力之内。合理设定资源消耗“天花板”，加强能源、水、土地等战略性资源管控，强化能源消耗强度控制，做好能源消费总量管理。继续实施水资源开发利用控制、用水效率控制、水功能区限制纳污三条红线管理。划定永久基本农田，严格实施永久保护，对新增建设用地占用耕地规模实行总量控制，落实耕地占补平衡，确保耕地数量不下降、质量不降低。严守环境质量底线，将大气、水、土壤等环境质量“只能更好、不能变坏”作为地方各级政府环保责任红线，相应确定污染物排放总量限值和环境风险防控措施。在重点生态功能区、生态环境敏感区和脆弱区等区域划定生态红线，确保生态功能不降低、面积不减少、性质不改变；科学划定森林、草原、湿地、海洋等领域生态红线，严格自然生态空间征（占）用管理，有效遏制生态系统退化的趋势。探索建立资源环境承载力监测预警机制，对资源消耗和环境容量接近或超过承载能力的地区，及时采取区域限批等限制性措施
25	2015.03.17	中共中央　国务院印发《国有林场改革方案》和《国有林区改革指导意见》	森林是陆地生态的主体，是国家、民族生存的资本和根基，关系生态安全、淡水安全、国土安全、物种安全、气候安全和国家生态外交大局。要以维护和提高森林资源生态功能作为改革的出发点和落脚点，实行最严格的国有林场林地和林木资源管理制度，确保国有森林资源不破坏、国有资产不流失，为坚守生态红线发挥骨干作用
26	2014.03.16	中共中央　国务院印发《国家新型城镇化规划（2014—2020 年）》的通知（中发〔2014〕4 号）	合理划定生态保护红线，扩大城市生态空间，增加森林、湖泊、湿地面积，将农村废弃地、其他污染土地、工矿用地转化为生态用地，在城镇化地区合理建设绿色生态廊道。建立空间规划体系，坚定不移实施主体功能区制度，划定生态保护红线

序号	日期	文件名称	有关内容（节录）
27	2014.01.02	中共中央　国务院印发《关于全面深化农村改革加快推进农业现代化的若干意见》	加大生态保护建设力度。抓紧划定生态保护红线
28	2023.01.03	中共中央办公厅　国务院办公厅印发《关于加强新时代水土保持工作的意见》	将水土保持生态功能重要区域和水土流失敏感脆弱区域纳入生态保护红线，实行严格管控，减少人类活动对自然生态空间的占用。 统筹布局和加快实施重要生态系统保护和修复重大工程，推进国家重点生态功能区、生态保护红线、自然保护地等区域一体化生态保护和修复
29	2022.05.06	中共中央办公厅　国务院办公厅印发《关于推进以县城为重要载体的城镇化建设的意见》	统筹发展和安全，严格落实耕地和永久基本农田、生态保护红线、城镇开发边界
30	2022.03.23	中共中央办公厅　国务院办公厅印发《关于构建更高水平的全民健身公共服务体系的意见》	户外运动设施不能逾越生态保护红线，不能破坏自然生态系统，充分利用自然环境打造运动场景
31	2021.12.05	中共中央办公厅　国务院办公厅印发《农村人居环境整治提升五年行动方案（2021—2025 年）》	在严守耕地和生态保护红线的前提下，优先保障农村人居环境设施建设用地，优先利用荒山、荒沟、荒丘、荒滩开展农村人居环境项目建设
32	2021.10.21	中共中央办公厅　国务院办公厅印发《关于推动城乡建设绿色发展的意见》	在国土空间规划中统筹划定生态保护红线、永久基本农田、城镇开发边界等管控边界，统筹生产、生活、生态空间，实施最严格的耕地保护制度，建立水资源刚性约束制度，建设与资源环境承载力相匹配、重大风险防控相结合的空间格局。协同建设区域生态网络和绿道体系，衔接生态保护红线、环境质量底线、资源利用上线和生态环境准入清单，改善区域生态环境

序号	日期	文件名称	有关内容（节录）
33	2021.10.19	中共中央办公厅　国务院办公厅印发《关于进一步加强生物多样性保护的意见》	落实就地保护体系。在国土空间规划中统筹划定生态保护红线，优化调整自然保护地，加强对生物多样性保护优先区域的保护监管，明确重点生态功能区生物多样性保护和管控政策。 建立重要保护物种栖息地生态破坏定期遥感监测机制，将危害国家重点保护野生动植物及其栖息地行为和整治情况纳入中央生态环境保护督察、“绿盾”自然保护地强化监督等专项行动。结合生态保护红线生态破坏监管试点，严肃查处危害生物多样性的行为
34	2021.09.12	中共中央办公厅　国务院办公厅印发《关于深化生态保护补偿制度改革的意见》	改进纵向补偿办法。根据生态效益外溢性、生态功能重要性、生态环境敏感性和脆弱性等特点，在重点生态功能区转移支付中实施差异化补偿。引入生态保护红线作为相关转移支付分配因素，加大对生态保护红线覆盖比例较高地区支持力度。 完善生态环境监测体系。加快构建统一的自然资源调查监测体系，开展自然资源分等定级和全民所有自然资源资产清查。健全统一的生态环境监测网络，优化全国重要水体、重点区域、重点生态功能区和生态保护红线等国家生态环境监测点位布局，提升自动监测预警能力，加快完善生态保护补偿监测支撑体系，推动开展全国生态质量监测评估
35	2021.04.26	中共中央办公厅　国务院办公厅印发《关于建立健全生态产品价值实现机制的意见》	建立健全生态产品保护补偿机制。完善纵向生态保护补偿制度。中央和省级财政参照生态产品价值核算结果、生态保护红线面积等因素，完善重点生态功能区转移支付资金分配机制
36	2021.01.15	中共中央办公厅　国务院办公厅印发《关于全面推行林长制的意见》	加强森林草原资源生态保护。严格森林草原资源保护管理，严守生态保护红线

序号	日期	文件名称	有关内容（节录）
37	2019.11.01	中共中央办公厅　国务院办公厅印发《关于在国土空间规划中统筹划定落实三条控制线的指导意见》的通知（厅字〔2019〕48 号）	科学划定落实三条控制线，做到不交叉、不重叠、不冲突。 按照生态功能划定生态保护红线。生态保护红线是指在生态空间范围内具有特殊重要生态功能、必须强制性严格保护的区域。优先将具有重要水源涵养、生物多样性维护、水土保持、防风固沙、海岸防护等功能的生态功能极重要区域，以及生态极敏感脆弱的水土流失、沙漠化、石漠化、海岸侵蚀等区域划入生态保护红线。其他经评估目前虽然不能确定但具有潜在重要生态价值的区域也划入生态保护红线。对自然保护地进行调整优化，评估调整后的自然保护地应划入生态保护红线；自然保护地发生调整的，生态保护红线相应调整。生态保护红线内，自然保护地核心保护区原则上禁止人为活动，其他区域严格禁止开发性、生产性建设活动，在符合现行法律法规前提下，除国家重大战略项目外，仅允许对生态功能不造成破坏的有限人为活动，主要包括：零星的原住居民在不扩大现有建设用地和耕地规模前提下，修缮生产生活设施，保留生活必需的少量种植、放牧、捕捞、养殖；因国家重大能源资源安全需要开展的战略性能源资源勘查，公益性自然资源调查和地质勘查；自然资源、生态环境监测和执法包括水文水资源监测及涉水违法事件的查处等，灾害防治和应急抢险活动；经依法批准进行的非破坏性科学研究观测、标本采集；经依法批准的考古调查发掘和文物保护活动；不破坏生态功能的适度参观旅游和相关的必要公共设施建设；必须且无法避让、符合县级以上国土空间规划的线性基础设施建设、防洪和供水设施建设与运行维护；重要生态修复工程

序号	日期	文件名称	有关内容（节录）
38	2019.07.23	中共中央办公厅　国务院办公厅印发《天然林保护修复制度方案》	依据国土空间规划划定的生态保护红线以及生态区位重要性、自然恢复能力、生态脆弱性、物种珍稀性等指标，确定天然林保护重点区域，分区施策，分别采取封禁管理，自然恢复为主、人工促进为辅或其他复合生态修复措施
39	2019.06.16	中共中央办公厅　国务院办公厅印发《关于建立以国家公园为主体的自然保护地体系的指导意见》的通知（中办发〔2019〕42 号）	到 2020 年，提出国家公园及各类自然保护地总体布局和发展规划，完成国家公园体制试点，设立一批国家公园，完成自然保护地勘界立标并与生态保护红线衔接，制定自然保护地内建设项目负面清单，构建统一的自然保护地分类分级管理体制。 构建科学合理的自然保护地体系。明确自然保护地功能定位。要将生态功能重要、生态环境敏感脆弱以及其他有必要严格保护的各类自然保护地纳入生态保护红线管控范围。 合理调整自然保护地范围并勘界立标。制定自然保护地范围和区划调整办法，依规开展调整工作。制订自然保护地边界勘定方案、确认程序和标识系统，开展自然保护地勘界定标并建立矢量数据库，与生态保护红线衔接，在重要地段、重要部位设立界桩和标识牌。确因技术原因引起的数据、图件与现地不符等问题可以按管理程序一次性纠正
40	2019.04.14	中共中央办公厅　国务院办公厅关于统筹推进自然资源资产产权制度改革的指导意见	强化自然资源整体保护。编制实施国土空间规划，划定并严守生态保护红线、永久基本农田、城镇开发边界等控制线，建立健全国土空间用途管制制度、管理规范和技术标准，对国土空间实施统一管控，强化山水林田湖草整体保护
41	2017.09.30	中共中央办公厅　国务院办公厅印发《关于创新体制机制推进农业绿色发展的意见》的通知	坚持以空间优化、资源节约、环境友好、生态稳定为基本路径。牢固树立节约集约循环利用的资源观，把保护生态环境放在优先位置，落实构建生态功能保障基线、环境质量安全底线、自然资源利用上线的要求，防止将农业生产与生态建设对立，把绿色发展导向贯穿农业发展全过程

序号	日期	文件名称	有关内容（节录）
42	2017.09.26	中共中央办公厅　国务院办公厅关于印发《建立国家公园体制总体方案》的通知（中办发〔2017〕55号）	明确国家公园定位。国家公园是我国自然保护地最重要类型之一，属于全国主体功能区规划中的禁止开发区域，纳入全国生态保护红线区域管控范围，实行最严格的保护。国家公园的首要功能是重要自然生态系统的原真性、完整性保护，同时兼具科研、教育、游憩等综合功能
43	2017.09.20	中共中央办公厅　国务院办公厅印发《关于建立资源环境承载力监测预警长效机制的若干意见》的通知（厅字〔2017〕25号）	加强对江、湖、河、山脉等自然生态系统的保护，在重要江、湖、河、山脉及周边划定管控红线，实施最严格的保护措施，最大限度地保障整体生态安全
44	2017.01.24	中共中央办公厅　国务院办公厅印发《关于划定并严守生态保护红线的若干意见》的通知（厅字〔2017〕2号）	总体要求：以改善生态环境质量为核心，以保障和维护生态功能为主线，按照山水林田湖草系统保护的要求，划定并严守生态保护红线，实现一条红线管控重要生态空间，确保生态功能不降低、面积不减少、性质不改变，维护国家生态安全，促进经济社会可持续发展。2017年年底前，京津冀区域、长江经济带沿线各省（市）划定生态保护红线；2018年年底前，其他省（区、市）划定生态保护红线；2020年年底前，全面完成全国生态保护红线划定，勘界定标，基本建立生态保护红线制度，国土生态空间得到优化和有效保护，生态功能保持稳定，国家生态安全格局更加完善。到2030年，生态保护红线布局进一步优化，生态保护红线制度有效实施，生态功能显著提升，国家生态安全得到全面保障。 划定生态保护红线：依托两屏三带为主体的陆地生态安全格局和一带一链多点的海洋生态安全格局，采取国家指导、地方组织，自上而下和自下而上相结合，科学划定生态保护红线。明确划定范围，识别生态功能重要区域和生态环境敏感脆弱区域的空间分布，将上述两类区域进行空间叠加，划入生态保护红线，涵盖所有国家

序号	日期	文件名称	有关内容（节录）
44	2017.01.24	中共中央办公厅　国务院办公厅印发《关于划定并严守生态保护红线的若干意见》的通知（厅字〔2017〕2 号）	级、省级禁止开发区域，以及有必要严格保护的其他各类保护地等。落实生态保护红线边界。有序推进划定工作，形成全国生态保护红线，并向社会发布。 严守生态保护红线：落实地方各级党委和政府主体责任，强化生态保护红线刚性约束，形成一整套生态保护红线管控和激励措施。明确属地管理责任，地方各级党委和政府是严守生态保护红线的责任主体，要将生态保护红线作为相关综合决策的重要依据和前提条件，履行好保护责任。确立生态保护红线优先地位，发挥生态保护红线对于国土空间开发的底线作用。实行严格管控，生态保护红线原则上按禁止开发区域的要求进行管理。严禁不符合主体功能定位的各类开发活动，严禁任意改变用途，生态保护红线划定后，只能增加、不能减少。加大生态保护补偿力度，加强生态保护与修复，建立监测网络和监管平台，开展定期评价，强化执法监督，建立考核机制，严格责任追究。 强化组织保障：加强组织协调，完善政策机制，促进共同保护
45	2017.01.11	中共中央办公厅　国务院办公厅印发《关于创新政府配置资源方式的指导意见》的通知	发挥空间规划对自然资源配置的引导约束作用。以主体功能区规划为基础，整合各部门分头编制的各类空间性规划，编制统一的空间规划，合理布局城镇空间、农业空间和生态空间，划定城镇开发边界、永久基本农田和生态保护红线，科学配置和严格管控各类自然资源。健全国土空间用途管制制度，将开发强度指标分解到各县级行政区，控制建设用地总量。将用途管制扩大到所有自然生态空间，确定林地、草原、河流、湖泊、湿地、荒漠等的保护边界，严禁任意改变用途

序号	日期	文件名称	有关内容（节录）
46	2016.12.27	中共中央办公厅　国务院办公厅印发《省级空间规划试点方案》的通知（中发〔2016〕51号）	以主体功能区规划为基础，全面摸清并分析国土空间本底条件，划定城镇、农业、生态空间以及生态保护红线、永久基本农田、城镇开发边界（以下简称“三区三线”），注重开发强度管控和主要控制线落地，统筹各类空间性规划，编制统一的省级空间规划，为实现“多规合一”、建立健全国土空间开发保护制度积累经验、提供示范。绘制规划底图。根据不同主体功能定位，综合考虑经济社会发展、产业布局、人口集聚趋势，以及永久基本农田、各类自然保护地、重点生态功能区、生态环境敏感区和脆弱区保护等底线要求，科学测算城镇、农业、生态三类空间比例和开发强度指标。采取自上而下（省级层面向市县层面下达管控指标和要求）和自下而上（市县层面分解落实指标要求并报省级层面统筹校验汇总）相结合的方式，按照严格保护、宁多勿少原则科学划定生态保护红线，按照最大限度地保护生态安全、构建生态屏障的要求划定生态空间；划定永久基本农田，统筹考虑农业生产和农村生活需要，划定农业空间；按照基础评价结果和开发强度控制要求，兼顾城镇布局和功能优化的弹性需要，从严划定城镇开发边界，有效管控城镇空间。以“三区三线”为载体，合理整合协调各部门空间管控手段，绘制形成空间规划底图
47	2016.08	中共中央办公厅　国务院办公厅关于设立统一规范的国家生态文明试验区的意见	开展省级空间规划编制试点，推进“多规合一”省域全覆盖，健全国土空间开发保护制度，划定并严守生态保护红线，加快构建以空间规划为基础、以用途管制为主要手段的国土空间治理体系。

序号	日期	文件名称	有关内容（节录）
47	2016.08.22	中共中央办公厅　国务院办公厅关于设立统一规范的国家生态文明试验区的意见	建立健全国土空间规划和用途管制制度。健全国土空间开发保护制度。完善基于主体功能定位的国土开发利用差别化准入制度，在重点生态功能区实行产业准入负面清单。2016 年完成全省陆域和海洋生态保护红线划定工作，既划定区域红线，又根据森林、湿地、海洋等生态系统的特点设定数量红线，建立红线管控制度，强化对重点生态功能区、生态环境敏感区和脆弱区等区域的有效保护，在与相关规划充分衔接的基础上，将生态系统保护和生态功能恢复任务落实到具体区域和具体地块，到 2017 年基本形成涵盖全省各类生态保护系统、管理有机衔接的生态管控格局，确保生态功能不降低、面积不减少、性质不改变，扩大自然保护区面积。同步开展永久基本农田、城市开发边界划定工作，按照城镇由大到小、空间由近及远、耕地质量等级和地力等级由高到低的顺序，将大城市和特大城市周边、交通沿线现有易被占用的优质耕地优先划为永久基本农田，并落地到户、上图入库，严格实施永久保护，确保面积不减少、质量不下降、用途不改变
48	2022.04.28	国务院关于印发气象高质量发展纲要（2022—2035 年）的通知（国发〔2022〕11 号）	强化生态系统保护和修复气象保障。实施生态气象保障工程，加强重要生态系统保护和修复重大工程建设、生态保护红线管控、生态文明建设目标评价考核等气象服务。建立“三区四带”（青藏高原生态屏障区、黄河重点生态区、长江重点生态区和东北森林带、北方防沙带、南方丘陵山地带、海岸带）及自然保护地等重点区域生态气象服务机制。加强面向多污染物协同控制和区域协同治理的气象服务，提高重污染天气和突发环境事件应对气象保障能力。建立气候生态产品价值实现机制，打造气象公园、天然氧吧、避暑旅游地、气候宜居地等气候生态品牌

序号	日期	文件名称	有关内容（节录）
49	2021.11.12	国务院关于印发“十四五”推进农业农村现代化规划的通知（国发〔2021〕25号）	科学推进乡村规划。完善县镇村规划布局。强化县域国土空间规划管控，统筹划定落实永久基本农田、生态保护红线、城镇开发边界
50	2021.10.24	国务院关于印发2030年前碳达峰行动方案的通知（国发〔2021〕23号）	巩固生态系统固碳作用。结合国土空间规划编制和实施，构建有利于碳达峰、碳中和的国土空间开发保护格局。严守生态保护红线，严控生态空间占用，建立以国家公园为主体的自然保护地体系，稳定现有森林、草原、湿地、海洋、土壤、冻土、岩溶等固碳作用
51	2020.03.01	国务院关于授权和委托用地审批权的决定（国发〔2020〕4号）	各省、自治区、直辖市人民政府要按照法律、行政法规和有关政策规定，严格审查把关，特别要严格审查涉及占用永久基本农田、生态保护红线、自然保护区的用地，切实保护耕地，节约集约用地，盘活存量土地，维护被征地农民合法权益，确保相关用地审批权“放得下、接得住、管得好”。各省、自治区、直辖市人民政府不得将承接的用地审批权进一步授权或委托
52	2019.06.17	国务院关于促进乡村产业振兴的指导意见（国发〔2019〕12号）	践行绿水青山就是金山银山理念，严守耕地和生态保护红线，节约资源，保护环境，促进农村生产生活生态协调发展
53	2018.06.27	国务院关于印发打赢蓝天保卫战三年行动计划的通知（国发〔2018〕22号）	优化产业布局。各地完成生态保护红线、环境质量底线、资源利用上线、环境准入清单编制工作，明确禁止和限制发展的行业、生产工艺和产业目录
54	2018.03.05	政府工作报告——第十三届全国人民代表大会第一次会议	加强生态系统和修复，全面完成并严守生态保护红线
55	2020.06.11	国务院关于落实《政府工作报告》重点工作部门分工的意见（国发〔2020〕6号）	推进生态保护和建设。抓紧划定并严守生态保护红线

序号	日期	文件名称	有关内容（节录）
56	2017.02.03	国务院关于印发“十三五”现代综合交通运输体系发展规划的通知（国发〔2017〕11 号）	将生态保护红线意识贯穿到交通发展各环节，建立绿色发展长效机制，建设美丽交通走廊
57	2017.01.03	国务院关于印发全国国土规划纲要（2016—2030 年）的通知（国发〔2017〕3 号）	国土空间开发保护制度全面建立，生态文明建设基础更加坚实。到 2020 年，空间规划体系不断完善，最严格的土地管理制度、水资源管理制度和环保制度得到落实，生态保护红线全面划定，国土空间开发、资源节约、生态环境保护的体制机制更加健全，资源环境承载力监测预警水平得到提升；到 2030 年，国土空间开发保护制度更加完善，由空间规划、用途管制、差异化绩效考核构成的空间治理体系更加健全，基本实现国土空间治理能力现代化。 强化自然生态保护。划定并严守生态保护红线。依托以两屏三带为主体的陆域生态安全格局和一带一链多点的海洋生态安全格局，将水源涵养、生物多样性维护、水土保持、防风固沙等生态功能重要区域，以及生态环境敏感脆弱区域进行空间叠加，划入生态保护红线，涵盖所有国家级、省级禁止开发区域，以及有必要严格保护的其他各类保护地等。生态保护红线原则上按禁止开发区域的要求进行管理，严禁不符合主体功能定位的各类开发活动，严禁任意改变用途，确保生态保护红线功能不降低、面积不减少、性质不改变，保障国家生态安全。 健全环境保护管理制度。划定生态保护红线，严守环境质量底线，将大气、水、土壤等环境质量“只能更好、不能变坏”作为地方各级政府环保责任红线，相应确定污染物排放总量限值和环境风险防控措施。 严格“三线”管控。划定城镇、农业、生态空间，

序号	日期	文件名称	有关内容（节录）
57	2017.01.03	国务院关于印发全国国土规划纲要（2016—2030年）的通知（国发〔2017〕3号）	严格落实用途管制。科学确定国土开发强度，严格执行并不断完善最严格的耕地保护制度、水资源管理制度、环保制度，对涉及国家粮食、能源、生态和经济安全的战略性资源，实行总量控制、配额管理制度，并分解下达到各省（区、市）。设置“生存线”，明确耕地保护面积和水资源开发规模，保障国家粮食和水资源安全；设置“生态线”，划定森林、草原、河湖、湿地、海洋等生态要素保有面积和范围，明确各类保护区范围，提高生态安全水平；设置“保障线”，保障经济社会发展所必需的建设用地，促进新型工业化和城镇化健康发展，确定能源和重要矿产资源生产基地及运输通道，确保国家能源资源持续有效供给
58	2016.12.24	国务院关于印发“十三五”促进民族地区和人口较少民族发展规划的通知（国发〔2016〕79号）	推进生态文明建设。筑牢国家生态安全屏障。加快形成以青藏高原、黄土高原、云贵高原、东北森林带、北方防沙带及大江大河重要水系等为骨架，以其他重点生态功能区和生态保护红线为重要支撑，以禁止开发区域为重要组成的生态安全战略格局。建立实施重点生态功能区和生态保护红线产业准入负面清单。 加大生态保护红线保护力度，逐步建立区域间生态保护补偿机制，重点支持国家禁止开发区域生态保护补偿试点地区和跨省流域生态保护补偿。建立健全民族地区生态保护补偿制度，加快制定出台生态保护补偿条例，逐步对水等自然资源征收资源税
59	2016.12.23	国务院关于全国土地整治规划（2016—2020年）的批复（国函〔2016〕209号）	坚持保护环境的基本国策，划定并严守生态保护红线，筑牢生态安全屏障，促进人与自然和谐共生。为了确保国家粮食安全、筑牢生态安全屏障，需要划定农业空间和生态保护红线，土地供需矛盾将进一步凸显，传统粗放利用土地资源的方式

序号	日期	文件名称	有关内容（节录）
59	2016.12.23	国务院关于全国土地整治规划（2016—2020 年）的批复（国函〔2016〕209 号）	不可持续。促进生态安全屏障建设。按照生态文明建设要求，实施山水林田湖综合整治，加强生态环境保护和修复，大力建设生态国土。在开展土地整治中，切实加强对国家禁止开发区、重点生态功能区、生态环境敏感区和脆弱区等区域的保护，严格控制对天然林、公益林地、天然草地、河湖、湿地等的开发，生态保护红线原则上按禁止开发区域的要求进行管理，严禁开垦林地、草地等不符合主体功能定位的各类开发活动，严禁任意改变用途，不得在重点国有林区、国有林场内开展土地整治；加强对江河湖库水系、重要交通干道、天然林和草原等的土地生态修复和建设；提高土地生态服务功能，筑牢生态安全屏障。 生态空间：在生态空间范围内，开展土地整治活动应着重加强土地生态修复和建设，对依法划定的生态保护红线范围内的土地，实行严格保护，确保生态功能不降低、面积不减少、性质不改变；对生态退化严重的区域，可按照自然恢复为主的原则开展土地整治和保护工程，提高退化土地生态系统的自我修复能力，遏制土地生态环境恶化趋势。 土地整治规划应与主体功能区规划、林地保护利用规划、草原保护建设利用规划、生态保护红线等相衔接
60	2016.11.24	国务院关于印发“十三五”生态环境保护规划的通知（国发〔2016〕65 号）	坚持空间管控、分类防治。生态优先，统筹生产、生活、生态空间管理，划定并严守生态保护红线，维护国家生态安全。建立系统完整、责权清晰、监管有效的管理格局，实施差异化管理，分区分类管控，分级分项施策，提升精细化管理水平。 划定并严守生态保护红线。2017 年年底前，京津冀区域、长江经济带沿线各省（区、市）划定生态保护红线；2018 年年底前，其他省（区、市）

序号	日期	文件名称	有关内容（节录）
60	2016.11.24	国务院关于印发“十三五”生态环境保护规划的通知（国发〔2016〕65 号）	划定生态保护红线；2020 年年底前，全面完成全国生态保护红线划定、勘界定标，基本建立生态保护红线制度。制定生态保护红线管控措施，建立健全生态保护补偿机制，定期发布生态保护红线保护状况信息。建立监控体系与评价考核制度，对各省（区、市）生态保护红线保护成效进行评价考核。全面保障国家生态安全，保护和提升森林、草原、河流、湖泊、湿地、海洋等生态系统功能，提高优质生态产品供给能力。 推动“多规合一”。以主体功能区规划为基础，规范完善生态环境空间管控、生态环境承载力调控、环境质量底线控制、战略环评与规划环评刚性约束等环境引导和管控要求，制定落实生态保护红线、环境质量底线、资源利用上线和环境准入负面清单的技术规范，强化“多规合一”的生态环境支持。 实施重点生态环保科技专项。创新青藏高原等生态屏障带保护修复技术方法与治理模式，研发生态环境监测预警、生态修复、生物多样性保护、生态保护红线评估管理、生态廊道构建等关键技术，建立一批生态保护与修复科技示范区。 完善环境标准和技术政策体系。完善环境保护技术政策，建立生态保护红线监管技术规范。加快建设生态监测网络。建设全国生态保护红线监管平台，建立一批相对固定的生态保护红线监管地面核查点
61	2016.10.17	国务院关于印发全国农业现代化规划（2016—2020 年）的通知（国发〔2016〕58 号）	保护发展区。对生态脆弱的区域，重点划定生态保护红线，明确禁止类产业，加大生态建设力度，提升可持续发展水平。青藏区，严守生态保护红线，加强草原保护建设

序号	日期	文件名称	有关内容（节录）
62	2016.03.25	国务院批转国家发展改革委关于 2016 年深化经济体制改革重点工作意见的通知（国发〔2016〕21 号）	制定划定并严守生态保护红线的若干意见
63	2016.02.02	国务院关于深入推进新型城镇化建设的若干意见（国发〔2016〕8 号）	划定永久基本农田、生态保护红线和城市开发边界
64	2015.04.02	国务院关于印发水污染防治行动计划的通知（国发〔2015〕17 号）	加强河湖水生态保护，科学划定生态保护红线
65	2014.09.12	国务院关于依托黄金水道推动长江经济带发展的指导意见（国发〔2014〕39 号）	强化沿江生态保护和修复。坚定不移地实施主体功能区制度，率先划定沿江生态保护红线
66	2011.12.15	国务院关于印发国家环境保护“十二五”规划的通知（国发〔2011〕42 号）	在重点生态功能区、陆地和海洋生态环境敏感区、脆弱区等区域划定生态保护红线
67	2011.10.17	国务院关于加强环境保护重点工作的意见（国发〔2011〕35 号）	在重要生态功能区、陆地和海洋生态环境敏感区、脆弱区等区域划定生态保护红线
68	2021.12.21	国务院办公厅发布关于印发要素市场化配置综合改革试点总体方案的通知（国办发〔2021〕51 号）	支持构建绿色要素交易机制。在明确生态保护红线、环境质量底线、资源利用上线等基础上，支持试点地区进一步健全碳排放权、排污权、用能权、用水权等交易机制，探索促进绿色要素交易与能源环境目标指标更好衔接
69	2021.11.26	国务院办公厅关于印发“十四五”冷链物流发展规划的通知（国办发〔2021〕46 号）	强化政策支持。在严格落实永久基本农田、生态保护红线、城镇开发边界三条控制线基础上，大中城市要统筹做好冷链物流设施布局建设与国土空间等相关规划衔接，保障合理用地需求

序号	日期	文件名称	有关内容（节录）
70	2021.10.25	国务院办公厅关于鼓励和支持社会资本参与生态保护修复的意见（国办发〔2021〕40号）	严禁借生态保护修复之名行开发之实，严禁突破耕地保护和生态保护等红线，严禁各类违反法律法规规定的行为
71	2021.04.08	国务院办公厅印发《关于加强城市内涝治理的实施意见》（国办发〔2021〕11号）	尊重自然地理格局，严守生态保护红线、永久基本农田、城镇开发边界以及城市蓝线、绿线等重要控制线，保护山水林田湖草等自然调蓄空间
72	2021.03.12	国务院办公厅关于加强草原保护修复的若干意见（国办发〔2021〕7号）	落实基本草原保护制度，把维护国家生态安全、保障草原畜牧业健康发展所需最基本、最重要的草原划定为基本草原，实施更加严格的保护和管理，确保基本草原面积不减少、质量不下降、用途不改变。严格落实生态保护红线制度和国土空间用途管制制度
73	2020.09.16	国务院办公厅转发国家发展改革委关于促进特色小镇规范健康发展意见的通知（国办发〔2020〕33号）	强化底线约束。地方各级人民政府要加强规划管理，严格节约集约利用土地，单个特色小镇规划面积原则上控制在1～5 km^2（文化旅游、体育、农业田园类特色小镇规划面积上限可适当提高），保持生产、生活、生态空间合理比例，保持四至范围清晰、空间相对独立，严守生态保护红线、永久基本农田、城镇开发边界三条控制线
74	2020.09.10	国务院办公厅关于坚决制止耕地“非农化”行为的通知（国办发明电〔2020〕24号）	严禁占用永久基本农田扩大自然保护地。新建的自然保护地应当边界清楚，不准占用永久基本农田。目前已划入自然保护地核心保护区内的永久基本农田要纳入生态退耕、有序退出。自然保护地一般控制区内的永久基本农田要根据对生态功能造成的影响确定是否退出，造成明显影响的纳入生态退耕、有序退出，不造成明显影响的可采取依法依规相应调整一般控制区范围等措施妥善处理。自然保护地以外的永久基本农田和集中连片耕地，不得划入生态保护红线，允许生态保护红线内零星的原住居民在不扩大现有耕地规模前提下，保留生活必需的少量种植

序号	日期	文件名称	有关内容（节录）
75	2020.07.04	国务院办公厅关于切实做好长江流域禁捕有关工作的通知（国办发明电〔2020〕21 号）	严守生态保护红线，全面加强长江水生生物保护工作，依法惩戒破坏水生生物资源行为
76	2020.06.30	国务院办公厅关于印发自然资源领域中央与地方财政事权和支出责任划分改革方案的通知（国办发〔2020〕19 号）	将生态保护红线、永久基本农田、城镇开发边界等空间管控边界以及各类海域保护线的划定，资源环境承载力和国土空间开发适宜性评价等事项，确认为中央与地方共同财政事权，由中央与地方共同承担支出责任
77	2019.11.13	国务院办公厅关于切实加强高标准农田建设提升国家粮食安全保障能力的意见（国办发〔2019〕50 号）	严守生态保护红线
78	2018.09.24	国务院办公厅关于加强长江水生生物保护工作的意见（国办发〔2018〕95 号）	树立红线思维，留足生态空间。严守生态保护红线、环境质量底线和资源利用上线，根据水生生物保护和水域生态修复的实际需要，在生态功能重要和生态环境敏感脆弱区域科学建立水生生物保护区，实施严格的保护管理。 结合长江流域生态保护红线划定，在水生生物重要栖息地和关键生境建立自然保护区、水产种质资源保护区或其他保护地，实行严格的保护和管理
79	2016.11.30	国务院办公厅关于印发湿地保护修复制度方案的通知（国办发〔2016〕89 号）	落实湿地面积总量管控。确定全国和各省（区、市）湿地面积管控目标，逐级分解落实。合理划定纳入生态保护红线的湿地范围，明确湿地名录，并落实到具体湿地地块
80	2016.04.28	国务院办公厅关于健全生态保护补偿机制的意见（国办发〔2016〕31 号）	划定并严守生态保护红线，研究制定相关生态保护补偿政策。健全国家级自然保护区、世界文化自然遗产、国家级风景名胜区、国家森林公园和国家地质公园等各类禁止开发区域的生态保护补偿政策。将青藏高原等重要生态屏障作为开展生态保护补偿的重点区域。将生态保护补偿作为建立国家公园体制试点的重要内容

序号	日期	文件名称	有关内容（节录）
81	2015.11.08	国务院办公厅关于印发编制自然资源资产负债表试点方案的通知（国办发〔2015〕82 号）	坚持整体设计。将自然资源资产负债表编制纳入生态文明制度体系，与资源环境生态红线管控、自然资源资产产权和用途管制、领导干部自然资源资产离任审计、生态环境损害责任追究等重大制度相衔接
82	2015.07.26	国务院办公厅关于印发生态环境监测网络建设方案的通知（国办发〔2015〕56 号）	提升生态环境风险监测评估与预警能力。定期开展全国生态状况调查与评估，建立生态保护红线监管平台，对重要生态功能区人类干扰、生态破坏等活动进行监测、评估与预警
83	2023.01.19	新时代的中国绿色发展	统筹划定耕地和永久基本农田、生态保护红线、城镇开发边界等空间管控边界以及各类海域保护线，强化底线约束，统一国土空间用途管制，筑牢国家安全发展的空间基础。 科学划定生态保护红线。生态保护红线是国家生态安全的底线和生命线。中国将生态功能极重要、生态极脆弱以及具有潜在重要生态价值的区域划入生态保护红线，包括整合优化后的自然保护地，实现一条红线管控重要生态空间。截至目前，中国陆域生态保护红线面积占陆域国土面积比例超过 30%。通过划定生态保护红线和编制生态保护修复规划，巩固了以青藏高原生态屏障区、黄河重点生态区（含黄土高原生态屏障）、长江重点生态区（含川滇生态屏障）、东北森林带、北方防沙带、南方丘陵山地带、海岸带等为依托的“三区四带”生态安全格局。 实施重要生态系统保护和修复重大工程。以国家重点生态功能区、生态保护红线、自然保护地等为重点，启动实施山水林田湖草沙一体化保护和修复工程，统筹推进系统治理、综合治理、源头治理

序号	日期	文件名称	有关内容（节录）
84	2021.10.27	中国应对气候变化的政策与行动	实施积极应对气候变化国家战略。坚定走绿色低碳发展道路。加快形成绿色发展的空间格局。国土是生态文明建设的空间载体，必须尊重自然，给自然生态留下休养生息的时间和空间。中国主动作为，精准施策，科学有序统筹布局农业、生态、城镇等功能空间，开展永久基本农田、生态保护红线、城镇开发边界三条控制线划定试点工作。将自然保护地、未纳入自然保护地但生态功能极重要生态极脆弱的区域，以及具有潜在重要生态价值的区域划入生态保护红线，推动生态系统休养生息，提高固碳能力。 中国提出的“划定生态保护红线，减缓和适应气候变化案例”成功入选联合国“基于自然的解决方案”全球 15 个精品案例，得到了国际社会的充分肯定和高度认可
85	2021.10.08	中国的生物多样性保护	提高生物多样性保护成效。中国坚持在发展中保护、在保护中发展，提出并实施国家公园体制建设和生态保护红线划定等重要举措，不断强化就地与迁地保护，加强生物安全管理，持续改善生态环境质量，协同推进生物多样性保护与绿色发展，生物多样性保护取得显著成效。 优化就地保护体系。中国不断推进自然保护地建设，启动国家公园体制试点，构建以国家公园为主体的自然保护地体系，率先在国际上提出和实施生态保护红线制度，明确了生物多样性保护优先区域，保护了重要自然生态系统和生物资源，在维护重要物种栖息地方面发挥了积极作用。 划定并严守生态保护红线。生态保护红线是中国国土空间规划和生态环境体制机制改革的重要制度创新。中国创新生态空间保护模式，将具有生物多样性维护等生态功能极重要区域和生态极脆弱区域划入生态保护红线，进行严格保护。

序号	日期	文件名称	有关内容（节录）
85	2021.10.08	中国的生物多样性保护	初步划定的生态保护红线，集中分布于青藏高原、天山山脉、内蒙古高原、大小兴安岭、秦岭、南岭，以及黄河流域、长江流域、海岸带等重要生态安全屏障和区域。生态保护红线涵盖森林、草原、荒漠、湿地、红树林、珊瑚礁及海草床等重要生态系统，覆盖全国生物多样性分布的关键区域，保护绝大多数珍稀濒危物种及其栖息地。 中国“划定生态保护红线，减缓和适应气候变化”行动倡议，入选联合国“基于自然的解决方案”全球 15 个精品案例。生态保护红线的划定与生物多样性保护具有高度的战略契合性、目标协同性和空间一致性，将有效提升生态系统服务功能，维护国家生态安全及经济社会可持续发展所必需的最基本生态空间
86	2021.09.28	中国的全面小康	生态环境发生历史性变化。生态系统质量和稳定性不断提升。坚持系统观念，坚持节约优先、保护优先、自然恢复为主，统筹山水林田湖草沙一体化保护和系统治理，增强生态系统整体性，完善自然保护地、生态保护红线监管制度，筑牢国家生态安全屏障，促进生态环境持续改善，让中华民族在绿水青山中永续发展。探索建立生态保护红线制度，生物多样性保护得到加强，各级各类自然保护地占到陆域国土面积的 18%，山清水秀、小溪潺潺、草绿花红、鸟鸣虫吟的自然生态景观越来越多
87	2020.12.22	中国交通的可持续发展	推进交通运输绿色发展。加大生态保护与修复力度。严守生态保护红线，严格落实生态保护和修复制度。 结合国土空间规划编制和三条控制线划定落实，统筹铁路、公路、水运、民航、邮政等交通运输各领域融合发展
88	2018.07.18	青藏高原生态文明建设状况	推动建立生态保护红线制度

序号	日期	文件名称	有关内容（节录）
89	2018.09.11	生态环境部职能配置、内设机构和人员编制规定	职能转变。实行最严格的生态环境保护制度，严守生态保护红线和环境质量底线，坚决打好污染防治攻坚战，保障国家生态安全，建设美丽中国
90	2018.09.11	自然资源部职能配置、内设机构和人员编制规定	组织划定生态保护红线、永久基本农田、城镇开发边界等控制线，构建节约资源和保护环境的生产、生活、生态空间布局

2.2　部委文件

生态环境部、国家发展改革委、财政部、自然资源部等部委发布的相关政策措施、重大专项规划、中长期发展规划，提出了生态保护红线相关要求，见表 2-2。

表 2-2　国家部委有关生态保护红线的文件

序号	日期	文件名称	有关内容（节录）
1	2022.10.14	关于印发《生态环境卫星中长期发展规划（2021—2035 年）》的通知（环办监测〔2022〕24 号）	自然生态遥感监测方面，提升自然生态精细化、短周期、高精度监测水平，强化生态系统类型与生态参数精细化监测以及人类活动快速高精度监测能力，有效支撑全国和区域生态质量（状况）综合监测评估、生态保护红线和自然保护地等重要生态空间人类活动及生态状况监测评估、生态修复重大工程实施成效监测评估、重大建设工程生态影响监测评估、生物多样性监测评估、国家重点生态功能区县域生态环境质量监测评价等生态保护修复监管工作。“十四五”期间，实现生态系统类型遥感监测能力，全国范围每 5 年监测 1 次，空间分辨率优于 20 m；初步实现生态参数监测能力，重点区域每年监测 1 次，空间分辨率优于 16 m；实现人类活动遥感监测能力，国家级自然保护区和国家公园每年监测 2 次、生态保护红线和国家级自然公园每年监测 1 次、重点自然保护地等每季度监测 1 次，空间分辨率优于 2 m。到 2035 年，

序号	日期	文件名称	有关内容（节录）
1	2022.10.14	关于印发《生态环境卫星中长期发展规划（2021—2035 年）》的通知（环办监测〔2022〕24 号）	实现生态系统类型遥感精细化监测能力，空间分辨率优于 10 m；实现生态参数监测能力，重点区域空间分辨率优于 10 m；实现人类活动快速识别监测能力，生态保护红线和国家级自然公园每年监测 1 次，国家级自然保护区和国家公园每年监测 2 次，重点自然保护地等每月监测 1 次，空间分辨率优于 1 m。 “十四五”期间，生态环境行业国产遥感卫星使用率达到 85%以上，重点建设生态环境星地协同与智能融合应用、国家温室气体立体监测应用、国家面源污染遥感监管应用、全球生物多样性遥感监测评估应用等系统，实施国家生态保护红线监管平台改扩建，补充构建生态环境保护执法等应用模块及数据产品，强化监管和执法技术支持工作
2	2022.08.31	关于印发《深入打好长江保护修复攻坚战行动方案》的通知（环水体〔2022〕55 号）	坚持生态优先、统筹兼顾。树立绿水青山就是金山银山的理念，把修复长江生态环境摆在压倒性位置，坚决守住生态环境底线不动摇。 加快形成绿色发展管控格局。严格国土空间用途管控。印发实施长江经济带（长江流域）国土空间规划。结合市县国土空间规划勘界定标，进一步完善生态保护红线成果，并纳入国土空间规划“一张图”实施监督信息系统严格用途管控，与国家生态环境保护红线监管平台实现信息共享。建立和完善生态保护红线监管相关制度和标准体系，加强生态保护红线监管。利用好生态保护红线监管平台，加强生态保护红线监测网络建设，逐步实现与各地监管平台（能力）、国土空间规划“一张图”实施监督信息系统的互联互通。 推动全流域精细化分区管控。加强“三线一单”成果在政策制定、环境准入、园区管理、执法监管等方面的应用，加强“三线一单”实施成效评估

序号	日期	文件名称	有关内容（节录）
3	2022.08.15	关于印发《黄河生态保护治理攻坚战行动方案》的通知（环综合〔2022〕51 号）	减污降碳协同增效行动。强化生态环境分区管控。落实生态保护红线、环境质量底线、资源利用上线硬约束，充分衔接国土空间规划和用途管制要求，因地制宜建立差别化生态环境准入清单，加快推进“三线一单”（生态保护红线、环境质量底线、资源利用上线和生态环境准入清单）成果应用。 严格监督管理。开展生态保护红线监管试点和“绿盾”自然保护地强化监督，建立完善生态保护红线生态破坏问题监督机制
4	2022.06.13	关于印发《减污降碳协同增效实施方案》的通知（环综合〔2022〕42 号）	加强源头防控。强化生态环境分区管控。构建城市化地区、农产品主产区、重点生态功能区分类指导的减污降碳政策体系。衔接国土空间规划分区和用途管制要求，将碳达峰碳中和要求纳入“三线一单”（生态保护红线、环境质量底线、资源利用上线和生态环境准入清单）分区管控体系。 强化生态保护监管，完善自然保护地、生态保护红线监管制度，落实不同生态功能区分级分区保护、修复、监管要求，强化河湖生态流量管理
5	2022.05.31	关于做好重大投资项目环评工作的通知（环环评〔2022〕39 号）	指导优化简化环评文件编制。各级生态环境部门要指导建设单位运用“三线一单”生态环境分区管控成果，对照生态环境准入要求，做好项目前期方案论证，优化选址、选线，预防出现触碰法律底线的“硬伤”
6	2022.04.02	关于印发《“十四五”环境影响评价与排污许可工作实施方案》的通知（环环评〔2022〕26 号）	加强生态环境分区管控，守好高质量发展生态环境底线。强化生态系统保护。推进重点领域规划环评宏观管控。出台“十四五”省级矿产资源规划环评指导意见等政策文件。推进国土空间规划环评，优化开发格局、调控开发强度。推进省级矿产资源、大型煤炭矿区、流域综合规划及水利、水电规划环评，落实生态保护红线和一般生态空间管控要求，强化长期性、累积性、整体性生态影响的预测、评价，提出有针对性的规划优化调整建议，对生态敏感区落实避让、减缓、修复和补偿等保护措施

序号	日期	文件名称	有关内容（节录）
7	2022.03.07	关于进一步加强重金属污染防控的意见（环固体〔2022〕17号）	严格准入，优化涉重金属产业结构和布局。严格重点行业企业准入管理。新建、改建、扩建重点行业建设项目应符合“三线一单”、产业政策、区域环评、规划环评和行业环境准入管控要求
8	2022.03.01	关于印发《“十四五”生态保护监管规划》的通知（环生态〔2022〕15号）	持续加大生态保护红线和自然保护地监测力度，及时准确把握区域内自然生态系统质量和开发建设活动情况。 强化生态保护红线和自然保护地监测。综合运用天地空一体化手段，定期开展生态保护红线和自然保护地的生态质量监测，对主要生态因子、重点生态问题和重要生态系统等进行综合监测。开展受保护的重点生物物种及其栖息地调查，及时掌握区域林地、灌丛、草地、湿地、荒漠等生态系统状况，摸清生态保护红线和自然保护地的生态环境本底、生态质量变化趋势及其主导因子。建立国家生态保护红线监管平台，全面提升遥感影像处理、智能解译和分析评价能力，实现全国生态保护红线人类活动和重要生态系统每年1次遥感监测全覆盖，逐步对生态保护红线的面积、性质、功能及人类干扰活动开展常态化监测。重点监测矿产资源开发、工业开发、能源开发、旅游开发、交通开发以及陡坡垦殖、过度放牧、围填海、人造湖、破坏自然岸线等可能造成生态破坏的人类活动。 生态保护红线和自然保护地监测手段以高分辨率卫星遥感影像、航空影像、野外调查观测等为基础，结合生态监测地面站点和无人机监测开展。各地针对重点区域和突出问题区域加大监测频次，推动开展实时监测。 生态保护监管重点区域基本覆盖生态保护红线、自然保护地、生态功能重要区域、生态敏感脆弱区域、中央生态环境保护督察明确要求整改的区域。 基于生态系统调查监测数据，按照“看变化、找问题、查原因、提对策”的思路，不断完善全国生态状况评估报告制度，推进生态保护红线和自然保护地保护成效评估。

序号	日期	文件名称	有关内容（节录）
8	2022.03.01	关于印发《“十四五”生态保护监管规划》的通知（环生态〔2022〕15 号）	加强生态保护红线和自然保护地生态环境保护成效评估。根据相关技术规范要求，分别开展生态保护红线保护成效评估和自然保护地生态环境保护成效评估。在生态保护红线勘界落地、自然保护地优化调整，以国家公园为主体的自然保护地体系建设过程中，逐步规范生态保护红线和自然保护地生态环境保护成效评估。按照“面积不减少、性质不改变、功能不降低”和严格监督管理的要求，兼顾通用性和差异性，建立完善生态保护红线生态环境监管指标体系，定期组织开展生态保护红线生态状况和保护成效评估。评估周期分为年度评估和五年评估，年度重点评估生态保护成效，五年重点评估水源涵养、水土保持、防风固沙、洪水调蓄、生物多样性维护等生态功能及其变化情况。 推动生态保护红线、自然保护地、生物多样性保护和生物安全监管立法。完善生态保护红线、自然保护地、生物多样性保护和生态文明示范建设等重点领域的监督办法，明确监督内容和具体流程。加快制定生态保护红线生态环境监管办法，加强生态保护红线生态环境监管，压实严守生态保护红线责任。 建立强化监督的长效机制。建立依托国家生态保护红线监管平台开展的常态化监管、定期现场检查监管相结合的一体化监管机制。 建立生态破坏问题清单管理制度。基于全国和重点区域生态监测评估结果和各类督察执法结果，开展重大生态破坏事件判定和生态影响评估，建立生态破坏问题清单，将重大问题（线索）纳入国家生态保护红线监管平台进行实时监测监督与信息更新。 加强生态环境监测网络建设规划实施，依托生态环境监测站点建设，逐步建立覆盖生态保护红线、自然保护地、重点生态功能区和生物多样性保护优先区域等重要生态空间，涵盖森林、草原、湿地、重点湖库、海洋等重要生态系统和重要保护物种的生态质量监测网络体系。

序号	日期	文件名称	有关内容（节录）
8	2022.03.01	关于印发《“十四五”生态保护监管规划》的通知（环生态〔2022〕15号）	加快生态保护监管平台建设。深化生态保护监管平台业务应用。以生态保护红线监管平台为依托，加快建设综合监管平台，提升生态保护监管基础保障能力，强化对生态保护监管的支撑作用。作为生态环境综合管理信息化平台的重要组成部分，加快国家生态保护红线监管平台建设，推动形成生态保护红线监管的“一个库”“一张图”“一张网”，统一集成和立体展示数据资源和监管成果，实现生态保护红线遥感监测、评估和预警功能。推动建立省级生态保护监管平台，实现国家和省级数据互联互通和业务协同，建立以县级行政区为基本单元的生态保护红线台账库，实施自上而下分层级监管。 依托国家生态保护红线监管平台，加强与自然保护地生态环境监管、生物多样性调查观测、生态系统质量监测评估等业务数据库的整合集成（专栏 5　生态保护红线监管平台运行与互联互通。加快国家生态保护红线监管平台建设，推动形成生态保护红线监管的“一个库”“一张网”“一张图”，实现生态保护红线监管平台运行与互联互通。“一个库”：开展生态保护红线相关数据的标准化和规范化处理，建立以县级行政区为基本单元的生态保护红线台账库。“一张网”：地方新建或扩建形成地方监管节点，与国家平台实现互联互通，实现国家与地方在遥感数据、实地核查、生态观测、“三线一单”、排污许可、项目审批等方面的信息共享和业务协同。“一张图”：以生态保护红线监管台账库和“一张网”为基础，以高分辨率遥感影像和数字高程模型为底图，统一集成并展示数据资源和监管成果，实现生态保护红线遥感监测、评估和预警功能）。 严格落实环境影响评价制度，针对生态保护红线和自然保护地，以及生态环境敏感区域的开发建设项目，推动实施主体论证和生态影响评估，杜绝各类违反法律法规、“三线一单”生态环境分区管控和国土空间管控要求的开发建设项目。

序号	日期	文件名称	有关内容（节录）
8	2022.03.01	关于印发《“十四五”生态保护监管规划》的通知（环生态〔2022〕15 号）	推进减污降碳协同增效通过加强生态保护监管，严守生态保护红线，严控生态空间占用，稳定现有森林、草原、湿地、海洋、土壤、冻土、岩溶等固碳作用。 提高公众参与监督意识。将国家重点实验室、国家生态保护红线监管平台、野外生态定位观测站、基层管护站等作为普及生态保护监管知识的重要阵地，定期向公众开放
9	2021.11.19	关于实施“三线一单”生态环境分区管控的指导意见（试行）（环环评〔2021〕108 号）	总体要求。主要目标、基本原则。 职责与任务。明确职责分工、完善制度建设、推进共享共用。 实施与应用。优化生态环境保护空间格局、服务高质量发展、推进高水平保护、协同推动减污降碳、强化“两高”行业源头管控。 更新与调整。构建更新调整机制、开展动态更新的基本要求、组织定期调整的基本程序。 监督与保障。加强组织保障、强化实施监管、加大宣传培训力度（“三线一单”是指生态保护红线、环境质量底线、资源利用上线和生态环境准入清单）
10	2021.11.09	关于深化生态环境领域依法行政持续强化依法治污的指导意见（环法规〔2021〕107 号）	持续推动完善国家生态环境法律法规。推动生态保护红线有关立法。 依法推进“三线一单”和环评管理制度实施。全面贯彻《环境影响评价法》《长江保护法》等法律法规，加快推进“三线一单”落实落地，为绿色发展、高质量发展画好框子，定好规矩。加快推进“三线一单”成果在政策制定、环境准入、园区管理、执法监管等方面的应用。 依法推进碳减排工作。以实现减污降碳协同增效为总抓手，进一步强化降碳的刚性举措，将应对气候变化要求纳入“三线一单”生态环境分区管控体系，实施碳排放环境影响评价，打通污染源与碳排放管理统筹融合路径，从源头上实现减污降碳协同作用。 依法推进生态保护和修复。继续开展“绿盾”自然保护地强化监督，严厉查处违建别墅等违法违规开发建设活动，依法强化自然保护地和生态保护红线监管

序号	日期	文件名称	有关内容（节录）
11	2020.12.23	关于加强生态保护监管工作的意见（环生态〔2020〕73 号）	指导思想。完善自然保护地、生态保护红线监管制度。 总体目标。到 2025 年，初步形成生态保护监管法规标准体系，初步建立全国生态监测网络，提高自然保护地、生态保护红线监管能力和生物多样性保护水平，提升生态文明建设示范引领作用，初步形成与生态保护修复监管相匹配的指导、协调和监督体系，生态安全屏障更加牢固，生态系统质量和稳定性进一步提升。 构建完善生态监测网络。加快构建和完善陆海统筹、空天地一体、上下协同的全国生态监测网络，基本覆盖全国典型生态系统、自然保护地、重点生态功能区、生态保护红线和重要水体。 加快完善生态保护修复评估体系。开展全国生态状况、重点区域流域、生态保护红线、自然保护地、县域重点生态功能区五大评估，建立从宏观到微观尺度的多层次评估体系，全面掌握全国和区域生态状况变化及趋势。全国生态状况遥感调查评估每 5 年开展 1 次；选择的每个重点区域流域生态状况调查评估完成时限原则上为 1 年；生态保护红线生态状况遥感调查评估每年开展 1 次；国家级自然公园人类活动遥感监测评估每年开展 1 次，国家级自然保护区、国家公园人类活动遥感监测评估每半年完成 1 次，地方可根据实际开展地方级自然保护地人类活动遥感监测评估；县域重点生态功能区评估每年完成 1 次。 开展生态系统保护成效评估。制定指标体系和技术方法，定期评估生态保护红线保护成效、自然保护地生态环境保护成效和生物多样性保护成效，推进山水林田湖草系统治理以及海域海岛生态修复等工作成效的评估。 积极推进生态保护红线监管。推动建立健全生态保护红线监管制度，出台生态保护红线监管办法和监管指标体系。制定完善生态保护红线调查、监测、评估和考核等监管制度和标准规范。有条件的地区制定和完善地方法规，为生态保护红线监管立法积累经验。开展生态保护

序号	日期	文件名称	有关内容（节录）
11	2020.12.23	关于加强生态保护监管工作的意见（环生态〔2020〕73 号）	红线生态环境和人类活动本底调查，核定生态保护红线生态功能基线水平。加强生态保护红线面积、功能、性质和管理实施情况的监控，开展生态保护红线监测预警。 提升监管能力。加快生态保护红线监管平台建设，整合生态保护红线监管、各级各类自然保护地监管、生物多样性调查观测和重要水体水生生物调查平台，建立生态破坏问题定期会商制度。推动省级生态保护红线监管平台建设，实现与国家平台互联互通。 强化资金保障。要将生态保护监管工作资金纳入生态环境保护年度财政预算，确保财政投入。推动健全生态补偿资金机制，拓宽资金渠道，结合区域差异特征，重点向生态保护红线、自然保护区、重要生态功能区，以及生态文明建设示范区和“绿水青山就是金山银山”实践创新基地倾斜
12	2017.11.15	环境保护部办公厅、国家发展改革委办公厅关于印发《各省（区、市）生态保护红线分布意见建议》的通知（环办生态〔2017〕85 号）	青海省生态保护红线分布意见建议：青海省生态保护红线呈现“一屏两带”分布格局：“一屏”为三江源草原草甸湿地生态屏障带；“两带”为祁连山冰川与水源涵养生态带和青海湖草原湿地生态带，主要生态功能为水源涵养和生物多样性维护，主要分布在长江、黄河、澜沧江发源的三江源头区域及主要支流的汇水区域，唐古拉山东南边缘，巴颜喀拉山东部、祁连山山地及其与阿尔金山的山地沟谷区，柴达木盆地和共和盆地等区域
13	2017.07.17	环境保护部、国家发展改革委、水利部印发《长江经济带生态环境保护规划》的通知（环规财〔2017〕88 号）	划定生态保护红线，实施生态保护与修复。贯彻“山水林田湖是一个生命共同体”理念，坚持保护优先、自然恢复为主的原则，统筹水陆，统筹上、中、下游，划定并严守生态保护红线，系统开展重点区域生态保护和修复，加强水生生物及特有鱼类的保护，防范外来有害生物入侵，增强水源涵养、水土保持等生态系统服务功能。 划定生态保护红线。基于长江经济带生态整体性和上、中、下游生态服务功能定位差异性，开展科学评估，识

序号	日期	文件名称	有关内容（节录）
13	2017.07.17	环境保护部、国家发展改革委、水利部印发《长江经济带生态环境保护规划》的通知（环规财〔2017〕88 号）	别水源涵养、生物多样性维护、水土保持、防风固沙等生态功能重要区域和生态环境敏感脆弱区域，划入生态保护红线，涵盖所有国家级、省级禁止开发区域，以及有必要严格保护的其他各类保护地等。2017 年年底前，11 个省（区、市）要完成生态保护红线划定，加快勘界定标。 严守生态保护红线。要将生态保护红线作为空间规划编制的重要基础，相关规划要符合生态保护红线空间管控要求，不符合的要及时进行调整。生态保护红线原则上按禁止开发区域的要求进行管理，严禁不符合主体功能定位的各类开发活动，严禁任意改变用途。对国家重大战略资源勘查，在不影响主体功能定位的前提下，经国务院有关部门批准后予以安排。对生态保护红线保护成效进行考核，结果纳入生态文明建设目标评价考核体系，作为党政领导班子和领导干部综合评价及责任追究、离任审计的重要参考。建立生态保护红线监管平台，加强监测数据集成分析与综合应用，强化生态状况监测，实时监控人类干扰活动、生态系统状况与服务功能变化，预警生态风险
14	2016.10.27	环境保护部关于印发《全国生态保护“十三五”规划纲要》的通知（环生态〔2016〕151 号）	把保障国家生态安全作为根本目标。严格落实生态空间管控，划定并严守生态保护红线，加强自然保护区监督管理，保护最重要的生态空间，推动形成以“两屏三带”为主体的生态安全格局，建设生态安全屏障。 到 2020 年，全面划定生态保护红线，管控要求得到落实，国家生态安全格局总体形成。 建立生态空间保障体系。加快划定生态保护红线。制定发布《关于划定并严守生态保护红线的若干意见》。按照自上而下和自下而上相结合的原则，各省（区、市）在科学评估的基础上划定生态保护红线，并落地到水流、森林、山岭、草原、湿地、滩涂、海洋、荒漠、冰川等生态空间。2017 年年底前，京津冀区域、长江经济带沿线各省（区、市）划定生态保护红线；2018 年年底前，各省（区、市）全面划定生态保护红线；2020 年年底前，

序号	日期	文件名称	有关内容（节录）
14	2016.10.27	环境保护部关于印发《全国生态保护"十三五"规划纲要》的通知（环生态〔2016〕151 号）	各省（区、市）完成勘界定标。在各省（区、市）生态保护红线的基础上，环境保护部会同相关部门汇总形成全国生态保护红线，向国务院报告，并向社会公开发布。 推动建立和完善生态保护红线管控措施。到 2020 年，基本建立生态保护红线制度。推动将生态保护红线作为建立国土空间规划体系的基础。各地组织开展现状调查，建立生态保护红线台账系统，识别受损生态系统类型和分布。制订实施生态系统保护与修复方案，选择水源涵养和生物多样性保护为主导功能的生态保护红线，开展一批保护与修复示范。定期组织开展生态保护红线评价，及时掌握全国、重点区域、县域生态保护红线生态功能状况及动态变化。推动建立和完善生态保护红线补偿机制。 建设生态安全监测预警及评估体系。建立"天地一体化"的生态监测体系。建设一批相对固定的生态保护红线监控点。定期开展生态状况评估。全面开展生态保护红线、重点生态功能区、重点流域及城市生态评估，系统掌握生态系统质量和功能变化状况。 建立全国生态保护监控平台。建立生态保护综合监控平台，对生态保护红线、自然保护区、重点生态功能区、生物多样性保护优先区域等的开发建设活动实施常态化和业务化监控，实现由被动监管转为主动监管、应急监管转为日常监管、分散监管转为系统监管。2018 年，完成生态保护红线监管平台建设，作为全国生态保护监控平台二期工程。 加强开发建设活动生态保护监管。以"生态保护红线、环境质量底线、资源利用上线和环境准入负面清单"为手段，强化空间、总量、准入环境管理。 完善法律法规。推进制定自然保护区法，研究生态保护红线立法

序号	日期	文件名称	有关内容（节录）
15	2015.07.23	环境保护部、国家发展改革委关于贯彻实施国家主体功能区环境政策的若干意见（环发〔2015〕92号）	禁止开发区域环境政策。按照依法管理、强制保护的原则，执行最严格的生态环境保护措施，保持环境质量的自然本底状况，恢复和维护区域生态系统结构和功能的完整性，保持生态环境质量、生物多样性状况和珍稀物种的自然繁衍，保障未来可持续生存发展空间。 优化保护区管理体制机制。将国家级自然保护区的全部、国家级风景名胜区、国家森林公园、国家地质公园、世界文化自然遗产等区域的生态功能极重要区纳入生态保护红线的管控范围，明确其空间分布界线和管控要求。 重点生态功能区环境政策。按照生态优先、适度发展的原则，着力推进生态保育，增强区域生态服务功能和生态系统的抗干扰能力，夯实生态屏障，坚决遏制生态系统退化的趋势。保持并提高区域的水源涵养、水土保持、防风固沙、生物多样性维护等生态调节功能，保障区域生态系统的完整性和稳定性，土壤环境维持自然本底水平。水源涵养和生物多样性维护型重点生态功能区水质达到地表水、地下水Ⅰ类，空气质量达到一级；水土保持型重点生态功能区的水质达到Ⅱ类，空气质量达到二级；防风固沙型重点生态功能区的水质达到Ⅱ类，空气质量得到改善。 划定并严守生态保护红线。在重点生态功能区、生态环境敏感区和脆弱区等区域划定生态保护红线，实行严格保护，确保生态功能不降低、面积不减少、性质不改变；科学划定森林、草原、湿地、海洋等领域生态保护红线。 重点开发区域环境政策。按照强化管治、集约发展的原则，加强环境管理与管治，大幅降低污染物排放强度，改善环境质量。 切实加强城市环境管理。推动建立基于环境承载能力的城市环境功能分区管理制度，加强特征污染物控制。划定城市生态保护红线，促进形成有利于污染控制和降低居民健康风险的城市空间格局。保护对区域生态系统服务功能极重要的基础生态用地，将区域开敞空间与城市

序号	日期	文件名称	有关内容（节录）
15	2015.07.23	环境保护部、国家发展改革委关于贯彻实施国家主体功能区环境政策的若干意见（环发〔2015〕92号）	绿地系统有机结合起来，加强生态用地的连通性。 优化开发区域环境政策。加强城市环境质量管理。优化城市生产、生活、生态空间，划定城市生态保护红线和最小生态安全距离，优化提升城市群生态保护空间，促进形成有利于污染控制和降低居民健康风险的城市空间格局。 实施保障措施。要按照《意见》确定的目标、要求以及本地区主体功能定位，编制实施环境功能区划，划定并严守生态保护红线，建立环境承载能力监测预警机制并认真组织实施。 积极推进生态环境空间管治。开展生态保护红线划分与管理试点，建立配套的制度和政策
16	2014.09.10	环境保护部、国家发展改革委、财政部关于印发《水质较好湖泊生态环境保护总体规划（2013—2020年）》的通知（环发〔2014〕138号）	严格按照主体功能定位，划定并严守生态保护红线，提高生态服务功能，建立水质较好湖泊生态环境保护长效机制，以美丽湖泊妆扮美丽中国。 划定并严守湖泊生态保护红线，严格保护湖泊生态敏感区，给湖泊留下更多的自然修复空间，防止湖泊生态环境退化。推动湖泊流域在保护中发展，在发展中保护
17	2013.01.25	环境保护部关于印发《全国生态保护“十二五”规划》的通知（环发〔2013〕13号）	划定生态保护红线。在重要（点）生态功能区、陆地和海洋生态环境敏感区、脆弱区等区域划定生态红线，会同有关部门制定生态红线管制要求，将生态功能保护和恢复任务落实到地块，形成点上开发、面上保护的区域发展空间结构。研究出台生态红线划定技术规范，制定生态红线管理办法

序号	日期	文件名称	有关内容（节录）
18	2013.01.22	环境保护部、国家发展改革委、财政部关于加强重点生态功能区环境保护和管理的意见（环发〔2013〕16号）	全面划定生态红线。根据《国务院关于加强环境保护重点工作的意见》和《国家环境保护“十二五”规划》要求，环境保护部要会同有关部门出台生态红线划定技术规范，在国家重要（重点）生态功能区、陆地和海洋生态环境敏感区、脆弱区等区域划定生态红线，并会同国家发展改革委、财政部等制定生态红线管制要求和环境经济政策。地方各级政府要根据国家划定的生态红线，依照各自职责和相关管制要求严格监管，对生态红线管制区内易对生态环境产生破坏或污染的企业尽快实施关闭、搬迁等措施，并对受损企业提供合理的补偿或转移安置费用。 要强化监督检查，建立专门针对国家重点生态功能区和生态红线管制区的协调监管机制。各级环境保护部门要对重点生态功能区和生态红线管制区内的各类资源开发、生态建设和恢复等项目进行分类管理，依据其不同的生态影响特点和程度实行严格的生态环境监管，建立“天地一体化”的生态环境监管体系，完善区域内整体联动监管机制
19	2023.06.13	自然资源部关于在经济发展用地要素保障工作中严守底线的通知（自然资发〔2023〕90号）	坚持以国土空间规划作为用地依据。国土空间规划是各类开发保护建设活动的基本依据。各级自然资源主管部门应当加快国土空间规划的编制、报批，并按照国土空间规划和“三区三线”等空间管控要求，提前介入、积极配合和参与建设项目选址选线，在国土空间规划“一张图”上统筹建设项目空间布局。不得违反国土空间规划和“三区三线”管控规则批准用地。 规范耕地占补平衡。实施补充耕地项目，应当依据国土空间规划和生态环境保护要求，禁止在生态保护红线、林地管理、湿地、河道湖区等范围开垦耕地。 严守生态保护红线。各地要强化生态保护意识，将生态保护红线作为项目选址的刚性约束，合理避让生态保护红线。坚决杜绝各类破坏生态环境、违反生态保护红线管控要求的违法建设行为。对在生态保护红线内的未批先建等违法违规用地行为，按照《土地管理法》《土地管理法实施条例》等法律法规规定从重处罚

序号	日期	文件名称	有关内容（节录）
20	2023.05.26	自然资源部办公厅关于开展 2023 年上半年自然资源监测工作的通知（自然资办发〔2023〕22 号）	专项监测和重点监测。组织各地和相关单位根据工作需要，加密监测频次，深化对特定专题或重点区域的专项监测和重点监测。一是围绕国家对耕地和永久基本农田、生态保护红线、城镇开发边界三条控制线严格管理、监督、考核的需要，对三条控制线开展监测。二是围绕京津冀协同发展、长江经济带发展、粤港澳大湾区建设、长三角一体化发展、黄河流域生态保护和高质量发展等国家重点战略区域开展监测。三是围绕用地监管开展监测，对涉及自然资源管理的重大工程建设情况、已供土地、临时用地、备案设施农用地使用情况，以及采矿损毁土地情况开展监测。四是围绕生态保护修复治理情况开展监测，对国家公园、山水林田湖草沙一体化保护和修复工程、新增矿山修复工程、历史遗留废弃矿山生态修复、红树林保护、国家湿地公园等开展监测
21	2023.05.04	自然资源部关于深化规划用地“多审合一、多证合一”改革的通知（自然资发〔2023〕69 号）	实施规划选址综合论证。位于城镇开发边界外并涉及耕地、永久基本农田、生态保护红线的交通、能源、水利等建设项目，地方自然资源主管部门应整合现行的规划选址论证、耕地踏勘论证、永久基本农田占用补划论证、生态保护红线不可避让论证、节地评价等事项为规划选址综合论证，防止重复论证和审查，论证报告作为建设项目用地预审与选址意见书的申报材料
22	2023.04.23	自然资源部办公厅关于严守底线规范开展全域土地综合整治试点工作有关要求的通知	坚决维护“三区三线”划定成果的严肃性。 国土空间规划是土地综合整治的基本依据，试点工作要坚持规划先行、依法依规。土地综合整治活动原则上应分别在国土空间规划确定的农业空间、生态空间、城镇空间内相对独立开展，稳定空间格局，维护“三区三线”划定成果的严肃性。 严格控制耕地和永久基本农田调整，稳定农业空间。土地综合整治中确需对少量破碎的耕地和永久基本农田进行布局调整的，按照“总体稳定、优化微调”的原则，在数量有增加、质量有提升、生态有改善、布局更优化

序号	日期	文件名称	有关内容（节录）
22	2023.04.23	自然资源部办公厅关于严守底线规范开展全域土地综合整治试点工作有关要求的通知	的前提下，稳妥有序实施。已建高标准农田、有良好水利灌溉设施的耕地应当优先划入永久基本农田；已经划入永久基本农田的，原则上不得调出。严禁在城乡建设中以单个项目占用为目的擅自调整永久基本农田。 严禁调整生态保护红线，保护生态空间。土地综合整治涉及生态保护红线内零星破碎、不便耕种、以“开天窗”形式保留的永久基本农田，在保持生态保护红线外围边界不变、不破坏生态环境的前提下，可以适度予以整治、集中，确保生态保护红线面积不减少、生态系统功能不降低、完整性和连通性有提升。严禁以土地综合整治名义调整生态保护红线。严禁破坏生态环境砍树挖山填湖，严禁违法占用林地、湿地、草地，不得采伐古树名木，不得以整治名义擅自毁林开垦。 严守城镇开发边界，锁定城镇空间。原则上不得以土地综合整治的名义调整城镇开发边界。城镇开发边界范围内的耕地，以“开天窗”方式划为永久基本农田的，原则上应予以保留，充分发挥其生态和景观功能。对过于零星破碎、不便耕种、确需进行集中连片整治的，仍优先以“开天窗”方式保留，保持“开天窗”永久基本农田总面积不减少；确需调出、不再以“开天窗”方式保留的，必须确保城镇开发边界扩展倍数不增加
23	2023.04.10	自然资源部关于规范和完善砂石开采管理的通知（自然资发〔2023〕57 号）	科学规划开发布局。地方各级自然资源主管部门要认真落实国土空间总体规划、矿产资源规划要求，可结合实际需要组织编制砂石资源专项规划，统筹考虑资源赋存条件、耕地和永久基本农田保护红线、生态保护红线、历史文化保护红线、海洋生态保护和绿色矿山建设等管控要求，以及城镇发展、产业布局、供需平衡、运输距离等因素，划定砂石集中开采区或开采规划区块，并纳入国土空间规划“一张图”实施监督，合理引导砂石采矿权投放，避免出现以山脊线划界等开采后遗留残山、残坡等不合理问题，实现砂石资源绿色开发、集约开采、系统修复、全生命周期管理

序号	日期	文件名称	有关内容（节录）
24	2023.03.20	自然资源部办公厅、国家林业和草原局办公室、国家能源局综合司关于支持光伏发电产业发展规范用地管理有关工作的通知（自然资办发〔2023〕12 号）	鼓励利用未利用地和存量建设用地发展光伏发电产业。在严格保护生态前提下，鼓励在沙漠、戈壁、荒漠等区域选址建设大型光伏基地；对于油田、气田以及难以复垦或修复的采煤沉陷区，推进其中的非耕地区域规划建设光伏基地。项目选址应当避让耕地、生态保护红线、历史文化保护线、特殊自然景观价值和文化标识区域、天然林地、国家沙化土地封禁保护区（光伏发电项目输出线路允许穿越国家沙化土地封禁保护区）等；涉及自然保护地的，还应当符合自然保护地相关法规和政策要求。新建、扩建光伏发电项目，一律不得占用永久基本农田、基本草原、Ⅰ级保护林地和东北内蒙古重点国有林区。 生态保护红线内零星分布的已有光伏设施，按照相关法律法规规定进行管理，严禁扩大现有规模与范围，项目到期后由建设单位负责做好生态修复
25	2023.03.02	自然资源部办公厅关于加强国土空间生态修复项目规范实施和监督管理的通知（自然资办发〔2023〕10 号）	严格遵守法律法规。严守永久基本农田保护红线和生态保护红线。要严格遵守耕地和永久基本农田保护、生态保护相关法律法规规定，严格落实《自然资源部 农业农村部　国家林业和草原局关于严格耕地用途管制有关问题的通知》（自然资发〔2021〕166 号）、《自然资源部 生态环境部 国家林业和草原局关于加强生态保护红线管理的通知（试行）》（自然资发〔2022〕142 号）等要求。实施生态修复项目过程中，不得擅自调整耕地和永久基本农田布局，不得损毁耕地，不得违反生态保护红线管控规则
26	2023.02.20	自然资源部办公厅关于开展 2023 年卫片执法工作的通知	通过部署开展卫片执法工作，推动地方各级自然资源主管部门早发现、早制止、严查处各类自然资源违法行为。聚焦耕地和矿产资源保护，突出重点，依法严肃查处不符合高质量发展要求的非农化建设违法占用耕地问题，尤其是违反国土空间规划和“三区三线”有关规定，违法占用永久基本农田和生态保护红线问题，依法严厉打击非法开采稀土等战略性矿种的违法行为。科学评估区

序号	日期	文件名称	有关内容（节录）
26	2023.02.20	自然资源部办公厅关于开展 2023 年卫片执法工作的通知	域自然资源管理秩序，推动落实粮食安全党政同责，牢牢守住 18 亿亩耕地保护红线，严守资源安全底线，维护资源资产权益。 聚焦工作重点。聚焦耕地保护，重点打击恶意违法占用耕地、特别是违法占用永久基本农田的新增非农建设行为；聚焦生态保护，重点打击生态保护红线内违法违规采矿严重破坏生态环境行为；聚焦保护能源资源安全，重点打击违法开采战略性矿种行为。 按月开展内业抽查。省级自然资源主管部门要在按月上报本地区卫片执法图斑相关信息前，分类组织开展内业抽查。要采取明确单位正式工作人员作为内业抽查、外业核查负责人等措施，压实抽查、核查责任。对“新增非农建设类”“年度内持续变化类”图斑，省级内业抽查图斑的耕地面积占同期部下发的上述两类土地卫片执法图斑涉及耕地总面积的比例不得低于 80%。对采取拆除复耕方式落实整改的图斑，应进行 100%审核。其中，对拆除复耕涉及永久基本农田或生态保护红线 5 亩以上、耕地 10 亩以上的图斑，省级须出具内业审核意见。 对疑似违法占用耕地 100 亩、永久基本农田或生态保护红线 50 亩以上的“新增非农建设类”“年度内持续变化类”图斑，疑似违法开采面积达到 10 亩以上的矿产卫片执法图斑，以及拆除复耕涉及永久基本农田或生态保护红线 10 亩以上、耕地 50 亩以上的图斑，省级自然资源主管部门须逐一组织实地核查，出具核查意见，明确核查责任人
27	2022.10.18	自然资源部关于进一步加强国土空间规划编制和实施管理的通知（自然资发〔2022〕186 号）	要将耕地保有量、永久基本农田保护面积、生态保护红线面积、新增建设用地规模等管控指标分解到下级规划

序号	日期	文件名称	有关内容（节录）
28	2022.10.13	自然资源部办公厅关于过渡期内支持巩固拓展脱贫攻坚成果同乡村振兴有效衔接的通知（自然资办发〔2022〕45 号）	加强矿产资源开发利用。在生态保护红线之外，加大地质找矿力度，选择有市场前景、有资源潜力的资源富集区开展前期调查勘查，统筹安排矿产资源开发利用的指标、项目、技术、资金等，在同等条件下，向国家乡村振兴重点帮扶县、原深度贫困地区倾斜支持
29	2022.08.16	自然资源部、生态环境部、国家林业和草原局关于加强生态保护红线管理的通知（试行）（自然资发〔2022〕142 号）	加强人为活动管控。规范管控对生态功能不造成破坏的有限人为活动；加强有限人为活动管理；有序处理历史遗留问题。 规范占用生态保护红线用地、用海、用岛审批。项目范围；办理要求。 严格生态保护红线监管。强化数据共享；加大监管力度；严格调整程序
30	2022.08.03	自然资源部等 7 部门关于加强用地审批前期工作积极推进基础设施项目建设的通知（自然资发〔2022〕130 号）	联合开展选址选线。各级自然资源主管部门应依据国土空间规划和“三区三线”等空间管控要求，积极配合和参与基础设施建设项目规划选址选线工作。在选址选线工作中，自然资源主管部门要切实落实最严格的耕地保护制度、节约集约制度和生态环境保护制度，重点评价分析建设项目涉及的耕地和永久基本农田保护、生态保护、节约集约用地和历史文化保护、地质灾害风险防控等红线底线要素并提出建设性意见。可研编制单位、项目设计单位要加强多方案比选，不占、少占耕地和永久基本农田，合理避让生态保护红线、历史文化保护红线和灾害风险区。 严格落实节约集约。可行性研究阶段，用地涉及耕地、永久基本农田、生态保护红线的建设项目，需开展节约集约用地论证分析，从占用耕地和永久基本农田的必要性、用地规模和功能分区的合理性、不可避让生态保护红线的充分性、节地水平的先进性等对方案进行分析比

序号	日期	文件名称	有关内容（节录）
30	2022.08.03	自然资源部等 7 部门关于加强用地审批前期工作积极推进基础设施项目建设的通知（自然资发〔2022〕130 号）	选，形成节约集约用地专章作为用地预审申报材料提交审查，审查后的内容纳入可行性研究报告或项目申请报告相关章节。 改进优化用地审批。简化用地预审阶段审查内容。涉及规划土地用途调整的，审查是否符合法律规定允许调整情形，不再提交调整方案；涉及占用生态保护红线的，审查是否符合允许占用情形，不再提交省级人民政府论证意见。 （附件：节约集约用地论证分析专章编制要点。避让生态保护红线的充分性。分析合理避让生态保护红线的情况，无法避让的详细说明符合生态保护红线管控规则的具体情形、空间布局和面积，以及可能造成的生态环境影响和减轻生态环境影响的具体措施）
31	2022.08.02	自然资源部关于积极做好用地用海要素保障的通知（自然资发〔2022〕129 号）	用好"三区三线"划定成果。"三区三线"划定成果经批准并纳入国土空间规划"一张图"后，作为建设项目用地用海组卷报批的依据。建设项目涉及生态保护红线，属于允许有限人为活动的，新增建设用地在农用地转用、土地征收和用海审批时附省级人民政府符合允许有限人为活动的意见；国家重大项目确需占用生态保护红线的，省级人民政府提出农用地转用、土地征收和用海审批申请时，同时附省级人民政府出具的不可避让论证意见，报国务院批准。国家重大项目新增填海造地确需在生态保护红线内实施的，省级人民政府同步编制生态保护红线调整方案并纳入国土空间规划"一张图"，调整方案随项目用海申请一并报国务院批准。 简化用地预审审查。预审阶段，涉及规划土地用途调整的，重点审查是否符合允许调整的情形，但在申请办理农用地转用和土地征收时，须提交规划土地用途调整方案；涉及占用生态保护红线的，重点审查是否符合允许有限人为活动之外的国家重大项目范围

序号	日期	文件名称	有关内容（节录）
32	2021.12.21	自然资源部 财政部 国家乡村振兴局关于印发《巩固拓展脱贫攻坚成果同乡村振兴有效衔接过渡期内城乡建设用地增减挂钩节余指标跨省域调剂管理办法》的通知（自然资发〔2021〕178 号）	调出的节余指标，必须来源于增减挂钩拆旧复垦产生的、可长期稳定利用的耕地。拆旧复垦以不破坏生态环境和历史文化风貌为前提。位于生态保护红线范围内或 25°以上陡坡的原则上不得复垦为耕地。节余指标优先满足当地用地需求后方可用于跨省域调剂
33	2021.07.15	自然资源部办公厅关于加强和改进矿产执法工作的通知（自然资办函〔2021〕1288 号）	提高政治敏锐性，把长江、黄河沿线，自然保护地，矿产资源禁勘禁采区、生态红线范围等生态敏感区和违法采矿高发区，作为矿产执法重点区域，有针对性地加大执法查处力度
34	2021.04.01	自然资源部办公厅关于完善早发现早制止严查处工作机制的意见（自然资办发〔2021〕33 号）	尚未完成国土空间规划编制的地区，要在坚守生态保护红线、永久基本农田红线的前提下，保障农村村民住宅建设合理用地，编制村庄规划时要兼顾历史存量农村宅基地建设情况，妥善处理农村村民建房合理用地需求和红线的关系
35	2021.03.08	自然资源部　国家文物局关于在国土空间规划编制和实施中加强历史文化遗产保护管理的指导意见	促进历史文化遗产活化利用。在不对生态功能造成破坏的前提下，允许在生态保护红线内、自然保护地核心保护区外，开展经依法批准的考古调查、勘探、发掘和文物保护活动，以及适度的参观旅游和相关必要的公共设施建设，促进文化和自然遗产的合理利用

序号	日期	文件名称	有关内容（节录）
36	2021.01.28	自然资源部 国家发展改革委农业农村部关于保障和规范农村一二三产业融合发展用地的通知（自然资发〔2021〕16号）	引导农村产业在县域范围内统筹布局。利用农村本地资源开展农产品初加工、发展休闲观光旅游而必需的配套设施建设，可在不占用永久基本农田和生态保护红线、不突破国土空间规划建设用地指标等约束条件、不破坏生态环境和乡村风貌的前提下，在村庄建设边界外安排少量建设用地，实行比例和面积控制，并依法办理农用地转用审批和供地手续。 优化用地审批和规划许可流程。在村庄建设边界外，具备必要的基础设施条件、使用规划预留建设用地指标的农村产业融合发展项目，在不占用永久基本农田、严守生态保护红线、不破坏历史风貌和影响自然环境安全的前提下，可暂不做规划调整
37	2020.12.15	自然资源部办公厅关于进一步做好村庄规划工作的意见（自然资办发〔2020〕57号）	尊重自然地理格局，彰显乡村特色优势。在落实县、乡镇级国土空间总体规划确定的生态保护红线、永久基本农田基础上，不挖山、不填湖、不毁林，因地制宜划定历史文化保护线、地质灾害和洪涝灾害风险控制线等管控边界。以“三调”为基础划好村庄建设边界，明确建筑高度等空间形态管控要求，保护历史文化和乡村风貌
38	2020.09.22	自然资源部办公厅关于开展省级国土空间生态修复规划编制工作的通知（自然资办发〔2020〕45号）	科学编制规划。谋划总体布局。坚持国家立场，突出问题导向，坚持陆海统筹，聚焦国家生态安全战略格局和区域生态安全重点地域（重点生态功能区、自然保护地、生态保护红线等），突出自然地理和生态系统的完整性、连通性，以重点流域、区域、海域等为基础单元，统筹谋划省级国土空间生态修复总体布局、合理分区、重点工程等，逐步推进国土空间全域生态保护修复，实行山水林田湖草整体保护、系统修复、综合治理
39	2020.05.14	自然资源部关于加快宅基地和集体建设用地使用权确权登记工作的通知（自然资发〔2020〕84号）	对乱占耕地建房、违反生态保护红线管控要求建房、城镇居民非法购买宅基地、小产权房等，不得办理登记，不得通过登记将违法用地合法化

序号	日期	文件名称	有关内容（节录）
40	2020.03.06	自然资源部关于贯彻落实《国务院关于授权和委托用地审批权的决定》的通知（自然资规〔2020〕1 号）	对涉及占用生态保护红线的，应当符合中共中央办公厅、国务院办公厅《关于在国土空间规划中统筹划定落实三条控制线的指导意见》规定，属于允许占用生态保护红线的国家重大战略项目，以及其他对生态功能不造成破坏的有限人为活动的建设项目范围，要按照中央文件规定组织论证
41	2020.02.17	自然资源部办公厅关于印发《省级国土空间规划编制指南》（试行）的通知（自然资办发〔2020〕5 号）	统筹三条控制线。将生态保护红线、永久基本农田、城镇开发边界等作为调整经济结构、规划产业发展、推进城镇化不可逾越的红线。结合生态保护红线和自然保护地评估调整、永久基本农田核实整改等工作，陆海统筹，确定省域三条控制线的总体格局和重点区域，明确市、县划定任务，提出管控要求，将三条控制线的成果在市、县、乡级国土空间规划中落地。实事求是解决历史遗留问题，协调解决划定矛盾，做到边界不交叉、空间不重叠、功能不冲突。各类线性基础设施应尽量并线、预留廊道，做好与三条控制线的协调衔接
42	2020.02.11	自然资源部办公厅关于做好疫情防控建设项目用地保障工作的通知（自然资办函〔2020〕215 号）	支持疫情防控建设项目先行使用土地。对于疫情防控急需使用的土地，可根据需要先行使用；对选址有特殊要求，确需占用永久基本农田和生态保护红线的，视作重大项目允许占用。使用期满无须转为永久性建设用地的，使用结束后恢复原状，交还原土地使用者，不再补办用地手续。需要转为永久性建设用地的，待疫情结束后及时完善用地手续。同时，要做好被占地单位和群众的补偿安置
43	2019.12.31	自然资源部关于推进矿产资源管理改革若干事项的意见（试行）（自然资规〔2019〕7 号）	积极推进“净矿”出让。开展砂石土等直接出让采矿权的“净矿”出让，积极推进其他矿种的“净矿”出让，加强矿业权出让前期准备工作，优化矿业权出让流程，提高服务效率，依据地质工作成果和市场主体需求，建立矿业权出让项目库，会同相关部门，依法依规避让生态保护红线等禁止限制勘查开采区，合理确定出让范围，并做好与用地、用海、用林、用草等审批事项的衔接，以便矿业权出让后，矿业权人正常开展勘查开采工作

序号	日期	文件名称	有关内容（节录）
44	2019.12.10	自然资源部关于开展全域土地综合整治试点工作的通知（自然资发〔2019〕194号）	乡镇政府负责组织统筹编制村庄规划，将整治任务、指标和布局要求落实到具体地块，确保整治区域内耕地质量有提升、新增耕地面积原则上不少于原有耕地面积的5%，并做到建设用地总量不增加、生态保护红线不突破
45	2019.07.11	自然资源部　财政部　生态环境部　水利部　国家林业和草原局关于印发《自然资源统一确权登记暂行办法》的通知（自然资发〔2019〕116号）	自然资源登记簿应当对地表、地上、地下空间范围内各类自然资源进行记载，并关联国土空间规划明确的用途、划定的生态保护红线等管制要求及其他特殊保护规定等信息。 登记机构依据自然资源权籍调查成果和相关审批文件，结合国土空间规划明确的用途、划定的生态保护红线等管制要求或政策性文件以及不动产登记结果资料等，会同相关部门对登记的内容进行审核
46	2019.05.29	自然资源部办公厅关于加强村庄规划促进乡村振兴的通知（自然资办发〔2019〕35号）	统筹生态保护修复。落实生态保护红线划定成果，明确森林、河湖、草原等生态空间，尽可能多地保留乡村原有地貌、自然形态等，系统保护好乡村自然风光和田园景观。加强生态环境系统修复和整治，慎砍树、禁挖山、不填湖，优化乡村水系、林网、绿道等生态空间格局。 优化调整用地布局。涉及永久基本农田和生态保护红线调整的，严格按国家有关规定执行，调整结果依法落实到村庄规划中。 机动指标使用不得占用永久基本农田和生态保护红线
47	2019.05.28	自然资源部关于全面开展国土空间规划工作的通知（自然资发〔2019〕87号）	做好过渡期内现有空间规划的衔接协同。对现行土地利用总体规划、城市（镇）总体规划实施中存在矛盾的图斑，要结合国土空间基础信息平台的建设，按照国土空间规划“一张图”要求，作一致性处理，作为国土空间用途管制的基础。一致性处理不得突破土地利用总体规划确定的2020年建设用地和耕地保有量等约束性指标，不得突破生态保护红线和永久基本农田保护红线，不得突破土地利用总体规划和城市（镇）总体规划确定的禁

序号	日期	文件名称	有关内容（节录）
47	2019.05.28	自然资源部关于全面开展国土空间规划工作的通知（自然资发〔2019〕87 号）	止建设区和强制性内容，不得与新的国土空间规划管理要求发生矛盾冲突。在今后工作中，主体功能区规划、土地利用总体规划、城乡规划、海洋功能区划等统称为“国土空间规划”。 科学评估三条控制线。结合主体功能区划分，科学评估既有生态保护红线、永久基本农田、城镇开发边界等重要控制线划定情况，进行必要调整完善，并纳入规划成果
48	2019.01.05	自然资源部　农业农村部关于加强和改进永久基本农田保护工作的通知（自然资规〔2019〕1 号）	妥善处理好生态退耕。对位于国家级自然保护地范围内禁止人为活动区域的永久基本农田，经自然资源部和农业农村部论证确定后应逐步退出，原则上在所在县域范围内补划，确实无法补划的，在所在市域范围内补划；非禁止人为活动的保护区域，结合国土空间规划统筹调整生态保护红线和永久基本农田控制线
49	2018.03.23	国土资源部关于全面实行永久基本农田特殊保护的通知（国土资规〔2018〕1 号）	统筹永久基本农田保护与各类规划衔接。协同推进生态保护红线、永久基本农田、城镇开发边界三条控制线划定工作。按照中央 4 号文件要求，将永久基本农田控制线划定成果作为土地利用总体规划的规定内容，在规划批准前先行核定并上图入库、落地到户。各地区各有关部门在编制城乡建设、基础设施、生态建设等相关规划，推进“多规合一”过程中，在划定生态保护红线、城镇开发边界工作中，要与已划定的永久基本农田控制线充分衔接，原则上不得突破永久基本农田边界。位于国家自然保护区核心区内的永久基本农田，经论证确定可逐步退出，按照永久基本农田划定规定原则上在该县域内补划

序号	日期	文件名称	有关内容（节录）
50	2016.06.22	国土资源部关于印发全国土地利用总体规划纲要（2006—2020年）调整方案的通知（国土资发〔2016〕67号）	以二次调查成果、土地利用总体规划和城市（镇）总体规划为基础，加快划定永久基本农田、城市开发边界和生态保护红线，推进“多规合一”
51	2023.03.23	国家发展改革委关于印发投资项目可行性研究报告编写大纲及说明的通知（发改投资规〔2023〕304号）	企业投资项目可行性研究报告编写参考大纲（2023年版）。项目选址或选线。通过多方案比较，选择项目最佳或合理的场址或线路方案，明确拟建项目场址或线路的土地权属、供地方式、土地利用状况、矿产压覆、占用耕地和永久基本农田、涉及生态保护红线、地质灾害危险性评估等情况。备选场址方案或线路方案比选要综合考虑规划、技术、经济、社会等条件。 项目选址与要素保障。“项目选址或选线”应坚持国土空间“唯一性”要求，从规划条件、技术条件、经济条件和资源节约集约利用等方面，以国土空间规划和用途管制规则为基本依据，基于国土空间规划“一张图”，将耕地和永久基本农田保护、生态红线保护、节约集约利用土地作为方案比选核心要素，对拟定的备选场址方案或线路方案进行比较和择优。“项目建设条件”主要分析拟建项目所在地的自然环境、交通运输、公用工程等支撑项目建设的外部因素。“要素保障分析”包括土地要素保障，以及水资源、能耗、碳排放强度和污染减排指标控制要求及保障能力等。对于新占用土地的投资项目，应当明确拟建项目场址或选线的土地权属、供地方式、土地利用状况、矿产压覆、占用耕地和永久基本农田、涉及生态保护红线、地质灾害危险性评估等情况。对于涉及新增占用耕地的项目，应明确耕地占补平衡落实方案。对于涉及耕地、永久基本农田、生态保护红线的项目，开展节约集约用地研究，评价土地资源节约集约利用水平

序号	日期	文件名称	有关内容（节录）
52	2022.06.21	国家发展改革委关于印发“十四五”新型城镇化实施方案的通知（发改规划〔2022〕960 号）	稳妥有序、守住底线。循序渐进、久久为功，尽力而为、量力而行，合理确定时序和步骤，划定落实耕地和永久基本农田、生态保护红线和城镇开发边界。 加强生态修复和环境保护。坚持山水林田湖草沙一体化保护和系统治理，落实生态保护红线、环境质量底线、资源利用上线和生态环境准入清单要求，提升生态系统质量和稳定性。建设生态缓冲带，保留生态安全距离。 优化城市空间格局和建筑风貌。发挥发展规划引领作用，全面完成城市国土空间规划编制，划定落实耕地和永久基本农田、生态保护红线和城镇开发边界
53	2022.03.22	国家发展改革委商务部关于印发《市场准入负面清单（2022 年版）》的通知（发改体改规〔2022〕397 号）	市场准入负面清单管理措施适用范围。市场准入负面清单依法列出中华人民共和国境内禁止或经许可方可投资经营的行业、领域、业务等。针对非投资经营活动的管理措施、准入后管理措施、备案类管理措施、职业资格类管理措施、只针对境外市场主体的管理措施以及针对生态保护红线、自然保护地、饮用水水源保护区等特定地理区域、空间的管理措施等不列入市场准入负面清单，从其相关规定
54	2022.07.04	国家发展改革委交通运输部关于印发《国家公路网规划》的通知（发改基础〔2022〕1033 号）	环境影响及对策。总体评价。规划贯彻落实生态文明建设要求，将绿色发展作为重要目标和原则，与《国民经济和社会发展第十四个五年规划和 2035 年远景目标纲要》《关于建立国土空间规划体系并监督实施的若干意见》《关于深入打好污染防治攻坚战的意见》《2030 年前碳达峰行动方案》等做了有效衔接。规划实施需新增占用约 52 万 hm^2 的土地，消耗一定能源并产生碳排放；部分新增线路与国家公园等自然保护地、饮用水水源地等环境敏感目标以及生态保护红线存在局部空间冲突，规划论证阶段已尽可能予以规避，下一步还将在实施阶段进一步优化；建设和运营期产生的废气、污水、噪声等可能对环境质量带来一定影响。在实施阶段将严格落实环境影响评价制度和“三线一单”（生态保护红线、环境质量底线、资源利用上线、生态环境准入清单）管

序号	日期	文件名称	有关内容（节录）
54	2022.07.04	国家发展改革委交通运输部关于印发《国家公路网规划》的通知（发改基础〔2022〕1033号）	控要求，合理避让环境敏感目标并强化生态环境保护举措，规划产生的环境影响总体可控。 预防和减轻不良环境影响的对策。一是强化生态保护修复，公路选线最大限度地避让各类环境敏感目标，重要敏感区无法避让的需从地下或空中穿（跨）越，同步开展原生动植物保护、湿地连通、创面生态修复和动物通道建设。二是协同促进碳减排与大气污染防治，加强与其他运输方式衔接，为推动多式联运发展和推广使用新能源汽车创造良好环境，探索提高国家公路通道碳汇能力。三是强化水环境污染防治，尽可能地避免占用河湖空间，特别是饮用水水源保护区，如占用须采用“封闭式”排水和水处理系统，强化公路施工期和运营期服务区污水处理，有条件的纳入城市污水管网。四是强化噪声污染防治，在敏感区域落实噪声防护距离的要求，在可能造成噪声污染的重点路段设置声屏障或者采取其他降低噪声的有效措施。五是强化资源节约集约利用，充分利用交通廊道资源，采用先进节地技术和模式，提高交通基础设施土地综合利用率，尽量不占或少占耕地和基本农田，推动钢结构桥梁、环保耐久节能型材料等应用，推进废旧材料、设施设备、水资源循环利用和隧道洞渣资源化利用。六是加强外部协同与内部监管，强化与碳达峰碳中和、国土空间规划、自然保护地体系以及“三线一单”等相关政策的协调衔接，严格落实环保“三同时”（同时设计、同时施工、同时投入生产和使用）制度、环境监测与跟踪评价等制度
55	2022.01.29	国家发展改革委国家能源局关于印发《“十四五”现代能源体系规划》的通知（发改能源〔2022〕210号）	加强能源生态环境保护政策引领，依法开展能源基地开发建设规划、重点项目等环境影响评价，完善用地用海政策，严格落实区域“三线一单”（生态保护红线、环境质量底线、资源利用上线和环境准入负面清单）生态环境分区管控要求。 加强能源规划与经济社会发展及其他规划的衔接，统筹自然保护地、生态保护红线与能源开发布局，切实发挥国家能源规划对全国能源发展、重大项目布局、公共资源配置、社会资本投向的战略导向作用，完善规划引导约束机制

序号	日期	文件名称	有关内容（节录）
56	2022.01.11	“十四五”水安全保障规划	加强重点水源工程建设。加快开展列入流域及区域规划，符合国家区域发展战略且不涉及生态保护红线等环境因素制约的重点水源工程前期工作，条件具备加快建设
57	2021.12.31	国家发展改革委关于印发“十四五”重点流域水环境综合治理规划的通知（发改地区〔2021〕1933 号）	促进生态保护与绿色发展相协调。严守生态保护红线、环境质量底线和资源利用上线
58	2021.12.15	国家发展改革委、科技部、自然资源部、生态环境部、水利部、农业农村部、应急部、中国气象局、国家林业和草原局关于印发《生态保护和修复支撑体系重大工程建设规划（2021—2035 年）》的通知（发改农经〔2021〕1812 号）	生态保护和修复关键技术攻关。基础研究和技术攻关。生态保护信息化应用技术研究。推进生态保护红线地面核查技术示范，建立自动识别的影像特征标志库。开展生态保护红线内允许人类活动的强度和规模研究，完善和建立生态风险预警技术体系。 构建重大工程监测监管系统。依托自然资源“一张图”与国土空间信息平台、国家生态保护红线监管平台，加强生态保护修复大数据管理，实现生态保护修复信息系统管理、集成展现和深度挖掘。 自然生态系统调查和监测评估。生态状况调查监测评价预警体系。生态状况监测评估。定期开展全国生态状况、重点区域流域、生态保护红线、自然保护地、县域重点生态功能区等评估，建立从宏观到微观尺度的多层次评估体系。全面掌握全国和区域生态状况及变化趋势，面上形成全国生态安全战略格局和全国、省、市、县生态状况评价成果，线上形成森林、草原、河湖、湿地、荒漠、海洋、冰川、冻土、地下水、生物多样性等生态系统评价成果，点上形成自然保护地、局部重要典型生态系统评价成果。 生态气象服务能力建设。生态质量监管气象服务能力。开发生态质量变化气象贡献率评价模型，为各级政府开展生态文明建设提供科学依据。围绕生态保护红线监管需求，在国省两级建立生态保护红线监管气象服务业务体系，定量区分人为和气象因素影响，为红线区生态环境准入、绩效考核、生态补偿和监管等提供气象支撑

序号	日期	文件名称	有关内容（节录）
59	2021.12.17	国家发展改革委 自然资源部 水利部 国家林业和草原局关于印发《青藏高原生态屏障区生态保护和修复重大工程建设规划（2021—2035 年）》的通知（发改农经〔2021〕1775 号）	坚持统筹治理，推动科学施策。坚持山水林田湖草沙冰生命共同体理念，以自然地理单元、生态本底和资源禀赋为基础，衔接生态保护红线及管控要求，合理划定生态保护修复分区，科学配置治理模式和适用技术，加强生态风险防控，促进自然生态系统一体化保护和修复。 坚持突出重点，抓好关键问题。坚持问题导向、目标导向，不搞面面俱到，以国家重点生态功能区、生态保护红线、国家级自然保护地等区域为重点，识别和解决一批关键核心生态问题，通过重点突破促进自然生态系统整体改善
60	2021.10.23	国家发展改革委 体育总局 自然资源部 水利部 农业农村部 国家林业和草原局 农业发展银行关于推进体育公园建设的指导意见（发改社会〔2021〕1497 号）	推动体育公园绿色空间与健身设施有机融合。坚持绿色生态底色。体育公园绿化用地占公园陆地面积的比例不得低于 65%，确保不逾越生态保护红线，不破坏自然生态系统，推进健身设施有机嵌入绿色生态环境，充分利用自然环境打造运动场景
61	2021.10.21	国家发展改革委 国家能源局 财政部 自然资源部 生态环境部 住房和城乡建设部 农业农村部 中国气象局 国家林业和草原局关于印发"十四五"可再生能源发展规划的通知（发改能源〔2021〕1445 号）	抽水蓄能资源调查行动。坚持生态优先，避让生态保护红线、天然林和基本草原等管控因素，加大抽水蓄能电站选点工作力度，选择地形条件、工程地质、水文泥沙等建设条件合适、距高比等关键经济指标合理的抽水蓄能站点，按照能纳尽纳的原则，纳入中长期抽水蓄能发展规划

序号	日期	文件名称	有关内容（节录）
62	2021.09.27	关于印发全国特色小镇规范健康发展导则的通知（发改规划〔2021〕1383 号）	合规用地底线。严格落实永久基本农田、生态保护红线、城镇开发边界，不得改变国土空间规划确定的空间管控内容，遏制耕地“非农化”、防止“非粮化”
63	2021.09.01	关于加快推进铁路专用线建设的指导意见（发改基础〔2019〕1445 号）	专用线选址要符合国土空间规划，合理避让永久基本农田和生态保护红线，节约集约用地
64	2021.02.25	国家发展改革委 国家能源局关于推进电力源网荷储一体化和多能互补发展的指导意见（发改能源规〔2021〕280 号）	对于增量风光水（储）一体化，按照国家及地方相关环保政策、生态红线、水资源利用政策要求，严控中小水电建设规模，以大中型水电为基础，统筹汇集送端新能源电力，优化配套储能规模。 落实国家及地方相关环保政策、生态红线、水资源利用等政策要求，按规定取得规划环评和规划水资源论证审查意见
65	2018.03.13	国家发展改革委、住房和城乡建设部关于印发兰州—西宁城市群发展规划的通知（发改规划〔2018〕423 号）	坚持生态优先，划定并严守生态保护红线，确定生态空间。依次确定农业、城镇空间范围，并划定永久基本农田和城市开发边界。生态空间、农业空间原则上按限制开发区进行用途管制，其中生态保护红线范围内空间原则上按禁止开发区进行用途管制，永久基本农田一经划定，任何单位和个人不得擅自占用或改变用途。城镇空间按照集约紧凑高效原则实施从严管控。 严守生态功能保障基线。加强河湖、湿地、森林、草原、荒漠、山体等重要生态空间管制，引导区域绿色发展格局建设。2020 年年底前，全面完成生态保护红线勘界定标，基本建立生态保护红线制度，强化跨区域生态保护红线的衔接与协调，实现一条红线管控重要生态空间

序号	日期	文件名称	有关内容（节录）
66	2018.03.09	国家发展改革委 国土资源部 环境保护部 住房和城乡建设部 国家旅游局关于规范主题公园建设发展的指导意见（发改社会规〔2018〕400号）	严守生态保护红线。各地区要严格执行《关于划定并严守生态保护红线的若干意见》要求，严禁违规在自然保护区、文化自然遗产、风景名胜区、森林公园和地质公园、饮用水水源保护区、重点（重要）生态功能区以及其他生态保护红线区域选址建设主题公园。主题公园建设应依法履行环境影响评价程序，采取严格的生态环境保护措施，严禁破坏生态环境
67	2018.01.12	国家发展改革委关于印发三江源国家公园总体规划的通知（发改社会〔2018〕64号）	依据国家关于划定并严守生态保护红线的要求，落实生态保护红线
68	2017.12.12	国家发展改革委 住房和城乡建设部 国家能源局 环境保护部 国土资源部关于进一步做好生活垃圾焚烧发电厂规划选址工作的通知（发改环资规〔2017〕2166号）	超前谋划生活垃圾焚烧发电项目选址。省级城乡规划主管部门会同相关部门组织指导市（县）人民政府依法做好生活垃圾焚烧发电项目选址工作。项目选址应符合与“三区三线”配套的综合空间管控措施要求，尽量远离生态保护红线区域，并严格按照《生活垃圾焚烧处理工程项目建设标准》要求，设定防护距离，明确四至边界，合理安排周边项目建设时序，不得因周边项目建设影响生活垃圾焚烧发电项目选址落地
69	2017.12.04	国家发展改革委、国土资源部、环境保护部、住房和城乡建设部关于规范推进特色小镇和特色小城镇建设的若干意见（发改规划〔2017〕2084号）	严守生态保护红线。各地区要按照《关于划定并严守生态保护红线的若干意见》要求，依据应划尽划、应保尽保原则完成生态保护红线划定工作

序号	日期	文件名称	有关内容（节录）
70	2017.11.20	国家发展改革委、交通运输部、国家铁路局、中国铁路总公司关于印发《铁路"十三五"发展规划》的通知（发改基础〔2017〕1996 号）	规划坚持选址选线的环保避让原则，新增铁路用地约 13 万 hm^2，路网布局严格坚守重点生态功能区、生态环境敏感区和脆弱区等区域划定生态保护红线，确保生态保护与铁路建设有序推进，提升铁路沿线区域生态服务功能。 环境保护对策和措施。一是加强生态保护。坚持科学布局，严守生态保护红线，按照"保护优先、避让为主"的选线原则，尽量避让自然保护区、风景名胜区、水源保护区及人口密集的居民区等环境敏感区，严格执行"三同时"制度，加强环境监理工作，做好水土保持和生态环境恢复工作
71	2017.01.11	国家发展改革委关于印发西部大开发"十三五"规划的通知（发改西部〔2017〕89 号）	到 2020 年，生态文明建设和绿色发展理念深入人心，生产生活方式加快向绿色、循环、低碳转变。生态保护红线全面划定，生态保护补偿机制基本建立，重点生态区综合治理取得积极进展，水土流失面积大幅减少，生物多样性有所恢复，长江上游等重点地区生态屏障建设取得新成效
72	2016.12.22	国家发展改革委、国家能源局关于印发煤炭工业发展"十三五"规划的通知（发改能源〔2016〕2714 号）	青海做好重要水源地、高寒草甸和冻土层生态环境保护，加快矿区环境恢复治理，从严控制煤矿建设生产。 树立生态保护红线意识，严格执行国家有关环境治理和水土保持方面的法律法规及标准要求，全面落实环境保护和水土保持"三同时"制度
73	2016.08.22	国家发展改革委、国家旅游局关于印发全国生态旅游发展规划（2016—2025 年）的通知（发改社会〔2016〕1831 号）	在自然保护区的核心区和缓冲区、风景名胜区的核心景区、重要自然生态系统严重退化的区域（如水土流失和石漠化脆弱区）、具有重要科学价值的自然遗迹和濒危物种分布区、水源地保护区等重要和敏感的生态区域，严守生态红线，禁止旅游项目开发和服务设施建设

序号	日期	文件名称	有关内容（节录）
74	2016.05.30	国家发展改革委、财政部、国土资源部、环境保护部、水利部、农业部、国家林业局、国家能源局、国家海洋局《关于加强资源环境生态红线管控的指导意见》的通知（发改环资〔2016〕1162号）	资源环境生态红线管控是指划定并严守资源消耗上限、环境质量底线、生态保护红线，强化资源环境生态红线指标约束，将各类经济社会活动限定在红线管控范围以内。 总体要求。统筹考虑资源禀赋、环境容量、生态状况等基本国情，根据我国发展的阶段性特征及全面建成小康社会目标的需要，合理设置红线管控指标，构建红线管控体系，健全红线管控制度，保障国家能源资源和生态环境安全，倒逼发展质量和效益提升，构建人与自然和谐发展的现代化建设新格局。 严格管控、保障发展。树立底线思维和红线意识，设定并严守资源环境生态红线，并与空间开发保护管理相衔接，实行最严格的管控和保护措施。推动资源环境生态红线管控与经济社会发展相适应，预留必要的发展空间。 划定生态保护红线。根据水源涵养、水土保持、防风固沙、调蓄洪水、保护生物多样性，以及保持自然本底、保障生态系统完整和稳定性等要求，兼顾经济社会发展需要，划定并严守生态保护红线。 依法在重点生态功能区、生态环境敏感区和脆弱区等区域划定生态保护红线，实行严格保护，确保生态功能不降低、面积不减少、性质不改变；科学划定森林、草原、湿地、海洋等领域生态红线，严格自然生态空间征（占）用管理，有效遏制生态系统退化的趋势
75	2014.11.11	国家发展改革委关于"十三五"市县经济社会发展规划改革创新的指导意见（发改规划〔2014〕2477号）	要考虑相关规划衔接协调的需要。增加城镇化、空间开发强度、耕地保有量、生态红线等空间管控方面的指标，为相关规划、配套政策的制定提供依据。 生态空间。要加强林地、草地、河流、湖泊、湿地等生态空间的保护和修复，提升生态产品服务功能。要实行严格的产业和环境准入制度，严控开发活动，控制开发强度。对其中的禁止开发区域，要划定生态保护红线，实施强制性保护。

序号	日期	文件名称	有关内容（节录）
75	2014.11.11	国家发展改革委关于"十三五"市县经济社会发展规划改革创新的指导意见（发改规划〔2014〕2477 号）	强化空间布局衔接。要落实《城乡规划法》《中华人民共和国土地管理法》《中华人民共和国环境保护法》等法律法规的要求，以城镇、农业、生态三类空间作为规划衔接的平台，为相关规划的编制提供依据和接口。相关空间规划的管制分区和边界划定，如城市增长边界、永久基本农田和生态保护三条红线，可在三类空间布局的框架下进一步细化，形成更具体的空间管制分区。通过三类空间和细化的管制分区，形成综合与专项相结合的空间管控体系。 充分做好与相关部门工作的协调配合。要充分利用相关部门已形成的工作基础，特别是已经开展"多规合一""多规融合"的市（县），对相关空间布局、功能分区、城市增长边界、生态保护红线等规划成果，要在优化整合基础上，充分体现在市（县）经济社会发展总体规划中，使规划编制过程成为规划衔接协调的过程
76	2014.10.29	国家发展和改革委员会、财政部、国土资源部、水利部、农业部、国家林业局关于印发青海省生态文明先行示范区建设实施方案的通知（发改环资〔2014〕2415 号）	优化空间开发格局。构建"一屏两带"为主体的生态安全格局，构建以三江源草原草甸湿地生态功能区为屏障，以祁连山冰川与水源涵养生态带、青海湖草原湿地生态带为骨架，以禁止开发区域为重要组成的生态安全格局。加快生态功能区红线勘界落地。 加快生态文明制度建设。落实主体功能区制度。全面落实主体功能区制度，优化国土空间开发格局，划定生产、生活、生态空间开发管制界限。逐项划定由生态功能红线、环境质量红线和资源利用红线构成的生态保护红线，到"十三五"末，建立较完备的生态保护红线体系和相配套的管理政策。2014 年，启动生态功能红线划定工作，开展生态功能红线"落地"试点；2015 年，启动环境质量红线划定工作；按照自然资源要素，逐步逐项完善水资源保护、基本草原等资源利用红线的划定。积极探索国家公园制度。在国家公园试点区域内，同步进行生态红线划定、"多规合一"、自然资源资产产权、生态补偿、县城生态环境监测评估预警体系、生态保护和民生改善绩效考核、编制自然资源资产负债表等生态文明制度改革试点

序号	日期	文件名称	有关内容（节录）
77	2014.08.26	国家发展改革委 国土资源部 环境保护部 住房和城乡建设部关于开展市县“多规合一”试点工作的通知（发改规划〔2014〕1971号）	探索整合相关规划的空间管制分区，划定城市开发边界、永久基本农田红线和生态保护红线，形成合理的城镇、农业、生态空间布局，探索完善经济社会、资源环境政策和空间管控措施
78	2014.01.08	国家发展改革委关于印发青海三江源生态保护和建设二期工程规划的通知（发改农经〔2014〕37号）	划定并严守生态保护红线
79	2013.12.02	国家发展改革委、财政部、国土资源部、水利部、农业部、国家林业局关于印发国家生态文明先行示范区建设方案（试行）的通知（发改环资〔2013〕2420号）	科学划定生态红线，推进国土综合整治，加强国土空间开发管控和土地用途管制。 着力推动绿色循环低碳发展。严守耕地、水资源，以及林草、湿地、河湖等生态红线
80	2021.09.26	农业农村部 青海省人民政府关于印发《农业农村部 青海省人民政府共同打造青海绿色有机农畜产品输出地行动方案》的通知（农质发〔2021〕10号）	坚持生态优先、统筹推进。认真践行“绿水青山就是金山银山”理念，准确把握“三个最大”省情定位，严守耕地和生态红线，坚定不移地走生态保护与绿色发展之路，统筹生态环境承载力和农畜产品供给保障能力，整体推进提质稳量、绿色代替、种养循环，促进生态保护与农牧业发展有机融合、相得益彰

序号	日期	文件名称	有关内容（节录）
81	2020.06.13	农业农村部　国家发展改革委　教育部　科技部　财政部　人力资源和社会保障部　自然资源部　退役军人部　银保监会关于深入实施农村创新创业带头人培育行动的意见（农产发〔2020〕3 号）	加大创业用地支持。允许在符合国土空间规划和用途管制要求、不占用永久基本农田和生态保护红线的前提下，探索创新用地方式，支持农村创新创业带头人创办乡村旅游等新产业、新业态
82	2020.11.07	农业农村部　科技部　财政部　人力资源和社会保障部　自然资源部　商务部　银保监会关于推进返乡入乡创业园建设提升农村创业创新水平的意见（农产发〔2020〕5 号）	允许在符合国土空间规划和用途管制要求、不占用永久基本农田和生态保护红线的前提下，探索创新用地方式，支持返乡入乡人员发展乡村旅游等新产业、新业态
83	2018.04.28	农业农村部办公厅关于印发《国家级水产种质资源保护区调整申报材料编制指南》的通知（农办渔〔2018〕35 号）	保护区所在地的渔业主管部门要结合生态保护红线划定，委托专业部门对辖区内的保护区面积范围进行一次全面核实，采用 2000 国家大地坐标系统、高斯—克吕格投影，1985 国家高程基准绘制保护区图件，对于与保护区公告面积范围有较大出入的，要进行实地勘查。有关核实结果经我部备案后，将予以重新公布

序号	日期	文件名称	有关内容（节录）
84	2017.02.27	农业部关于推动落实长江流域水生生物保护区全面禁捕工作的意见（农长渔发〔2017〕1号）	保护区全面禁捕是落实长江大保护的迫切要求。水生生物保护区是为保护水生生物资源及其重要关键栖息生境而依法划定的一定范围内予以特殊保护和管理的区域，包括水生生物自然保护区和水产种质资源保护区，是长江水生生物资源和水域生态维持基本健康水平的底线，是长江大保护的生态红线，必须予以优先保护
85	2017.02.28	农业部关于切实做好2017年草原保护建设重点工作的通知（农牧发〔2017〕5号）	积极对接国家发展改革委、环境保护部、国土资源部等部门做好草原生态空间规划编制和划定、生态保护红线划定工作，研究厘清草原资源用途管制边界，掌握各县域国土空间开发中涉及草原资源变化情况，加强草原生态空间向其他自然生态空间用途转换管理，探索研究草原生态环境损害评估和赔偿制度，建立动态台账，强化实时管控
86	2017.01.20	农业部关于印发《全国草原保护建设利用"十三五"规划》的通知（农牧发〔2016〕16号）	草原生态空间用途管制制度。统筹协调草原生产、生活、生态空间，严守生态保护红线，明确草原用途管制的目标任务和基本要求
87	2016.12.31	农业部关于印发《全国渔业发展第十三个五年规划》的通知（农渔发〔2016〕36号）	加强长江水生生物保护。实施中华鲟、江豚拯救行动计划，修复中华鲟、江豚的关键栖息地与洄游通道，建立迁地保护基地和遗传资源基因库。加快划定长江重要渔业水域生态红线，加强生态红线内涉水工程和水域污染事故查处。 完善法律法规。加强《渔业法》及配套法规规章的制修订，加大渔业执法监管、水域滩涂保护、生态红线、渔业资源和珍稀特有物种保护、渔船渔港管理、远洋渔业管理、水产品质量安全、生产安全、渔船检验监督管理等方面法制保障力度，明确违法界限，提高处罚性法律条文的可操作性，增强法律威慑力

序号	日期	文件名称	有关内容（节录）
88	2016.11.21	农业部关于北方农牧交错带农业结构调整的指导意见（农计发〔2016〕96 号）	加快基本草原划定步伐，严守草原生态红线
89	2016.08.19	农业部　国家发展改革委　科技部　财政部　国土资源部　环境保护部　水利部　国家林业局关于印发国家农业可持续发展试验示范区建设方案的通知（农计发〔2016〕88 号）	青藏高原区突出三江源等江河源头生态保护，严守生态保护红线，加强草原保护建设，以草定畜发展草地生态畜牧业，实现草原生态整体好转，筑牢国家生态安全屏障
90	2016.03.01	农业部办公厅　财政部办公厅关于印发《新一轮草原生态保护补助奖励政策实施指导意见（2016—2020 年）》的通知	划定和保护基本草原，严守草原生态红线
91	2016.01.28	农业部关于印发《西北旱区农牧业可持续发展规划（2016—2020 年）》的通知（农计发〔2016〕46 号）	坚持发展与保护并重。严守资源环境生态红线，树立底线思维，各类开发活动不能超越资源环境承载力，在发展中保护，在保护中发展。 创新体制机制。推进农业节水制度创新，树立生态红线和负面清单理念，合理划定地下水禁采区、限采区和禁牧区，明确规定各区域产业发展方向和优先序

序号	日期	文件名称	有关内容（节录）
92	2015.07.08	农业部　国家发展改革委　科学技术部　财政部　国土资源部　环境保护部　水利部　国家林业局关于印发《促进西北旱区农牧业可持续发展的指导意见》的通知（农计发〔2015〕148 号）	强化草原生态保护建设。抓紧开展基本草原划定，严守草原生态红线。 推进农业节水制度创新。树立生态红线和负面清单理念，合理划定地下水禁采区、限采区和禁牧区，明确规定各区域产业发展方向和优先序
93	2015.05.20	农业部、国家发展改革委、科技部、财政部、国土资源部、环境保护部、水利部、国家林业局关于印发《全国农业可持续发展规划（2015—2030年）》的通知（农计发〔2015〕145 号）	坚持生产发展与资源环境承载力相匹配。坚守耕地红线、水资源红线和生态保护红线，优化农业生产力布局，提高规模化集约化水平，确保国家粮食安全和主要农产品有效供给
94	2022.05.10	水利部关于加快推进省级水网建设的指导意见（水规计〔2022〕201 号）	要以规划为依据，以水资源承载力为刚性约束，严格用水总量控制，严守生态保护红线，做好工程方案优化比选，避免盲目建设引调排水和水系连通工程，坚决防止过度调水、无序引水、人造水景观等现象
95	2021.12.14	水利部关于建立健全节水制度政策的指导意见（水资管〔2021〕390 号）	落实“节水优先、空间均衡、系统治理、两手发力”治水思路，全方位贯彻“四水四定”原则，守住生态保护红线，严守水资源开发利用上限，健全初始水权分配，精打细算用好水资源，从严从细管好水资源，走好水安全有效保障、水资源高效利用、水生态明显改善的集约节约发展之路

序号	日期	文件名称	有关内容（节录）
96	2018.02.15	水利部关于印发加快推进新时代水利现代化的指导意见的通知（水规计〔2018〕39 号）	推进河流湖泊休养生息，加强水生态空间保护，强化生态保护红线管控，积极推进退田还湖、退渔还湿
97	2023.01.31	交通运输部　自然资源部　海关总署　国家铁路局　中国国家铁路集团有限公司关于印发《推进铁水联运高质量发展行动方案（2023—2025 年）》的通知（交水发〔2023〕11 号）	加快港口集疏运铁路建设项目手续办理，其中涉及占用永久基本农田或生态保护红线的项目，可按照规定的条件和程序，纳入国家重大项目清单
98	2022.10.24	交通运输部　国家铁路局　中国民用航空局　国家邮政局关于加快建设国家综合立体交通网主骨架的意见（交规划发〔2022〕108 号）	强化交通规划与国土空间规划动态衔接和信息互通共享，做好在国土空间规划“一张图”上的信息核对和上图入库，明确空间布局和用地控制规模，加强交通基础设施线位、点位等与耕地和永久基本农田、生态保护红线、城镇开发边界、城乡建设布局、河湖水域岸线等衔接协调
99	2020.03.09	交通运输部　财政部贯彻落实《国务院办公厅关于深化农村公路管理养护体制改革的意见》的通知（交公路发〔2020〕26 号）	坚持绿色发展，节约集约利用资源，严守生态保护红线，实现路与自然和谐共生

序号	日期	文件名称	有关内容（节录）
100	2017.11.27	交通运输部关于全面深入推进绿色交通发展的意见（交政研发〔2017〕186号）	积极推行生态环保设计，倡导生态选线选址，严守生态保护红线
101	2017.04.01	交通运输部关于印发推进交通运输生态文明建设实施方案的通知（交规划发〔2017〕45号）	加强交通基础设施生态保护和修复。严格遵循主体功能区和生态保护红线等空间管控要求，将生态保护理念贯穿于基础设施规划、建设、运营和养护全过程。重点推进生态选线选址，依法绕避自然保护区、饮用水水源保护区等环境敏感区，降低交通基础设施建设和运营对生态环境的影响。严格落实水土保持措施，加强植被保护与恢复。推进旅游风景道建设，加强旅游公路沿线生态资源环境保护
102	2022.09.19	科技部、生态环境部、住房和城乡建设部、气象局、国家林业和草原局关于印发《“十四五”生态环境领域科技创新专项规划》的通知（国科发社〔2022〕238号）	重要生态系统及脆弱区系统保护修复技术。研发国家生态安全空间构建技术，建立生态风险监测评估预测预警和生态安全维护关键技术，开发生态保护红线与自然保护地监管、评估技术，重大建设项目生态风险诊断方法
103	2022.08.24	财政部关于印发《中央财政关于推动黄河流域生态保护和高质量发展的财税支持方案》的通知（财预〔2022〕112号）	推动全社会牢固树立绿水青山就是金山银山的理念，坚决守好永久基本农田、生态保护红线、城镇开发边界，统筹谋划黄河上下游、干支流、左右岸，形成共同抓好大保护、协同推进大治理的强大合力

序号	日期	文件名称	有关内容（节录）
104	2018.06.25	财政部关于印发《中央对地方重点生态功能区转移支付办法》的通知（财预〔2018〕86 号）	第五条 重点补助对象为重点生态县域，长江经济带沿线省市，“三区三州”等深度贫困地区。 对重点生态县域补助按照标准财政收支缺口并考虑补助系数测算。其中，标准财政收支缺口参照均衡性转移支付测算办法，结合中央与地方生态环境保护治理财政事权和支出责任划分，将各地生态环境保护方面的减收增支情况作为转移支付测算的重要因素，补助系数根据标准财政收支缺口情况、生态保护区域面积、产业发展受限对财力的影响情况和贫困情况等因素分档分类测算。 对长江经济带补助根据生态保护红线、森林面积、人口等因素测算。 对“三区三州”补助根据贫困人口、人均转移支付等因素测算。 第六条 禁止开发补助对象为禁止开发区域。根据各省禁止开发区域的面积和个数等因素分省测算，向国家自然保护区和国家森林公园两类禁止开发区倾斜。 第七条 引导性补助对象为国家生态文明试验区、国家公园体制试点地区等试点示范和重大生态工程建设地区，分类实施补助
105	2023.01.03	国家林业和草原局公告（2023 年第 2 号）委托实施“矿藏开采、工程建设征收、征用或者使用七十公顷以上草原审核”行政许可事项	将《中华人民共和国草原法》第三十八条和《草原征占用审核审批管理规范》（林草规〔2020〕2 号）第六条规定的国家林业和草原局审核权限内的“矿藏开采、工程建设征收、征用或者使用七十公顷以上草原审核”行政许可事项，委托各省、自治区、直辖市、新疆生产建设兵团林业和草原主管部门实施。 各省、自治区、直辖市、新疆生产建设兵团林业和草原主管部门要按照法律、法规和有关政策规定，严格审核把关。特别要严格审查涉及占用生态保护红线内草原和基本草原的建设项目。不得对受托的行政许可事项实施再委托。遇到重大事项、重要问题及时向国家林业和草原局报告

序号	日期	文件名称	有关内容（节录）
106	2022.12.16	国家林业和草原局公告（2022 年第 17 号）委托实施“矿藏勘查、开采以及其他各类工程建设占用林地审核”和“重点林区林木采伐许可证核发”行政许可事项	将《中华人民共和国森林法》第三十七条第一款规定的矿藏勘查、开采以及其他各类工程建设占用林地审核事项，按照《中华人民共和国森林法实施条例》第十六条第二项规定审核权限为国家林业和草原局的，委托至各省、自治区、直辖市、新疆生产建设兵团林业和草原主管部门实施。 各省、自治区、直辖市及新疆生产建设兵团林业和草原主管部门要按照法律、行政法规和有关政策规定，严格审核建设项目使用林地，核发林木采伐许可证。特别要严格审查涉及占用重点林区、生态保护红线、国家公园等各类自然保护地范围内林地及国家级公益林林地的建设项目。不得对承接的委托工作实施再委托
107	2022.10.13	国家林业和草原局 自然资源部关于印发《全国湿地保护规划（2022—2030 年）》的通知（林规发〔2022〕99 号）	实行最严格的湿地保护制度，严守生态保护红线，对现有湿地生态系统的结构、功能和生态过程进行有效保护。要合理划定纳入生态保护红线的湿地范围
108	2022.01.28	国家林业和草原局关于印发《林草产业发展规划（2021—2025 年）》的通知（林规发〔2022〕14 号）	在严格保护耕地、严守永久基本农田控制线及生态保护红线、坚决维护生态安全的前提下，明确林草种植区域，确保不占用耕地及永久基本农田
109	2021.09.13	国家林业和草原局关于印发《建设项目使用林地审核审批管理规范》的通知（林资规〔2021〕5 号）	建设项目使用林地审核审批办理条件。建设项目使用林地应当严格执行《建设项目使用林地审核审批管理办法》（国家林业局令第 35 号）的规定。列入省级以上国民经济和社会发展规划的重大建设项目，符合国家生态保护红线政策规定的基础设施、公共事业和民生项目，国防项目，确需使用林地但不符合林地保护利用规划的，先调整林地保护利用规划，再办理建设项目使用林地手续。

序号	日期	文件名称	有关内容（节录）
109	2021.09.13	国家林业和草原局关于印发《建设项目使用林地审核审批管理规范》的通知（林资规〔2021〕5 号）	因项目建设调整自然保护区、森林公园等范围、功能区的，根据其范围、功能区调整结果，先调整林地保护利用规划，再办理建设项目使用林地手续。 生态区位重要和生态脆弱地区包括国家和省级公益林林地、生态保护红线范围内的林地、陆生野生动物重要栖息地、重点保护野生植物集中分布区域
110	2021.09.13	国家林业和草原局关于规范林木采挖移植管理的通知（林资规〔2021〕4 号）	郁闭度低于 0.6 的森林、坡度 25°以上的林地以及划入生态保护红线范围内的林木，要在保障生态安全的前提下，从严控制采挖移植
111	2021.01.28	国家林业和草原局公告（2021 年第 2 号）关于委托实施建设项目使用林地、草原及在森林和野生动物类型国家级自然保护区建设行政许可	将《中华人民共和国森林法》第三十七条第一款规定的矿藏勘查、开采以及其他各类工程建设占用林地审核事项，按照《中华人民共和国森林法实施条例》第十六条第二项规定审核权限为国家林业和草原局的（占用东北、内蒙古重点国有林区林地的除外），委托各省、自治区、直辖市、新疆生产建设兵团林业和草原主管部门实施。 将《森林和野生动物类型自然保护区管理办法》第十一条规定的在森林和野生动物类型国家级自然保护区修筑设施审批事项，委托各省、自治区、直辖市、新疆生产建设兵团林业和草原主管部门实施。 将《中华人民共和国草原法》第三十八条规定的矿藏开采、工程建设征收、征用或者使用草原审核事项，征收、征用或者使用草原 70 hm^2 以上的，委托各省、自治区、直辖市、新疆生产建设兵团林业和草原主管部门实施。 各省、自治区、直辖市、新疆生产建设兵团林业和草原主管部门要按照法律、行政法规和有关政策规定，严格审核审批。特别要严格审查涉及占用国家级公益林林地、基本草原的建设项目，占用生态保护红线、国家公园等各类自然保护地范围内林地和草原的建设项目，以及在森林和野生动物类型国家级自然保护区内建设的旅游项目和经营性项目。不得对承接的审核审批委托工作实施再委托

序号	日期	文件名称	有关内容（节录）
112	2020.06.19	国家林业和草原局关于印发《草原征占用审核审批管理规范》的通知（林草规〔2020〕2号）	矿藏开采、工程建设和修建工程设施应当不占或者少占草原。严格执行生态保护红线管理有关规定，原则上不得占用生态保护红线内的草原。 省级以上林业和草原主管部门可以根据需要组织开展现场查验工作。当地县级以上林业和草原主管部门应当将现场查验报告及时报送负责审核的林业和草原主管部门。 现场查验报告应当包括以下内容：拟征收、征用或者使用草原项目基本情况；拟征收、征用或者使用草原的权属、面积、类型、等级和相关草原所有权者、使用权者和承包经营权者数量和补偿情况；是否涉及生态保护红线、各类自然保护地内草原和未批先建等情况
113	2018.11.13	全国绿化委员会 国家林业和草原局关于积极推进大规模国土绿化行动的意见（全绿字〔2018〕5号）	科学划定并严守林地、草地、湿地、沙地等生态保护红线，坚决维护国家生态安全底线
114	2022.02.28	中国气象局 科学技术部 中国科学院 关于印发《中国气象科技发展规划（2021—2035年）》的通知（气发〔2022〕31号）	生态—环境气象监测预警评估。研究气候变化对不同类型生态系统的影响机理，发展多时空尺度气候变化对水环境和生态环境安全影响的早期预警、动态监测预测技术，构建高分辨率耦合模式系统的多尺度生态环境气象数值模式及高分辨率精细化生态模型，开展生态要素预测及未来气候变化情景下的生态预估。建立适用于生态气象评估预测的中国陆地生态系统分类体系。研究生态红线保护区严守和管控的气象诊断分析技术，开展气候与气候变化、极端天气气候事件对生态环境的影响评估
115	2017.12.12	中国气象局关于加强生态文明建设气象保障服务工作的意见（气发〔2017〕79号）	建立生态遥感业务体系。建立全国生态环境卫星遥感业务系统，实现对全国地表生态环境变化的动态监测，为划定并严守生态保护红线、资源环境承载力、山水林田湖草生态系统保护和修复、重大灾害的影响调查等提供高精度的监测评价产品。

序号	日期	文件名称	有关内容（节录）
115	2017.12.12	中国气象局关于加强生态文明建设气象保障服务工作的意见（气发〔2017〕79 号）	健全与环境和资源保护有关的气象评价指标体系。开展划定并严守生态保护红线气象评价工作，为划定并严守生态保护红线空间格局和分布意见提供技术支持和指导。建立资源环境承载力气象监测预警指标体系，为制定资源超载区限制性和激励性措施提供评价依据
116	2022.10.25	国家体育总局、国家发展改革委、工业和信息化部、自然资源部、住房和城乡建设部、文化和旅游部、国家林业和草原局、国铁集团关于印发《户外运动产业发展规划（2022—2025 年）》的通知	推动自然资源向户外运动开放。围绕可利用的森林、草原、沙漠、湖泊、海滩海域等自然资源，在符合自然保护地、生态保护红线相关法律法规、管控要求和项目准入制度的前提下，在部分有条件的国家公园、自然保护区、自然公园等自然保护地划定合理区域开展自然资源向户外运动开放试点，建立健全自然保护地开展户外运动的监管制度。 落实国家对生态环境保护的有关要求和标准，不逾越生态保护红线，不破坏自然生态系统

2.3　青海省文件

《青海省人民政府关于加强环境保护工作的意见》（青政〔2012〕21 号）首次提出了划定重要生态功能区、生态环境敏感区和脆弱区等区域生态红线的要求。青海省将生态保护红线划定与国家公园体制建设等，作为生态文明建设和生态文明体制改革 7 项具有突破性和牵引性的领域及改革举措之一予以重点推进。《青海省人民政府办公厅关于印发青海省生态保护红线划定和管理工作方案的通知》（青政办〔2017〕157 号），提出了生态保护红线划定的具体要求、主要任务和保障措施，见表 2-3。

表 2-3 青海省关于生态保护红线的文件

序号	时间	文件名称	有关要求（节录）
1	2023.03.24	青海省人民政府办公厅关于印发国际生态旅游目的地青海湖示范区创建工作方案的通知（青政办〔2023〕28号）	生态优先、人民至上。把生态环境保护放在生态旅游发展首位，正确处理生态保护、旅游发展和民生保障三者之间的关系，坚守生态红线底线，走绿色发展道路，切实维护好、保障好人民群众的合法权益
2	2023.01.09	青海省人民政府办公厅农业农村部办公厅关于印发《打造青海绿色有机农畜产品输出地专项规划（2022—2025年）》的通知（青政办〔2023〕9号）	生态优先，绿色发展。承担好维护生态安全、保护三江源、保护“中华水塔”的重大使命，严守耕地和生态红线，加大土壤生态环境保护力度，统筹生态环境承载力和农畜产品供给保障能力，加快形成资源环境友好的生产方式，促进农牧业发展与生态环境保护修复协调统一。 加强草原保护与生态修复。加强草原用途管制。应用国土最新调查成果，优化基本草原，基本草原面积不少于天然草原总面积的80%。严格落实生态保护红线和国土空间用途管制制度，从严管控基本草原，确保基本草原面积不减少、质量不下降、用途不改变
3	2022.12.27	青海省人民政府办公厅关于印发青海省枸杞产业发展“十四五”规划的通知（青政办〔2022〕111号）	依法保护和节约利用资源，注重保护枸杞原真生态环境，严格落实国土空间规划、“三线一单”，以水定植，将枸杞种植限定在资源环境承载力之内，推进枸杞全产业链绿色化转型，夯实枸杞产业可持续发展的资源生态根基。 加强野生枸杞天然林资源保护。对野生枸杞天然林实行科学保护，依据国土空间规划划定的生态保护红线以及生态区位重要性、自然恢复能力、生态脆弱性等指标，严格保护100万亩野生枸杞天然保护林资源，建设30万亩野生枸杞保护区、省级野生枸杞保护区

序号	时间	文件名称	有关要求（节录）
4	2022.11.23	青海省人民政府办公厅关于印发青海省生态产品价值实现机制试点工作指导方案的通知（青政办〔2022〕100 号）	推进落实生态保护补偿等制度，探索解决“变现难”问题。依据试点县（区）生态产品价值核算结果、生态保护红线面积等因素，探索建立重点生态功能区转移支付资金分配机制，完善省对下重点生态功能区转移支付办法
5	2022.09.30	青海省人民政府关于印发青海省实施工业经济高质量发展“六大工程”工作方案（2022—2025 年）的通知（青政〔2022〕54 号）	严守生态保护红线、环境质量底线、资源利用上线，立足资源禀赋、产业基础、比较优势，坚持传统产业转型升级和战略性新兴产业培育发展双轮驱动，实现产业生态化和生态产业化
6	2022.09.08	青海省人民政府关于印发青海省“十四五”节能减排实施方案的通知（青政〔2022〕46 号）	全面落实国家关于坚决遏制高耗能、高排放、低水平项目盲目发展的有关要求，加强高耗能、高排放、低水平项目全过程监管，严把项目准入关口，新建、改建、扩建项目必须符合产业规划、节能、生态环境保护法律法规和相关规划要求，满足节能审查、重点污染物排放总量控制、碳排放碳达峰目标、“三线一单”、相关规划环评和相应行业建设项目环境准入条件、环评文件审批要求
7	2022.07.06	黄河青海流域生态保护和高质量发展规划（公开稿）（2022 年 6 月）	加强源头保护，打造生命之河。牢固树立全流域共建共治理念，统筹划定生态保护红线，推进山水林田湖草沙一体化保护和修复，实施好保护“中华水塔”行动，在全流域率先建立以国家公园为主体的自然保护地体系，打造生态优美“绿河谷”，积极应对全球气候变化，提升生态系统功能的稳定性，稳固提升黄河流域上游水源涵养功能，举全省之力维护好母亲河的健康，确保一河清水向东流。 全面推进生态保护红线勘界落地，强化保护和用途管制措施。 建立全流域生态综合管理机制。全面开展黄河青

序号	时间	文件名称	有关要求（节录）
7	2022.07.06	黄河青海流域生态保护和高质量发展规划（公开稿）（2022年6月）	海流域资源环境承载力和国土开发适宜性评价，科学统筹划定三条控制线，合理开发和高效利用国土空间。严格三条控制线监测监管，将三条控制线划定和管控情况作为各地党政领导班子和领导干部政绩考核内容。加快编制黄河青海流域"三线一单"，构建生态环境分区管控体系
8	2022.06.17	青海省人民政府办公厅关于印发青海省建设项目环境影响评价文件分级审批规定的通知（青政办〔2022〕42号）	各级生态环境主管部门应强化"三线一单"（生态保护红线、环境质量底线、资源利用上线和生态环境准入清单）对建设项目环境影响评价的指导和约束，在建设项目环境影响报告书、环境影响报告表审批中落实生态环境分区管控要求，严格生态环境准入，推进生态环境精细化管理
9	2022.06.18	青海省人民政府办公厅关于印发青海省"十四五"冷链物流发展实施方案的通知（青政办〔2022〕38号）	在严格落实永久基本农田、生态保护红线、城镇开发边界三条控制线基础上，统筹做好冷链物流设施布局建设与国土空间等相关规划衔接，保障合理用地需求
10	2022.05.09	青海省人民政府办公厅关于印发青海省农牧民住房建设管理办法的通知（青政办〔2022〕28号）	第十四条　禁止在下列区域内新建住房： （一）永久基本农田保护区； （二）饮用水水源一级保护区； （三）Ⅰ级保护林地范围； （四）河道湖泊管理区； （五）生态红线保护范围； （六）历史文化核心保护区； （七）地质灾害危险区； （八）法律、法规规定的其他禁止建房区域

序号	时间	文件名称	有关要求（节录）
11	2022.04.12	青海省发展和改革委员会　青海省科学技术厅　青海省工业和信息化厅　青海省财政厅　青海省生态环境厅　青海省住房和城乡建设厅　青海省交通运输厅　青海省农业农村厅　青海省商务厅　青海省市场监督管理局关于印发《青海省“十四五”推行清洁生产实施方案》的通知（青发改环资〔2022〕242 号）	积极推广节能环保技术和产品应用。严守生态红线，全面落实环境保护措施
12	2022.04.02	青海省人民政府办公厅关于加强河湖水域岸线生态空间管控的意见（青政办〔2022〕20 号）	规划编制、实施要与地区国民经济和社会发展规划、国土空间规划、生态环境保护“三线一单”等相衔接、相协调
13	2022.03.31	青海省人民政府办公厅印发关于加强露天矿山监督管理若干措施的通知（青政办〔2022〕23 号）	加强重点区域和矿种管控。全省生态保护红线范围、各级各类自然保护地等重要生态敏感区和国家级、省级、县级公路、铁路两侧的直观可视范围内，以及其他易发生崩塌、滑坡和泥石流区域禁止新设立露天矿山。西宁市、海东市中心城区及六州下辖各县（市、区、行委）中心城区等重要区域，原则上禁止新设立露天矿山，其他区域限制新设立露天矿山。 强化露天矿山规划布局。充分发挥规划的引领和管控作用，新设立露天矿山要符合国土空间规划三条控制线管控要求。 落实新设立露天矿山准入条件。新设立露天矿山要符合矿产资源开发、生态环境保护、安全生产相关法律法规及“三线一单”生态环境分区管控等相关政策，应严格执行生态环境保护规划、矿产资源规划、相关专项规划等要求，落实最低开采规模准入及最低服务年限要求，杜绝大矿小开、一矿多开

序号	时间	文件名称	有关要求（节录）
14	2022.02.25	中共青海省委关于制定国民经济和社会发展第十四个五年规划和二〇三五年远景目标的建议	筑牢国家生态安全屏障，着力建设全国乃至国际生态文明高地。人与自然和谐共生是现代化建设的本质要求。深入贯彻习近平生态文明思想，坚持绿水青山就是金山银山理念，坚持“三个最大”省情定位，尊重自然、顺应自然、保护自然，守护“中华水塔”，守住自然生态安全边界，涵养生态财富、提升生态价值、打响生态品牌，为美丽中国建设贡献青海力量。 创新完善生态文明制度体系。健全生态文明领域统筹协调机制，构建生态环境保护体系和现代环境治理体系。强化国土空间规划和用途管控，严守生态保护红线，实施精准保护，优化国土空间开发格局
15	2022.02.21	青海省人民政府办公厅关于印发青海省“十四五”能源发展规划的通知（青政办〔2022〕12号）	以保护和改善生态环境为出发点和落脚点，在能源开发建设中严守生态保护红线、“三线一单”管控要求。 规划实施的环境保护措施。加强能源规划环评保障措施。严格遵守《中华人民共和国环境保护法》《中华人民共和国环境影响评价法》《中华人民共和国节约能源法》等法律法规和青海省环境功能区划各项要求，统筹“三线一单”、规划环评工作，强化规划环评约束作用、修编规划、跟踪评价、规划与项目环评联动，优化产能变化项目环评管理
16	2022.02.24	青海省人民政府办公厅关于印发青海打造国际生态旅游目的地行动方案任务分工的通知（青政办〔2022〕11号）	实施开发空间管控与环境容量调控。根据生态红线，对青海省生态旅游景区做好禁建区、限建区和适建区划分，明确各分区管控目标，提出正面与负面清单，形成青海省生态旅游景区“一张图”
17	2022.02.07	青海省人民政府办公厅 甘肃省人民政府办公厅关于印发兰州—西宁城市群发展“十四五”实施方案的通知（青政办〔2022〕5号）	共同维护黄河上游地区生态安全，强化跨区域生态保护红线的衔接与协调，构建黄河上游生态保护带。 强化跨区域生态保护红线的衔接与协调，实现一条红线管控重要生态空间

序号	时间	文件名称	有关要求（节录）
18	2022.01.20	青海省人民政府办公厅关于印发青海省“十四五”巩固拓展脱贫攻坚成果同乡村振兴有效衔接规划的通知（青政办〔2022〕3 号）	坚持生态优先，绿色发展。认真践行“绿水青山就是金山银山，冰山雪山也是金山银山”的理念，准确把握“三个最大”省情定位，优化国土空间开发格局，严守耕地和生态红线，调整区域产业布局，坚定不移地走生态保护和绿色发展之路，促进生态保护与农牧业发展有机融合、相得益彰
19	2021.12.24	青海省人民政府办公厅关于印发青海省生态经济发展规划（2021—2025 年）的通知（青政办〔2021〕122 号）	坚持经济社会发展与资源环境承载力相适应，结合各级国土空间规划编制和“三条控制线”划定，改变传统生产生活消费方式，促进资源有效保护、合理配置、高效循环利用，以尽可能少的资源消耗获得最大的经济效益和社会效益。 生态优先，绿色发展。尊重自然、顺应自然、保护自然，坚持保护生态环境就是保护生产力，改善生态环境就是发展生产力的理念，坚决守住生态保护红线、环境质量底线、资源利用上线和生态环境准入清单，夯实生态经济发展绿色基底，让良好生态环境成为生态经济发展的重要支撑。 参照生态产品价值核算结果、生态保护红线面积等因素，完善重点生态功能区转移支付资金分配机制。 推进清洁能源和生态环境协同发展。以保护和改善生态环境为出发点和落脚点，在清洁能源开发建设中严守“三线一单”管控要求，在能源产业开发中落实生态优先战略
20	2021.12.24	青海省人民政府办公厅关于推进枸杞产业高质量发展的意见（青政办〔2021〕121 号）	保护枸杞资源。强化国土空间用途统筹协调管控，严守生态保护红线，依法依规、科学合理利用土地、水等自然资源

序号	时间	文件名称	有关要求（节录）
21	2021.12.24	青海省人民政府办公厅关于印发青海省“十四五”林业和草原保护发展规划的通知（青政办〔2021〕116号）	保护发展布局。以青海“两屏三区”生态安全战略格局为基础，以国家重点生态功能区、生态保护红线、自然保护地体系为重点，按照山水林田湖草沙冰生命共同体的要求，优化构建三江源、祁连山、柴达木、青海湖和河湟谷地五大生态板块的林业草原保护发展布局。 推进国家公园人与自然和谐共生。坚持保护优先、自然恢复为主的方针，落实生态保护红线、环境质量底线、资源利用上线硬约束，统筹山水林田湖草沙冰系统治理，扎实推进青藏高原生态屏障区三江源、祁连山生态保护和修复等生态保护建设工程
22	2021.12.18	青海省人民政府办公厅关于进一步加强土地监督管理和严格执法起草工作的意见（青政办〔2021〕111号）	强化国土空间规划的基础作用，在编制市州、县（市、区、行委）国土空间总体规划时，科学合理划定永久基本农田保护红线、生态保护红线、城镇开发边界三条控制线和农牧业空间、生态空间、城镇空间
23	2021.12.13	青海省人民政府办公厅关于印发青海省“十四五”水安全保障规划的通知（青政办〔2021〕99号）	加强江河源头区水源涵养。围绕保护好“中华水塔”的要求，以自然恢复为主、人工修复为辅，明确江河源头区、重要水源涵养区范围，重视多年冻土区环境保护，严守生态保护红线。 加快推进重点水源工程建设。在全面强化节水、充分挖掘现有工程供水潜力的前提下，在供水安全保障程度不高的地区，加快开展列入流域及区域规划、符合国家发展战略且不涉及生态红线等环境因素制约的重点水源工程前期工作，科学规划、有序建设一批重点水源工程。 规划工程实施不可避免对区域生态环境造成不利影响，通过严守资源消耗上限、环境质量底线、生态保护红线并采取相应的环境影响减缓措施，从环境角度分析规划方案总体可行

序号	时间	文件名称	有关要求（节录）
24	2021.12.11	青海省人民政府办公厅关于进一步加强矿产资源勘查开发监督管理和执法工作的意见（青政办〔2021〕98 号）	严格落实各级自然保护地和生态保护红线等各类禁止、限制勘查开采区差别化管控要求，强化矿产资源勘查开发的项目核准、环境影响评价、用地、用草、用林、用水、用湿等准入条件的审查，推进矿业权“净矿”出让。 把长江和黄河沿线、自然保护地、矿产资源禁勘禁采区、生态红线区等作为矿产执法重点区域
25	2021.12.08	青海省人民政府办公厅关于印发青海省“十四五”自然资源保护和利用规划的通知（青政办〔2021〕97 号）	国土空间开发保护格局不断优化。生态保护红线、永久基本农田、城镇开发边界三条控制线全面划定落实，生态保护格局、农牧业生产格局、城镇化格局进一步优化。 积极参与碳达峰、碳中和行动。提升高原生态系统碳汇能力。结合国土空间规划编制和实施，构建有利于碳达峰、碳中和的国土空间开发保护格局。严守生态保护红线，严控生态空间占用，稳定现有森林、草原、湿地、耕地、冻土、岩溶等碳库固碳作用。 科学统筹划定三条控制线。落实最严格的生态环境保护制度、耕地保护制度和节约用地制度。按照“底线思维、保护优先、实事求是、科学划定、分类管控”的原则，科学统筹划定生态保护红线、永久基本农田、城镇开发边界三条控制线。以三江源和祁连山地区为主体，以及柴达木、环青海湖和西宁海东部分地区，划定生态保护红线；以日月山以东河湟谷地和西部海拔较低盆地、滩地为主体，以及海东市互助县、民和县、化隆县，西宁市湟中区、大通县，海北州门源县，黄南州部分区域，划定永久基本农田保护红线；以西宁—海东都市圈、柴达木盆地、泛共和盆地为主体，划定城镇开发边界。 逐步建立完善国土空间用途管制制度。在城镇开发边界内的建设，实行“详细规划＋规划许可”

序号	时间	文件名称	有关要求（节录）
25	2021.12.08	青海省人民政府办公厅关于印发青海省“十四五”自然资源保护和利用规划的通知（青政办〔2021〕97号）	的管制方式；在城镇开发边界外的建设，按照主导用途分区，实行“详细规划+规划许可”和“约束指标+分区准入”的管制方式。以生态保护和耕地保护为重点，进一步细化相关管控规则。在生态保护红线核心保护区，原则上禁止人为活动；对生态保护红线内的其他区域，可在不损害生态功能的前提下开展有限活动；对生态保护红线以外的重要自然生态系统，严格执行国家制定的管控规则
26	2021.11.19	青海省人民政府办公厅关于印发青海省“十四五”生态文明建设规划的通知（青政办〔2021〕89号）	提升空间开发保护水平。优化国土空间开发保护格局。 按照“生态为基、核心引领、轴带拓展、多点支撑、区域协同”的空间发展策略，统筹划定落实生态保护红线、永久基本农田、城镇开发边界三条控制线，科学有序布局生态空间、农牧空间、城镇空间，以“大集中”促进“大保护”，推动形成主体功能明显、优势互补、高质量发展的国土空间开发保护新格局。 统筹划定落实三条控制线。按照生态功能划定生态保护红线。将青海省具有重要水源涵养、生物多样性维护、防风固沙、水土保持、水土流失、土地沙化等生态功能极重要和生态极敏感脆弱区域，以及其他经评估目前虽不能确定但具有潜在重要生态价值的区域纳入生态保护红线进行管理。 科学有序统筹布局三类空间。统筹布局以提供生态系统服务或生态产品为主的生态空间，主要分布在三江源及青南高原、祁连山和环青海湖地区、黄河干流东部丘陵地区等重要生态功能区，并按照生态保护红线和一般生态空间两级进行管控，其中生态保护红线按照生态保护红线要求管控，一般生态空间允许在不降低生态功能、不

序号	时间	文件名称	有关要求（节录）
26	2021.11.19	青海省人民政府办公厅关于印发青海省“十四五”生态文明建设规划的通知（青政办〔2021〕89 号）	破坏生态系统的前提下，进行适度开发利用和结构布局调整。 全面推动“三线一单”落地实施。强化空间管制、总量管控和环境准入，加快推动全省生态保护红线、环境质量底线、资源利用上线和生态环境准入清单确定落地，建立较为完善的生态环境分区管控和准入体系，在地方立法、政策制定、规划编制、执法监管中不得变通突破、降低标准，进一步保障全省生态环境质量持续改善，生态环境治理体系和治理能力现代化水平明显提升。 加快构建自然保护地体系。开展自然保护地勘界立标，制订自然保护地边界勘定方案、确认程序和标识系统，建立矢量数据库，与生态保护红线衔接，在重要地段、重要部位设立界桩和标识牌。 加快构建生物多样性保护网络。依托自然保护地和生态红线，构建青海省生物多样性保护重要区域，优化关键物种核心保育区空间范围和布局
27	2021.11.24	青海省人民政府办公厅关于印发青海省“十四五”生态环境保护规划的通知（青政办〔2021〕88 号）	绿色发展基础不断夯实。划定青海省生态保护红线，颁布实施“三线一单”，推动实施国家重点生态功能区产业准入负面清单，初步构建起绿色发展空间管理体系。 绿色发展转型成效显著。省域空间发展格局进一步优化，国土空间开发保护制度基本建立，“三线一单”分区管控制度全面实施。 严格生态空间监管。落实最严格的生态环境保护制度和国土空间用途管制制度，强化自然生态空间用途管制，制定差别化管制规则、准入要求及许可规定，实行分级分类管理并强化监管。严格落实“三线一单”，建立动态更新和调整机制，完善“三线一单”生态环境分区管控体系，加强“三线一单”在政策制定、环境准入、园区管理、执法监管等方面的应用。严守生态保护红线，强

序号	时间	文件名称	有关要求（节录）
27	2021.11.24	青海省人民政府办公厅关于印发青海省“十四五”生态环境保护规划的通知（青政办〔2021〕88号）	化底线约束，实现“一条红线”管控重要生态空间，确保面积不减少、性质不改变、功能不降低。 加强应对气候变化管理。推动应对气候变化要求纳入“三线一单”生态环境分区管控体系、环境影响评价制度。 完善自然保护地、生态保护红线监管制度。严格自然保护地、生态保护红线常态化执法监督检查，完善执法信息移交、反馈机制，加强对地方政府及有关部门自然保护地、生态保护红线生态保护修复履责情况、开发建设活动生态环境影响监管情况的监督。深入推进“绿盾”自然保护地强化监督，加快建立省级生态保护红线监管平台。开展生态保护红线基础调查和人类活动遥感监测，及时发现、移交、查处各类生态破坏问题并监督保护修复情况。落实生态环境损害赔偿和责任追究制度，加大对挤占生态空间和损害重要生态系统行为的惩处力度，对违反生态保护管控要求，造成生态破坏的单位和个人，依法追究责任。 加强生态系统保护成效监测评估。统筹开展青海省生态状况、重点区域流域、生态保护红线、自然保护地、重点生态功能区县域生态环境质量评估，实施重点流域生态系统健康评估，统一定期发布生态环境质量报告。加强生态保护修复工程实施全过程生态质量、环境质量变化情况监测，加快制定覆盖重点项目、重大工程和重点区域以及贯穿问题识别、方案制订、过程管控、成效评估等重要监管环节的综合评估指标，定期开展重要生态保护修复工程实施成效评估。加强评估成果综合应用于生态补偿、重点生态功能区转移支付、生态保护修复治理等专项资金的配置。 构建国土空间开发保护新格局。按照“生态为基、

序号	时间	文件名称	有关要求（节录）
27	2021.11.24	青海省人民政府办公厅关于印发青海省“十四五”生态环境保护规划的通知（青政办〔2021〕88 号）	核心引领、轴带拓展、多点支撑、区域协同”的空间发展策略，统筹划定落实生态保护红线、永久基本农田、城镇开发边界等空间管控边界，加快构建“两屏三区”为主体的生态安全格局、“一群两区多点”为主体的城镇化空间发展新格局、“四区一带”农牧业发展格局。 推进交通基础设施绿色化。推进交通基础设施建设项目节约集约使用土地，合理规划设计项目线路走向和场（含机场）站选址，尽量避让生态敏感区，严守生态保护红线。 深化流域水生态环境分区管控。充分衔接国土空间规划和“三线一单”，明确流域内水域、湿地、水源涵养区、河湖生态缓冲带等重要水生态空间管控要求，清理整治破坏水生态环境的过度养殖捕捞、矿山开采、岸线开发等生产、生活活动。 实行最严格的生态环境保护制度。构建以国土空间规划和“三线一单”为空间管控基础，以规划环评和项目环评为环境准入把关，以排污许可为企业运行守法依据，以执法督察为环境监管支撑的全过程环境管理框架
28	2021.11.19	青海省人民政府办公厅关于印发青海省“十四五”综合交通运输体系发展规划的通知（青政办〔2021〕87 号）	落实最严格的生态环境保护制度、耕地保护制度和节约用地制度，引导交通基础设施项目科学合理选址，符合在国土空间规划中统筹三条控制线等空间管控要求，切实保障重大交通基础设施建设项目用地需求。 尽量避绕生态环境敏感区。坚持“保护优先、避让为主”的路网布设原则，严格落实“三线一单”生态环境分区管控要求，加强对沿线环境敏感区保护。合理设计项目线路走向和场站选址，严守生态保护红线，尽量利用既有交通廊道，避让永久基本农田，避绕一级国家公益林、Ⅰ级保护等级林地、水源地、国家公园等

序号	时间	文件名称	有关要求（节录）
28	2021.11.19	青海省人民政府办公厅关于印发青海省“十四五”综合交通运输体系发展规划的通知（青政办〔2021〕87号）	各类自然保护地、重要湿地、国家湿地公园、风景名胜等环境敏感区域以及水土流失重点预防区和治理区。对于确实无法避绕的情况，在《规划》具体实施阶段，进一步优化调整项目线路方案，自然资源、环保等部门提前介入，为项目勘察设计、预留建设用地等前期工作提供有力保障，建设单位应当按照相关法律法规要求，向相关生态敏感区的主管部门征求意见，取得相关许可手续，并在项目实施过程中采取严格的环境保护措施
29	2021.11.18	青海省人民政府办公厅关于印发青海省“十四五”工业和信息化发展规划的通知（青政办〔2021〕80号）	推动园区绿色发展。建立完善园区项目准入评审体系，督促企业加快节能减排技术改造。依法开展产业园区规划环评及跟踪评价工作，落实“三线一单”生态环境分区管控要求。 强化行业安全环保监管。落实“三线一单”生态环境分区管控，严把建设项目环境准入关
30	2021.11.26	青海省人民政府　文化和旅游部关于印发青海打造国际生态旅游目的地行动方案的通知（青政〔2021〕56号）	根据生态红线，对青海省生态旅游景区做好禁建区、限建区和适建区划分，明确各分区管控目标，提出正面与负面清单，形成全省生态旅游景区“一张图”
31	2021.11.19	青海省人民政府办公厅关于印发青海省“十四五”综合交通运输体系发展规划的通知（青政办〔2021〕87号）	—
32	2021.11.03	青海省人民政府　文化和旅游部关于印发青海打造国际生态旅游目的地行动方案的通知（青政〔2021〕56号）	实施开发空间管控与环境容量调控。根据生态红线，对全省生态旅游景区做好禁建区、限建区和适建区划分，明确各分区管控目标，提出正面与负面清单，形成全省生态旅游景区“一张图”

序号	时间	文件名称	有关要求（节录）
33	2021.08.23	青海省人民政府办公厅关于青海省贯彻国家新能源汽车产业发展规划（2021—2035 年）的实施意见（青政办〔2021〕60 号）	推动充换电网络基础设施建设。科学布局充换电基础设施，充换电基础设施建设需符合当地城乡建设规划，与三条控制线的管控要求不冲突
34		中共青海省委印发《关于加快把青藏高原打造成为全国乃至国际生态文明高地的行动方案》	建立覆盖全域、全类型与全过程的国土空间用途管制，严守生态保护红线，整合构建生态空间管制规则
35	2021.08.10	青海省人民政府办公厅关于印发加强青海省草原保护修复若干措施的通知（青政办〔2021〕61 号）	严格落实生态保护红线和国土空间用途管制制度，从严管控基本草原，确保基本草原面积不减少、质量不下降、用途不改变
36	2021.07.07	青海省人民政府　国家能源局关于印发青海打造国家清洁能源产业高地行动方案（2021—2023 年）的通知（青政〔2021〕36 号）	以新发展理念引领清洁能源集约化发展。推进清洁能源和生态环境协同发展。以保护和改善生态环境为出发点和落脚点，在清洁能源开发建设中严守“三线一单”管控要求，在能源产业开发中落实生态优先战略
37	2021.02.04	青海省国民经济和社会发展第十四个五年规划和二〇三五年远景目标纲要（2021 年 2 月 4 日青海省第十三届人民代表大会第六次会议批准）	依托资源环境承载力和国土空间开发适宜性评价，统筹划定落实生态保护红线、永久基本农田、城镇开发边界等空间管控边界，逐步形成城市化地区、农产品主产区、生态功能区三大空间格局。建立以“三线一单”为核心的生态环境分区管控体系，推进生态环境保护精细化管理
38	2021.01.18	青海省人民政府办公厅转发省发展改革委关于促进特色小镇规范健康发展实施意见的通知（青政办〔2021〕5 号）	严守“三线”约束。合理确定小镇生产、生活、生态空间比例，保持小镇四至范围清晰、空间相对独立，严守生态保护红线、永久基本农田、城镇开发边界三条控制线，强化底线约束，落实“三线一单”生态环境分区管控要求，为可持续发展预留空间。合理留存原住居民生活空间，防止将原住居民整体迁出

序号	时间	文件名称	有关要求（节录）
39	2020.11.24	青海省人民政府办公厅关于印发青海省自然资源领域省与市州县财政事权和支出责任划分改革实施方案的通知（青政办〔2020〕88号）	生态保护红线、永久基本农田、城镇开发边界等空间管控边界的划定，资源环境承载力和国土空间开发适宜性评价等事项为省与市州县共同财政事权，由省与市州县共同承担支出责任
40	2020.10.20	青海省人民政府办公厅印发关于在全省开展“收好官、开好局”专项行动实施方案的通知（青政办〔2020〕78号）	印发《关于在国土空间规划中统筹划定落实三条控制线的实施意见》，按程序上报《青海省生态保护红线划定方案》。持续推进农村乱占耕地建房问题摸排工作。加快推进“三线一单”审议发布相关工作，尽快形成市州级生态环境分区管控要求及各县（市、区、行委）内具体环境管控单元的生态环境准入清单
41	2020.10.20	青海省人民政府关于实施“三线一单”生态环境分区管控的通知（青政〔2020〕77号）	建立生态保护红线、环境质量底线、资源利用上线和生态环境准入清单为核心的生态环境分区管控体系。 按照生态保护红线、环境质量底线、资源利用上线的管控要求，将全省行政区域从生态环境保护角度划分为优先保护单元、重点管控单元、一般管控单元三类环境管控单元。 各类开发建设活动要将生态保护红线、环境质量底线、资源利用上线等管控要求融入决策和实施全过程，以生态环境分区管控推动经济高质量发展
42	2020.07.22	青海省人民政府办公厅关于印发“夏秋季攻势”专项行动实施方案的通知（青政办〔2020〕53号）	持续推进省级国土空间规划编制工作，全面完成自然保护地整合优化和生态保护红线评估调整
43	2020.07.01	青海省人民政府关于贯彻落实《国务院关于授权和委托用地审批权的决定》的通知（青政〔2020〕50号）	涉及占用自然保护地、生态保护红线且确实难以避让的，由省级相关部门出具意见

序号	时间	文件名称	有关要求（节录）
44	2020.07.01	青海省人民政府办公厅关于加强农业种质资源保护与利用的实施意见（青政办〔2020〕49 号）	自然资源和生态环境部门要在编制县乡国土空间规划时，合理安排新建、改建、扩建农业种质资源库（场、区、圃）用地，科学设置畜禽种质资源疫病防控缓冲区，将野生农业种质资源保护区纳入生态保护红线划定范围
45	2020.04.16	青海省人民政府办公厅关于印发在全省开展“会战黄金季”专项行动实施方案的通知（青政办〔2020〕28 号）	推进省级国土空间规划编制，做好生态保护红线评估调整，完成生态保护红线县级评估方案的省级审查
46	2020.03.26	青海省人民政府办公厅关于印发青海省法治政府建设 2020 年工作要点的通知（青政办〔2020〕23 号）	加强国家公园示范省建设。制定示范省三年行动计划，完成生态保护红线评估调整，构建覆盖全省的“天空地一体化”生态监测网络体系
47	2020.01.15	政府工作报告——2020 年 1 月 15 日在青海省第十三届人民代表大会第四次会议上	实施国家公园示范省三年行动。制定示范省建设三年行动计划，推进自然保护地立法工作，完成生态保护红线评估调整，构建覆盖全省的“天空地一体化”生态监测网络体系。 自然保护区、自然公园、湿地公园、重要湿地等自然保护地所在地人民政府制订印发工作方案或实施方案，按设立保护地权属由所在地自然资源主管部门组织，按照自然保护区、自然公园、湿地公园、重要湿地等审批和设立等资料划定登记单元，分析叠加生态保护红线、特殊保护规定、国土空间规划明确的用途等管制要求，直接利用第三次全国国土调查成果和自然保护区、自然公园等划界成果明确自然资源的类型和分布，开展登记单元内各类自然资源的权籍调查。 由省自然资源厅会同省水利主管部门制订印发实施方案，直接利用第三次全国国土调查和水资源调查成果划定登记单元，分析叠加生态保护红线、国土空间规划明确的用途、特殊保护规定等

序号	时间	文件名称	有关要求（节录）
47	2020.01.15	政府工作报告——2020 年 1 月 15 日在青海省第十三届人民代表大会第四次会议上	管制要求，对承载水资源的土地开展权籍调查。省自然资源厅会同市州、县（市、区、行委）人民政府及自然资源主管部门对省级管理的探明储量的矿产资源进行统一确权登记。由省自然资源厅制订印发实施方案，以第三次全国国土调查为底图，直接依据矿产资源储量登记数据库，结合矿产资源利用现状调查数据库、矿业权审批登记数据库等信息划定登记单元，分析叠加生态保护红线、国土空间规划明确的用途、特殊保护规定等管制要求，记载矿产资源的类型、数量、面积（投影）及质量等状况，记载清楚所有权主体、代表（代理）行使主体及内容、探矿权、采矿权、管制要求等状况。由省自然资源厅按登记结果颁发所有权证，及时公开共享登记结果
48	2019.11.20	青海省人民政府关于加快促进乡村产业振兴步伐的实施意见（青政〔2019〕69 号）	践行绿水青山就是金山银山的发展理念，严守耕地和生态保护红线，实现农牧产业与生态保护有机统一，打响“生态青海，绿色农牧”品牌
49	2019.11.20	中共青海省委办公厅　青海省人民政府办公厅印发《青海省贯彻落实〈关于建立以国家公园为主体的自然保护地体系的指导意见〉的实施方案》的通知（青办字〔2019〕144 号）	协调自然保护地布局与生态保护红线。在自然保护地整合归并优化过程中，充分衔接生态保护红线，科学合理优化生态、生产、生活空间的布局，调整后的自然保护地全部纳入生态保护红线。按照自然资源资产管理与国土空间用途管制的“两个统一行使”要求，统筹生态保护、绿色发展、民生改善的现实需求，严守生态保护红线
50	2019.10.17	青海省人民政府办公厅印发关于在全省开展“收好官，开好局”专项行动实施方案的通知（青政办〔2020〕110 号）	完成青海省“三线一单”成果数据审核、祁连山地区生态保护红线勘界定标和全省草原资源清查

序号	时间	文件名称	有关要求（节录）
51	2019.04.11	青海省人民政府关于印发化肥农药减量增效行动总体思路及 2019 年试点实施方案的通知（青政〔2019〕26 号）	从保障国家生态安全出发，坚持绿水青山就是金山银山的理念，坚守生态红线，把生态环境保护和建设与生产发展相结合，打好生态牌，走好绿色路，推进种养结合，实现农牧业可持续发展，确保粮食安全和生态安全
52	2019.04.10	青海省人民政府办公厅印发关于在全省开展“会战黄金季”专项行动实施方案的通知（青政办〔2019〕47 号）	加快编制全省生态保护红线、环境质量底线、资源利用上线和生态环境准入清单
53	2019.01.27	政府工作报告——青海省第十三届人民代表大会第三次会议	推进生态保护工程。树立全域共建理念，发布实施生态红线，建立“三线一单”管理机制，完善“天空地一体化”生态环境监测评估预警体系
54	2019.01.19	青海省人民政府办公厅印发关于在全省开展“百日攻坚”专项行动实施方案的通知（青政办〔2019〕4 号）	抓生态，促环境。跟踪衔接生态保护红线划定方案的报批，组织开展生态保护红线勘界定标工作
55	2018.12.28	青海省人民政府办公厅关于加强长江青海段水生生物保护工作的实施意见（青政办〔2018〕187 号）	树立红线思维，留足生态空间。严守生态保护红线、环境质量底线和资源利用上线，根据水生生物保护和水域生态修复的实际需要，在重点生态功能和生态环境敏感脆弱区域科学建立水生生物保护区，实行严格保护管理。 加强水域生态环境保护。结合青海省生态保护红线划定，加强长江流域 4 处国家级水产种质资源保护区的保护和管理，促进水产种质资源的可持续利用
56	2018.11.24	青海省人民政府关于印发青海省打赢蓝天保卫战三年行动实施方案（2018—2020 年）的通知（青政〔2018〕86 号）	完成生态保护红线、环境质量底线、资源利用上线、环境准入清单编制工作，明确禁止和限制发展的行业、生产工艺和产业目录

序号	时间	文件名称	有关要求（节录）
57	2018.09.15	青海省人民政府办公厅关于印发全省特色小镇和特色小城镇创建工作实施意见的通知（青政办〔2018〕136 号）	坚持生态优先，严守生态保护红线。贯彻落实《中共中央办公厅　国务院办公厅关于划定并严守生态保护红线的若干意见》，按照应划尽划、应保尽保的原则，完成生态保护红线划定工作。严禁以特色小（城）镇建设名义破坏生态，严格保护自然保护区、文化自然遗产、风景名胜区、森林公园和地质公园等区域，严禁挖山填湖、破坏山水田园。严把特色小（城）镇产业准入关，防止引入高污染高耗能产业，加强环境治理设施建设
58	2018.07.07	青海省人民政府办公厅关于印发在全省开展“夏秋季攻势”专项行动实施方案的通知（青政办〔2018〕100 号）	制定《生态保护红线划定方案》。加快推进自然保护区内矿业权退出补偿工作。做好耕地保护责任目标中期检查工作
59	2018.05.18	青海省人民政府办公厅转发省发展改革委关于青海省生态文明先行示范区建设 2018 年度工作要点的通知（青政办〔2018〕69 号）	完成生态红线划定工作。按照环境保护部《“生态保护红线、环境质量底线、资源利用上线和环境准入负面清单”编制技术指南（试行）》要求，完成全省生态保护红线划定并按程序报批。先行开展长江经济带海西州、玉树州、果洛州环境质量底线和资源利用上线划定、环境准入负面清单编制工作，推动形成节约资源和保护环境的空间格局、产业结构、生产方式、生活方式
60	2018.05.02	青海省人民政府办公厅关于印发祁连山国家公园体制试点（青海片区）实施方案的通知（青政办〔2018〕57 号）	建立生态文明绩效评价考核体系。按照省委办公厅、省政府办公厅印发的《青海省生态文明建设目标评价考核办法（试行）》对祁连山国家公园管理机构和当地政府进行年度工作绩效评价考核，落实资源环境生态红线管控制度，并按照省统计局、省发展改革委、省环境保护厅、省委组织部印发的《青海省绿色发展指标体系》开展年度评价，按年度开展第三方评估

序号	时间	文件名称	有关要求（节录）
61	2018.04.06	青海省人民政府办公厅关于印发在全省开展“会战黄金季”专项行动实施方案的通知（青政办〔2018〕46 号）	强化永久基本农田保护，制定《青海省耕地保护责任目标考核办法》，做好城市开发边界划定、生态保护红线划定和全省国家级公益林区划落界，开展祁连山红线勘界定标工作
62	2018.02.12	青海省人民政府办公厅印发关于在全省开展“百日攻坚”行动实施方案的通知（青政办〔2018〕19 号）	科学划定“三区三线”。推进碳汇交易试点，完成青海省祁连山地区生态保护红线划定工作，继续协调有关基础数据，开展规划、重点项目的对接
63	2018.01.02	青海省人民政府办公厅关于健全生态保护补偿机制的实施意见（青政办〔2018〕1 号）	完善生态保护补偿政策。划定并严守生态保护红线，继续推进生态保护补偿试点，统筹各类补偿资金，探索综合性补偿办法
64	2017.11.04	青海省人民政府关于印发创建生态旅游示范省工作方案的通知（青政〔2017〕72 号）	严守生态保护红线，强化对重点生态功能区和生态环境敏感区域、生态脆弱区域的有效保护
65	2017.08.18	青海省人民政府办公厅关于印发青海省生态保护红线划定和管理工作方案的通知（青政办〔2017〕157 号）	以建设生态大省、生态强省为目标，以改善生态环境质量为核心，以保障和维护生态功能为主线，按照山水林田湖系统保护要求，划定并严守生态保护红线，实现一条红线管控重要生态空间，确保生态功能不降低、面积不减少、性质不改变，维护国家生态安全，促进经济社会可持续发展。 2017 年优先完成祁连山地区生态保护红线划定方案。2018 年完成全省生态保护红线划定方案，报国务院批准后，由省人民政府发布实施。2020 年年底前，完成全省生态保护红线勘界定标，制定生态保护红线制度和配套政策，基本建立运行红线监管信息平台。到 2030 年，生态保护红线布局进一步优化，生态保护红线制

序号	时间	文件名称	有关要求（节录）
65	2017.08.18	青海省人民政府办公厅关于印发青海省生态保护红线划定和管理工作方案的通知（青政办〔2017〕157号）	度有效实施，生态功能显著提升，生态安全得到全面保障。 主要任务：建立协调机制；科学划定生态保护红线；履行国家审核批准程序；组织实施生态保护红线勘界定标；加强生态保护红线监管能力建设；制定生态保护红线管控措施；加大生态保护补偿力度；落实严守生态保护红线主体责任；加强生态保护与修复。 保障措施：成立工作领导小组；加强组织协调；强化技术支撑，省生态环境遥感监测中心负责生态保护红线划定技术工作，承担生态保护红线的具体划定工作；强化资金保障
66	2017.07.11	青海省人民政府办公厅关于印发青海省生态环境监测网络建设实施方案的通知（青政办〔2017〕124号）	“天空地一体化”生态监测网。建设青海省生态保护红线监管平台。 生态环境风险监测评估。建立生态保护红线监管制度和重点区域生态状况定期调查评估制度。 生态环境监测数据应用平台建设。建设生态保护红线监控、重点生态功能区人类干扰监控等管理应用平台。 生态环境质量考核评价系统建设。开展生态红线、重点生态功能区、重点流域及城市生态评估，系统掌握生态系统质量和功能变化状况
67	2017.06.29	青海省人民政府办公厅关于进一步加强自然保护区建设管理工作的通知（青政办〔2017〕117号）	建立完善生态监测和预警体系。在已有三江源、青海湖等重点生态功能区生态监测体系基础上，结合生态保护红线监管体系建设，加快建立全省自然保护区“天空地一体化”生态监测和监控预警能力体系，增强监控预警功能，提升自然保护区自然资源和自然环境状况监测评估能力
68	2017.06.19	青海省人民政府办公厅关于贯彻落实湿地保护修复制度方案的实施意见（青政办〔2017〕109号）	科学划定纳入生态保护红线的湿地范围，公布名录，落实具体地块

序号	时间	文件名称	有关要求（节录）
69	2017.05.22	青海省第十三次党代会报告	开展资源节约提效行动。节约资源是对环境最好的保护。增强资源环境管理约束的自觉性，严守资源消耗上限、环境质量底线、生态保护红线，将各类开发活动限制在资源环境承载力之内
70	2017.05.15	青海省人民政府办公厅关于印发祁连山生态环境保护与管理工作方案的通知（青政办〔2017〕87 号）	严守生态保护红线。严格执行《中华人民共和国环境保护法》《中华人民共和国自然保护区条例》，加快划定祁连山地区生态保护红线，明确禁止开发区域和项目，确保生态保护优先落到实处
71	2017.01.24	青海省人民政府关于积极推进“互联网+”行动的实施意见（青政〔2017〕12 号）	夯实资源环境动态监测能力。夯实生态保护和建设基础，严守生态保护红线
72	2016.12.22	青海省人民政府关于印发青海省土壤污染防治工作方案的通知（青政〔2016〕92 号）	加强空间布局管控。各地要依据青海省主体功能区规划和生态环境保护红线划定方案，统筹考虑土壤等环境承载力，科学合理确定区域功能定位和空间布局
73	2016.10.19	青海省人民政府关于深入推进青海省新型城镇化建设的实施意见（青政〔2016〕76 号）	划定永久基本农田、生态保护红线，实施城市生态廊道建设和生态系统修复工程，建设生态型城市
74	2016.10.17	青海省人民政府关于全面实施质量强省战略的意见（青政〔2016〕70 号）	全面提升四大质量。紧紧围绕青海省“十三五”规划和重点专项规划，立足全省经济社会发展大局，突出优势特色产业，全面提升产品质量、工程质量、环境质量和服务质量。 环境质量。生态是青海最大的价值、最大的责任、最大的潜力，坚持以生态保护优先协调推进经济社会发展，全方位落实新常态下的环境保护新举措，以改善环境质量为核心，以落实水、大气、土壤污染防治行动计划为抓手，着力推进治污减排，着力强化污染防治与生态保护协同联动，严

序号	时间	文件名称	有关要求（节录）
74	2016.10.17	青海省人民政府关于全面实施质量强省战略的意见（青政〔2016〕70 号）	密防控环境风险，维护国家重要水环境安全和区域生态安全，确保实现全面建成小康社会环境质量改善目标。坚持“山水草林田湖是一个生命共同体”的理念，统筹生产、生活、生态空间，推行环境功能区划，划定并严守生态保护红线，打造生态文明新业态，推动新型生态产业集群晋级发展，努力创造生态产品的派生需要，扩大生态产品市场
75	2016.01	青海省人民政府《青海省国民经济和社会发展“十三五”五年规划纲要》	划定生产、生活、生态空间管制界限，严守生态红线和环境容量底线，统筹推进集聚开发、分类保护和综合整治，促进国土资源开发利用与经济社会发展相协调。 强化城镇规划的科学性、权威性、严肃性，发挥好调控、引领和约束作用。控制城镇开发强度，划定水体保护线、绿地系统线、基础设施建设控制线、历史文化保护线、永久基本农田和生态保护红线，防止“摊大饼”式扩张，推动形成绿色低碳的城镇建设运营模式
76	2015.12.29	青海省人民政府关于印发《青海省水污染防治工作方案》的通知（青政〔2015〕100 号）	严格实施流域分区控制。三江源地区。创新生态环境管理模式，实施中国三江源国家公园体制试点，划定三江源生态空间保护红线。 保护水和湿地生态系统。加强河湖水生态保护，科学划定保护红线。 优化空间布局。根据流域水质保护和改善目标，结合主体功能区规划及生态红线要求，细化水生态环境功能分区，实施差别化的环境准入政策
77	2015.04.17	青海省人民政府办公厅关于贯彻落实《国务院办公厅关于加强环境监管执法的通知》的实施意见（青政办〔2015〕81 号）	划定生态保护红线

序号	时间	文件名称	有关要求（节录）
78	2014.11.13	青海省人民政府办公厅转发国家发展改革委等 6 部门关于青海省生态文明先行示范区建设实施方案的通知（青政办〔2014〕179 号）	优化空间开发格局。构建“一屏两带”为主体的生态安全格局，构建以三江源草原草甸湿地生态功能区为屏障，以祁连山冰川与水源涵养生态带、青海湖草原湿地生态带为骨架，以禁止开发区域为重要组成的生态安全格局。加快生态功能区红线勘界落地。 加快生态文明制度建设。落实主体功能区制度。全面落实主体功能区制度，优化国土空间开发格局，划定生产、生活、生态空间开发管制界限。逐项划定由生态功能红线、环境质量红线和资源利用红线构成的生态保护红线，到“十三五”末，建立较完备的生态保护红线体系和相配套的管理政策。2014 年，启动生态功能红线划定工作，开展生态功能红线“落地”试点；2015 年，启动环境质量红线划定工作；按照自然资源要素，逐步逐项完善水资源保护、基本草原等资源利用红线的划定。积极探索国家公园制度。在国家公园试点区域内，同步进行生态红线划定、“多规合一”、自然资源资产产权、生态补偿、县城生态环境监测评估预警体系、生态保护和民生改善绩效考核、编制自然资源资产负债表等生态文明制度改革试点
79	2014.08.27	青海省人民政府办公厅关于印发《进一步加大祁连山省级自然保护区保护与治理工作方案》的通知（青政办〔2014〕142 号）	切实强化祁连山省级自然保护区保护与治理，严守生态红线
80	2014.03.31	青海省人民政府关于印发青海省主体功能区规划的通知（青政〔2014〕22 号）	把提供生态产品作为国土空间开发的重要任务，划定生态保护红线，完善生态补偿和生态交易机制，增强生态产品生产能力，稳步推进重要生态

序号	时间	文件名称	有关要求（节录）
80	2014.03.31	青海省人民政府关于印发青海省主体功能区规划的通知（青政〔2014〕22 号）	功能区管理改革，逐步实施国家公园模式。 科学确定各主体功能区域发展方向、重点任务，划定生态保护红线，以保护自然生态为前提、以资源环境承载力为基础，有度有序开发，走人与自然和谐相处的发展道路。 在重点生态功能区及其他环境敏感区、脆弱区划定生态保护红线，对各类主体功能区分别制定相应的环境标准和环境政策。 开展生态保护红线划定工作，优化生态、生产和生活空间格局。 进一步界定自然保护区中核心区、缓冲区、实验区的范围，划定生态保护红线。 制定实施分类管理的区域政策，统筹和强化国土空间用途管制，逐项划定生态红线，强化重要生态功能保育、资源集约激励和环境质量约束，形成符合各区域主体功能的利益导向机制。 环境保护部门组织划定生态保护红线
81	2014.01.24	青海省人民政府办公厅关于印发《政府工作报告》的通知（青政办〔2014〕11 号）	加强生态文明制度建设。主动作为，先行先试，逐步建立系统完整的生态文明制度体系。建立资源环境承载力监测预警机制，科学有序划定生态红线，实行最严格的源头保护、损害赔偿和责任追究制度，严格控制青南、环湖等重点生态功能区开发强度
82	2012.04.11	青海省人民政府关于加强环境保护工作的意见（青政〔2012〕21 号）	加大重点生态功能区保护力度。贯彻实施《青藏高原区域生态建设与环境保护规划（2011—2030 年）》，落实国家生态功能区划，划定重要生态功能区、生态环境敏感区和脆弱区等区域生态红线，制定各类主体功能区环境标准和政策

2.4　法律规章

从法律的层面建立了生态保护红线制度，划定并严守生态保护红线先后被纳入修订后的《中华人民共和国环境保护法》《中华人民共和国国家安全法》《中华人民共和国水污染防治法》《中华人民共和国海洋环境保护法》《中华人民共和国固体废物污染环境防治法》《中华人民共和国长江保护法》《中华人民共和国黄河保护法》《中华人民共和国湿地保护法》《中华人民共和国青藏高原生态保护法》，以及《青海省生态环境保护条例》《青海省国家生态文明高地建设条例》。生态环境部、自然资源部还制定了部门规章，见表 2-4。

表 2–4　有关生态保护红线的法律规章

序号	名称	时间	法律规定（节录）
1	中华人民共和国环境保护法	1989 年 12 月 26 日第七届全国人民代表大会常务委员会第十一次会议通过，2014 年 4 月 24 日第十二届全国人民代表大会常务委员会第八次会议修订，自 2015 年 1 月 1 日起施行	第二十九条　国家在重点生态功能区、生态环境敏感区和脆弱区等区域划定生态保护红线，实行严格保护
2	中华人民共和国国家安全法	2015 年 7 月 1 日第十二届全国人民代表大会常务委员会第十五次会议通过，自公布之日起施行	第三十条　国家完善生态环境保护制度体系，加大生态建设和环境保护力度，划定生态保护红线，强化生态风险的预警和防控，妥善处置突发环境事件，保障人民赖以生存发展的大气、水、土壤等自然环境和条件不受威胁和破坏，促进人与自然和谐发展

序号	名称	时间	法律规定（节录）
3	中华人民共和国水污染防治法	1984 年 5 月 11 日第六届全国人民代表大会常务委员会第五次会议通过，1996 年 5 月 15 日第八届全国人民代表大会常务委员会第十九次会议第一次修正，2008 年 2 月 28 日第十届全国人民代表大会常务委员会第三十二次会议修订，2017 年 6 月 27 日第十二届全国人民代表大会常务委员会第二十八次会议第二次修正	第二十九条　从事开发建设活动，应当采取有效措施，维护流域生态环境功能，严守生态保护红线
4	中华人民共和国海洋环境保护法	1982 年 8 月 23 日第五届全国人民代表大会常务委员会第二十四次会议通过，1999 年 12 月 25 日第九届全国人民代表大会常务委员会第十三次会议修订，2013 年 12 月 28 日第十二届全国人民代表大会常务委员会第六次会议第一次修正，2016 年 11 月 7 日第十二届全国人民代表大会常务委员会第二十四次会议第二次修正，2017 年 11 月 4 日第十二届全国人民代表大会常务委员会第三十次会议第三次修正	第三条　国家在重点海洋生态功能区、生态环境敏感区和脆弱区等海域划定生态保护红线，实行严格保护。 第二十四条　开发利用海洋资源，应当根据海洋功能区划合理布局，严格遵守生态保护红线，不得造成海洋生态环境破坏

序号	名称	时间	法律规定（节录）
5	中华人民共和国固体废物污染环境防治法	1995 年 10 月 30 日第八届全国人民代表大会常务委员会第十六次会议通过，2004 年 12 月 29 日第十届全国人民代表大会常务委员会第十三次会议第一次修订，2013 年 6 月 29 日第十二届全国人民代表大会常务委员会第三次会议第一次修正，2015 年 4 月 24 日第十二届全国人民代表大会常务委员会第十四次会议第二次修正，2016 年 11 月 7 日第十二届全国人民代表大会常务委员会第二十四次会议第三次修正，2020 年 4 月 29 日第十三届全国人民代表大会常务委员会第十七次会议第二次修订	第二十一条　在生态保护红线区域、永久基本农田集中区域和其他需要特别保护的区域内，禁止建设工业固体废物、危险废物集中贮存、利用、处置的设施、场所和生活垃圾填埋场
6	中华人民共和国长江保护法	2020 年 12 月 26 日第十三届全国人民代表大会常务委员会第二十四次会议通过	第十九条　国务院自然资源主管部门会同国务院有关部门组织编制长江流域国土空间规划，科学有序统筹安排长江流域生态、农业、城镇等功能空间，划定生态保护红线、永久基本农田、城镇开发边界，优化国土空间结构和布局，统领长江流域国土空间利用任务，报国务院批准后实施。 第二十七条　严格限制在长江流域生态保护红线、自然保护地、水生生物重要栖息地水域实施航道整治工程；确需整治的，应当经科学论证，并依法办理相关手续。

序号	名称	时间	法律规定（节录）
6	中华人民共和国长江保护法	2020年12月26日第十三届全国人民代表大会常务委员会第二十四次会议通过	第六十一条　长江流域水土流失重点预防区和重点治理区的县级以上地方人民政府应当采取措施，防治水土流失。生态保护红线范围内的水土流失地块，以自然恢复为主，按照规定有计划地实施退耕还林还草还湿；划入自然保护地核心保护区的永久基本农田，依法有序退出并予以补划
7	中华人民共和国军事设施保护法	1990年2月23日第七届全国人民代表大会常务委员会第十二次会议通过，2009年8月27日第十一届全国人民代表大会常务委员会第十次会议第一次修正，2014年6月27日第十二届全国人民代表大会常务委员会第九次会议第二次修正，2021年6月10日第十三届全国人民代表大会常务委员会第二十九次会议修订	第三十七条　军队编制军事设施建设规划、组织军事设施项目建设，应当考虑地方经济建设、生态环境保护和社会发展的需要，符合国土空间规划等规划的总体要求，并进行安全保密环境评估和环境影响评价。涉及国土空间规划等规划的，应当征求国务院有关部门、地方人民政府的意见，尽量避开生态保护红线、自然保护地、地方经济建设热点区域和民用设施密集区域。确实不能避开，需要将生产生活设施拆除或者迁建的，应当依法进行
8	中华人民共和国湿地保护法	2021年12月24日第十三届全国人民代表大会常务委员会第三十二次会议通过	第十四条　国家对湿地实行分级管理，按照生态区位、面积以及维护生态功能、生物多样性的重要程度，将湿地分为重要湿地和一般湿地。重要湿地包括国家重要湿地和省级重要湿地，重要湿地以外的湿地为一般湿地。重要湿地依法划入生态保护红线。 国务院林业草原主管部门会同国务院自然资源、水行政、住房城乡建设、生态环境、农业农村等有关部门发布国家重要湿地名录及范围，并设立保护标志。国际重要湿地应当列入国家重要湿地名录。

序号	名称	时间	法律规定（节录）
8	中华人民共和国湿地保护法	2021 年 12 月 24 日第十三届全国人民代表大会常务委员会第三十二次会议通过	省、自治区、直辖市人民政府或者其授权的部门负责发布省级重要湿地名录及范围，并向国务院林业草原主管部门备案。 一般湿地的名录及范围由县级以上地方人民政府或者其授权的部门发布
9	中华人民共和国黄河保护法	2022 年 10 月 30 日第十三届全国人民代表大会常务委员会第三十七次会议通过	第二十二条　国务院自然资源主管部门应当会同国务院有关部门组织编制黄河流域国土空间规划，科学有序统筹安排黄河流域农业、生态、城镇等功能空间，划定永久基本农田、生态保护红线、城镇开发边界，优化国土空间结构和布局，统领黄河流域国土空间利用任务，报国务院批准后实施。涉及黄河流域国土空间利用的专项规划应当与黄河流域国土空间规划相衔接。 黄河流域县级以上地方人民政府组织编制本行政区域的国土空间规划，按照规定的程序报经批准后实施。 第二十六条　黄河流域省级人民政府根据本行政区域的生态环境和资源利用状况，按照生态保护红线、环境质量底线、资源利用上线的要求，制定生态环境分区管控方案和生态环境准入清单，报国务院生态环境主管部门备案后实施。生态环境分区管控方案和生态环境准入清单应当与国土空间规划相衔接
10	中华人民共和国青藏高原生态保护法	2023 年 4 月 26 日第十四届全国人民代表大会常务委员会第二次会议通过	第十二条　青藏高原县级以上地方人民政府组织编制本行政区域的国土空间规划，应当落实国家对青藏高原国土空间开发保护的有关要求，细化安排农业、生态、城镇等功能空间，统筹划定耕地和永久基本农田、生态保护红线、城镇开发边界。涉及青藏高原国土空间利用的专项规划应当与国土空间规划相衔接。

序号	名称	时间	法律规定（节录）
10	中华人民共和国青藏高原生态保护法	2023 年 4 月 26 日第十四届全国人民代表大会常务委员会第二次会议通过	第十三条　青藏高原国土空间开发利用活动应当符合国土空间用途管制要求。青藏高原生态空间内的用途转换，应当有利于增强森林、草原、河流、湖泊、湿地、冰川、荒漠等生态系统的生态功能。 青藏高原省级人民政府应当加强对生态保护红线内人类活动的监督管理，定期评估生态保护成效。 第十四条　青藏高原省级人民政府根据本行政区域的生态环境和资源利用状况，按照生态保护红线、环境质量底线、资源利用上线的要求，从严制定生态环境分区管控方案和生态环境准入清单，报国务院生态环境主管部门备案后实施。生态环境分区管控方案和生态环境准入清单应当与国土空间规划相衔接。 第二十条　国务院有关部门和青藏高原县级以上地方人民政府应当建立健全青藏高原雪山冰川冻土保护制度，加强对雪山冰川冻土的监测预警和系统保护。 青藏高原省级人民政府应当将大型冰帽冰川、小规模冰川群等划入生态保护红线，对重要雪山冰川实施封禁保护，采取有效措施，严格控制人为扰动。 青藏高原省级人民政府应当划定冻土区保护范围，加强对多年冻土区和中深季节冻土区的保护，严格控制多年冻土区资源开发，严格审批多年冻土区城镇规划和交通、管线、输变电等重大工程项目。 青藏高原省级人民政府应当开展雪山冰川冻土与周边生态系统的协同保护，维持有利于雪山冰川冻土保护的自然生态环境

序号	名称	时间	法律规定（节录）
11	自然资源部、生态环境部、国家林业和草原局关于加强生态保护红线管理的通知（试行）（自然资发〔2022〕142 号）	2022.08.16	加强人为活动管控。规范管控对生态功能不造成破坏的有限人为活动；加强有限人为活动管理；有序处理历史遗留问题。 规范占用生态保护红线用地用海用岛审批。项目范围；办理要求。 严格生态保护红线监管。强化数据共享；加大监管力度；严格调整程序
12	《生态保护红线生态环境监督办法（试行）》（国环规生态〔2022〕2 号）	2022.12.27	第四条　生态环境部负责组织开展全国生态保护红线生态环境监督工作。省级生态环境部门负责组织开展本行政区生态保护红线生态环境监督工作。 第五条　生态环境部门生态保护红线生态环境监督工作包括以下事项：（一）生态保护红线生态环境相关制度制定与落实情况；（二）生态保护红线调整对生态环境的影响；（三）生态保护红线内人为活动对生态环境的影响；（四）生态保护红线生态功能状况及其变化；（五）生态保护红线内生态破坏问题及其处理整改情况；（六）生态保护红线内生态保护修复工程实施生态环境成效；（七）法律法规规定应由生态环境部门实施监督的其他事项。 第六条　生态环境部门对生态保护红线调整方案的生态环境影响提出审核意见。 第七条　生态保护红线内，自然保护地核心保护区原则上禁止人为活动，其他区域严格禁止开发性、生产性建设活动，在符合现行法律法规前提下，除国家重大战略项目外，仅允许对生态功能不造成破坏的有限人为活动。生态环境部门对生态保护红线内的有限人为活动实行严格的生态环境监督。

序号	名称	时间	法律规定（节录）
12	《生态保护红线生态环境监督办法（试行）》（国环规生态〔2022〕2号）	2022.12.27	第八条　生态环境部制定生态质量监测标准规范，依托生态质量监测网络，组织开展生态保护红线生态质量监测，重点关注人为活动对生态保护红线生态环境的影响。省级生态环境部门组织开展本行政区生态保护红线生态质量监测，监测结果与国家生态质量监测网络数据共享。 第九条　生态环境部建立生态保护红线生态状况评估制度，制定生态保护红线监管指标体系和生态状况评估标准规范，定期组织开展生态保护红线生态状况评估，评估生态保护红线生态系统格局、质量、服务功能和保护成效
13	中华人民共和国土地管理法实施条例	国务院令第 743 号，自2021年9月1日起施行	第三条　国土空间规划应当细化落实国家发展规划提出的国土空间开发保护要求，统筹布局农业、生态、城镇等功能空间，划定落实永久基本农田、生态保护红线和城镇开发边界。 第二十二条　具有重要生态功能的未利用地应当依法划入生态保护红线，实施严格保护
14	青海省生态环境保护条例	2022年3月29日青海省第十三届人民代表大会常务委员会第三十次会议通过，自2022年5月1日施行	第二十六条　逐步建立生态保护红线、环境质量底线、资源利用上线和生态环境准入清单为核心的生态环境分区管控体系。县级以上人民政府及其有关部门应当将生态保护红线、环境质量底线、资源利用上线、生态环境准入清单作为经济社会发展综合决策和生态环境目标管理的重要依据
15	青海省国家生态文明高地建设条例	2024年5月24日青海省第十四届人民代表大会常务委员会第八次会议通过，自2024年8月1日起施行	第十条　县级以上人民政府组织编制本行政区域的国土空间规划，应当落实国家对青藏高原国土空间开发保护要求，统筹布局农业、生态、城镇等功能空间，细化落实耕地和永久基本农田、生态保护红线和城镇开发边界。

序号	名称	时间	法律规定（节录）
15	青海省国家生态文明高地建设条例	2024 年 5 月 24 日青海省第十四届人民代表大会常务委员会第八次会议通过，自 2024 年 8 月 1 日起施行	第十一条　国土空间开发利用活动应当符合国土空间用途管制要求，并依法取得规划许可。 对不符合国土空间用途管制要求的，县级以上人民政府自然资源主管部门不得办理规划许可。 第十二条　省人民政府根据本省行政区域的生态环境和资源利用状况，按照生态保护红线、环境质量底线、资源利用上线的要求，从严制定生态环境分区管控方案和生态环境准入清单，报国务院生态环境主管部门备案后实施。 生态环境分区管控方案和生态环境准入清单应当与国土空间规划相衔接。 第十三条　省人民政府应当加强对生态保护红线内人类活动的监督管理，定期评估生态保护成效。 第二十九条　县级以上人民政府应当建立健全雪山冰川冻土保护制度，加强对雪山冰川冻土的监测预警和系统保护，对阿尼玛卿雪山、格拉丹东雪山群、玉珠峰冰川等进行常态化监测，对重要铁路、公路沿线进行冻土监测。 省人民政府应当将大型冰帽冰川、小规模冰川群等划入生态保护红线，对重要雪山冰川实施封禁保护，采取有效措施，严格控制人为扰动，及时划定雪山冰川封禁保护线，开展江河源头水源型冰川保护
16	青海省湿地保护条例	2013 年 5 月 30 日青海省第十二届人民代表大会常务委员会第四次会议通过，2018 年 9 月 18 日青海省第十三届人民代表大会常务委员会第六次会议修正	第三十一条　县级以上人民政府应当确保生态保护红线范围内湿地性质不改变、湿地面积不减少、生态功能不降低

2.5 技术规程

为推进划定并严守生态保护红线工作，生态环境部先后组织并制定颁布了生态保护红线系列技术规范，见表 2-5。

表 2–5　生态保护红线相关技术规范

序号	时间	规范名称	标准号	备注
1	2014.01	国家生态保护红线—生态功能红线划定技术指南（试行）（环发〔2014〕10 号）	—	已废止
2	2015.04	生态保护红线划定技术指南	—	已废止
3	2017.05	生态保护红线划定指南	—	—
4	2017.12	“生态保护红线、环境质量底线、资源利用上线和环境准入负面清单”编制技术指南（试行）	—	—
5	2020.11	生态保护红线监管技术规范　基础调查（试行）	HJ 1140—2020	—
6	2020.11	生态保护红线监管技术规范　生态状况监测（试行）	HJ 1141—2020	—
7	2020.11	生态保护红线监管技术规范　生态功能评价（试行）	HJ 1142—2020	—
8	2020.11	生态保护红线监管技术规范　保护成效评估（试行）	HJ 1143—2020	—
9	2020.11	生态保护红线监管技术规范　台账数据库建设（试行）	HJ 1144—2020	—
10	2020.11	生态保护红线监管技术规范　数据质量控制（试行）	HJ 1145—2020	—
11	2020.11	生态保护红线监管技术规范　平台建设（试行）	HJ 1146—2020	—
12	2023.04	生态保护红线监管数据互联互通接口技术规范	HJ 1294—2023	—

第3章

数据基础

3.1　术语和定义

本书中涉及的生态保护红线及相关术语较多，不同规划、不同时期、不同阶段的定义也不尽相同，见表 3-1。

表 3-1　生态保护红线相关术语和定义

术语名称	定　义	说　明
三线一单	生态保护红线、环境质量底线、资源利用上线和生态环境准入清单	《关于实施“三线一单”生态环境分区管控的指导意见（试行）》（环环评〔2021〕108 号）
三条控制线	生态保护红线、永久基本农田、城镇开发边界三条控制线	《关于在国土空间规划中统筹划定落实三条控制线的指导意见》（厅字〔2019〕48 号）
生态保护红线	是指对维护国家和区域生态安全及经济社会可持续发展，保障人民群众健康具有关键作用，在提升生态功能、改善环境质量、促进资源高效利用等方面必须严格保护的最小空间范围与最高或最低数量限值	《国家生态保护红线—生态功能红线划定技术指南（试行）》（环发〔2014〕10 号）
	是指依法在重点生态功能区、生态环境敏感区和脆弱区等区域划定的严格管控边界，是国家和区域生态安全的底线。生态保护红线所包围的区域为生态保护红线区，对于维护生态安全格局、保障生态系统功能、支撑经济社会可持续发展具有重要作用	《生态保护红线划定技术指南》（环发〔2015〕56 号）
	生态保护红线的实质是生态环境安全的底线。可划分为生态功能保障基线、环境质量安全底线、自然资源利用上线	《青海省国民经济和社会发展第十三个五年规划纲要》

术语名称	定　义	说　明
生态保护红线	是指在生态空间范围内具有特殊重要生态功能、必须强制性严格保护的区域，是保障和维护国家生态安全的底线和生命线，通常包括具有重要水源涵养、生物多样性维护、水土保持、防风固沙、海岸生态稳定等功能的生态功能重要区域，以及水土流失、土地沙化、石漠化、盐渍化等生态环境敏感脆弱区域。 生态保护红线原则上按禁止开发区域的要求进行管理	《中共中央办公厅　国务院办公厅印发〈关于划定并严守生态保护红线的若干意见〉的通知》（厅字〔2017〕2 号）
	是指在生态空间范围内具有特殊重要生态功能、必须强制性严格保护的区域	《中共中央办公厅　国务院办公厅关于在国土空间规划中统筹划定落实三条控制线的指导意见》（厅字〔2019〕48 号）
	在生态空间范围内具有特殊重要生态功能，必须强制性严格保护的陆域、水域、海域等区域	《省级国土空间规划编制指南》（自然资办发〔2020〕5 号）
环境质量底线	是指按照水、大气、土壤环境质量不断优化的原则，结合环境质量现状和相关规划、功能区划要求，考虑环境质量改善潜力，确定的分区域分阶段环境质量目标及相应的环境管控、污染物排放控制等要求	《规划环境影响评价技术导则总纲》（HJ 130—2019）、《“生态保护红线、环境质量底线、资源利用上线和环境准入负面清单”编制技术指南（试行）》（环办环评〔2017〕99 号）
资源利用上线	以保障生态安全和改善环境质量为目的，结合自然资源开发管控，提出的分区域分阶段的资源开发利用总量、强度、效率等管控要求	《规划环境影响评价技术导则总纲》（HJ 130—2019）
	是指按照自然资源资产“只能增值、不能贬值”的原则，以保障生态安全和改善环境质量为目的，利用自然资源资产负债表，结合自然资源开发管控，提出的分区域分阶段的资源开发利用总量、强度、效率等上线管控要求	《“生态保护红线、环境质量底线、资源利用上线和环境准入负面清单”编制技术指南（试行）》（环办环评〔2017〕99 号）

术语名称	定 义	说 明
环境管控单元	是指集成生态保护红线及生态空间、环境质量底线、资源利用上线的管控区域	《规划环境影响评价技术导则总纲》（HJ 130—2019）
	是指集成生态保护红线及生态空间、环境质量底线、资源利用上线的管控区域，衔接行政边界，划定的环境综合管理单元	《“生态保护红线、环境质量底线、资源利用上线和环境准入负面清单”编制技术指南（试行）》（环办环评〔2017〕99 号）
生态环境准入清单	是指基于环境管控单元，统筹考虑生态保护红线、环境质量底线、资源利用上线的管控要求，以清单形式提出的空间布局、污染物排放、环境风险防控、资源开发利用等方面生态环境准入要求	《规划环境影响评价技术导则总纲》（HJ 130—2019）
环境准入负面清单	是指基于环境管控单元，统筹考虑生态保护红线、环境质量底线、资源利用上线的管控要求，提出的空间布局、污染物排放、环境风险、资源开发利用等方面禁止和限制的环境准入要求	《“生态保护红线、环境质量底线、资源利用上线和环境准入负面清单”编制技术指南（试行）》（环办环评〔2017〕99 号）
永久基本农田	按照一定时期人口和经济社会发展对农产品的需求，依据国土空间规划确定的不得擅自占用或改变用途的耕地	《省级国土空间规划编制指南》（自然资办发〔2020〕5 号）
	是指为保障国家粮食安全和重要农产品供给，实施永久特殊保护的耕地	《中共中央办公厅 国务院办公厅关于在国土空间规划中统筹划定落实三条控制线的指导意见》（厅字〔2019〕48 号）
城镇开发边界	在一定时期内因城镇发展需要，可以集中进行城镇开发建设，重点完善城镇功能的区域边界，涉及城市、建制镇以及各类开发区等	《省级国土空间规划编制指南》（自然资办发〔2020〕5 号）
国土空间	是指国家主权与主权权利管辖下的地域空间，是国民生存的场所和环境，包括陆地、陆上水域、内水、领海、领空等	《全国主体功能区规划》（国发〔2010〕46 号）
	国家主权与主权权利管辖下的地域空间，包括陆地国土空间和海洋国土空间	《省级国土空间规划编制指南》（自然资办发〔2020〕5 号）

术语名称	定　义	说　明
城市空间	包括城市建设空间、工矿建设空间。城市建设空间包括城市和建制镇居民点空间。工矿建设空间是指城镇居民点以外的独立工矿空间	《全国主体功能区规划》(国发〔2010〕46 号)
城镇空间	以承载城镇经济、社会、政治、文化、生态等要素为主的功能空间	《省级国土空间规划编制指南》（自然资办发〔2020〕5 号）
农业空间	包括农业生产空间、农村生活空间。农业生产空间包括耕地、改良草地、人工草地、园地、其他农用地（包括农业设施和农村道路）空间。农村生活空间即农村居民点空间	《全国主体功能区规划》(国发〔2010〕46 号)
	以农业生产、农村生活为主的功能空间	《省级国土空间规划编制指南》（自然资办发〔2020〕5 号）
生态空间	包括绿色生态空间、其他生态空间。绿色生态空间包括天然草地、林地、湿地、水库水面、河流水面、湖泊水面。其他生态空间包括荒草地、沙地、盐碱地、高原荒漠等	《全国主体功能区规划》(国发〔2010〕46 号)
	是指具有自然属性、以提供生态服务或生态产品为主体功能的国土空间，包括森林、草原、湿地、河流、湖泊、滩涂、岸线、海洋、荒地、荒漠、戈壁、冰川、高山冻原、无居民海岛等	《中共中央办公厅　国务院办公厅印发〈关于划定并严守生态保护红线的若干意见〉的通知》(厅字〔2017〕2 号)
	以提供生态系统服务功能或生态产品为主的功能空间	《省级国土空间规划编制指南》（自然资办发〔2020〕5 号）
	是指具有自然属性、以提供生态服务或生态产品为主体功能的国土空间，包括森林、草原、湿地、河流、湖泊、滩涂、岸线、海洋、荒地、荒漠、戈壁、冰川、高山冻原、无居民海岛等区域，是保障区域生态系统稳定性、完整性，提供生态服务功能的主要区域	《规划环境影响评价技术导则总纲》(HJ 130—2019)、《“生态保护红线、环境质量底线、资源利用上线和环境准入负面清单”编制技术指南（试行）》（环办环评〔2017〕99 号）

术语名称	定　义	说　明
其他空间	是指除以上三类空间（城市空间、农业空间、生态空间）以外的其他国土空间，包括交通设施空间、水利设施空间、特殊用地空间。交通设施空间包括铁路、公路、民用机场、港口码头、管道运输等占用的空间。水利设施空间即水利工程建设占用的空间。特殊用地空间包括居民点以外的国防、宗教等占用的空间	《全国主体功能区规划》（国发〔2010〕46 号）
主体功能区	以资源环境承载力、经济社会发展水平、生态系统特征以及人类活动形式的空间分异为依据，划分出具有某种特定主体功能、实施差别化管控的地域空间单元	《省级国土空间规划编制指南》（自然资办发〔2020〕5 号）
优化开发区域	是指经济比较发达、人口比较密集、开发强度较高、资源环境问题更加突出，从而应该优化进行工业化城镇化开发的城市化地区	《全国主体功能区规划》（国发〔2010〕46 号）
重点开发区域	是指有一定经济基础、资源环境承载力较强、发展潜力较大、集聚人口和经济条件较好，从而应该重点进行工业化城镇化开发的城市化地区	《全国主体功能区规划》（国发〔2010〕46 号）
限制开发区域	限制开发区域分为两类：一类是农产品主产区，即耕地较多、农业发展条件较好，尽管也适宜工业化城镇化开发，但从保障国家农产品安全以及中华民族永续发展的需要出发，必须把增强农业综合生产能力作为发展的首要任务，从而应该限制进行大规模高强度工业化城镇化开发的地区；另一类是重点生态功能区，即生态系统脆弱或生态功能重要，资源环境承载力较低，不具备大规模高强度工业化城镇化开发的条件，必须把增强生态产品生产能力作为首要任务，从而应该限制进行大规模高强度工业化城镇化开发的地区	《全国主体功能区规划》（国发〔2010〕46 号）
禁止开发区域	是指依法设立的各级各类自然文化资源保护区域，以及其他禁止进行工业化城镇化开发、需要特殊保护的重点生态功能区	《全国主体功能区规划》（国发〔2010〕46 号）

术语名称	定 义	说 明
城市群	依托发达的交通通信等基础设施网络所形成的空间组织紧凑、经济联系紧密的城市群体	《省级国土空间规划编制指南》（自然资办发〔2020〕5号）
都市圈	以中心城市为核心，与周边城镇在日常通勤和功能组织上存在密切联系的一体化地区，一般为一小时通勤圈，是区域产业、生态和设施等空间布局一体化发展的重要空间单元	《省级国土空间规划编制指南》（自然资办发〔2020〕5号）
城镇圈	以多个重点城镇为核心，空间功能和经济活动紧密关联、分工合作可形成小城镇整体竞争力的区域，一般为半小时通勤圈，是空间组织和资源配置的基本单元，体现城乡融合和跨区域公共服务均等	《省级国土空间规划编制指南》（自然资办发〔2020〕5号）
重点生态功能区	是指生态系统十分重要，关系全国或较大范围区域的生态安全，目前生态系统有所退化，需要在国土空间开发中限制进行大规模高强度工业化城镇化开发，以保持并提高生态产品供给能力的区域。国家重点生态功能区分为水源涵养型、水土保持型、防风固沙型和生物多样性维护型4种类型	《全国主体功能区规划》（国发〔2010〕46号）
	是指生态系统服务功能重要、生态脆弱区域为主的区域	《省级国土空间规划编制指南》（自然资办发〔2020〕5号）
	是指生态系统脆弱或生态功能重要，需要在国土空间开发中限制进行大规模高强度工业化城镇化开发，以保持并提高生态产品供给能力的区域	《规划环境影响评价技术导则总纲》（HJ 130—2019）
水源涵养型重点生态功能区	主要指我国重要江河源头和重要水源补给区	《全国主体功能区规划》（国发〔2010〕46号）
水土保持型重点生态功能区	主要指土壤侵蚀性高、水土流失严重、需要保持水土功能的区域	《全国主体功能区规划》（国发〔2010〕46号）

术语名称	定　义	说　明
防风固沙型重点生态功能区	主要指沙漠化敏感性高、土地沙化严重、沙尘暴频发并影响较大范围的区域	《全国主体功能区规划》（国发〔2010〕46 号）
生物多样性维护型重点生态功能区	主要指濒危珍稀动植物分布较集中、具有典型代表性生态系统的区域	《全国主体功能区规划》（国发〔2010〕46 号）
水源涵养	是指生态系统（如森林、草地等）通过其特有的结构与水相互作用，对降水进行截留、渗透、蓄积，并通过蒸散发实现对水流、水循环的调控，主要表现在缓和地表径流、补充地下水、减缓河流流量的季节波动、滞洪补枯、保证水质等方面	环境保护部办公厅　国家发展和改革委员会办公厅《生态保护红线划定指南》（环办生态〔2017〕48 号）
水土保持	是指生态系统（如森林、草地等）通过其结构与过程减少由于水蚀所导致的土壤侵蚀的作用，是生态系统提供的重要调节服务之一	环境保护部办公厅　国家发展和改革委员会办公厅《生态保护红线划定指南》（环办生态〔2017〕48 号）
防风固沙	是指生态系统（如森林、草地等）通过其结构与过程减少由于风蚀所导致的土壤侵蚀的作用，是生态系统提供的重要调节服务之一	环境保护部办公厅　国家发展和改革委员会办公厅《生态保护红线划定指南》（环办生态〔2017〕48 号）
生物多样性维护	是指生态系统在维持基因、物种、生态系统多样性发挥的作用，是生态系统提供的最主要功能之一	环境保护部办公厅　国家发展和改革委员会办公厅《生态保护红线划定指南》（环办生态〔2017〕48 号）
生态环境敏感脆弱区	是指生态系统稳定性差，容易受到外界活动影响而产生生态退化且难以自我修复的区域。主要包括水土流失敏感性、土地沙化敏感性、石漠化敏感性、盐渍化敏感性	环境保护部办公厅　国家发展和改革委员会办公厅《生态保护红线划定指南》（环办生态〔2017〕48 号）
生态敏感区	是指那些对人类生产、生活活动具有特殊敏感性或具有潜在自然灾害影响，极易受到人为的不当开发活动影响而产生生态负面效应的地区。生态敏感区包括生物、栖息地、水资源、大气、土壤、地质、地貌以及环境污染等属于生态范畴的所有内容	《青海省国民经济和社会发展第十三个五年规划纲要》

术语名称	定 义	说 明
环境敏感区	是指依法设立的各级各类保护区域和对规划实施产生的环境影响特别敏感的区域，主要包括生态保护红线范围内或者其外的下列区域：a）自然保护区、风景名胜区、世界文化和自然遗产地、海洋特别保护区、饮用水水源保护区；b）永久基本农田、基本草原、森林公园、地质公园、重要湿地、天然林、野生动物重要栖息地、重点保护野生植物生长繁殖地、重要水生生物自然产卵场、索饵场、越冬场和洄游通道、天然渔场、水土流失重点预防区、沙化土地封禁保护区、封闭及半封闭海域；c）以居住、医疗卫生、文化教育、科研、行政办公等为主要功能的区域，以及文物保护单位	《规划环境影响评价技术导则总纲》（HJ 130—2019）
自然保护地	是指由各级政府依法划定或确认，对重要的自然生态系统、自然遗迹、自然景观及其所承载的自然资源、生态功能和文化价值实施长期保护的陆域或海域。 要将生态功能重要、生态环境敏感脆弱以及其他有必要严格保护的各类自然保护地纳入生态保护红线管控范围。 自然保护地按生态价值和保护强度高低依次分为 3 类，即国家公园、自然保护区、自然公园	《中共中央办公厅 国务院办公厅关于建立以国家公园为主体的自然保护地体系的指导意见》（中办发〔2019〕42 号）
国家公园	是指由国家批准设立并主导管理，边界清晰，以保护具有国家代表性的大面积自然生态系统为主要目的，实现自然资源科学保护和合理利用的特定陆地或海洋区域。 国家公园是我国自然保护地最重要类型之一，属于全国主体功能区规划中的禁止开发区域，纳入全国生态保护红线区域管控范围，实行最严格的保护。 国家公园建立后，在相关区域内一律不再保留或设立其他自然保护地类型	中共中央办公厅 国务院办公厅《建立国家公园体制总体方案》（中办发〔2017〕55 号）

术语名称	定　义	说　明
国家公园	是指以保护具有国家代表性的自然生态系统为主要目的，实现自然资源科学保护和合理利用的特定陆域或海域，是我国自然生态系统中最重要、自然景观最独特、自然遗产最精华、生物多样性最富集的部分，保护范围大，生态过程完整，具有全球价值、国家象征，国民认同度高	《中共中央办公厅　国务院办公厅关于建立以国家公园为主体的自然保护地体系的指导意见》（中办发〔2019〕42 号）
自然保护区	是指保护典型的自然生态系统、珍稀濒危野生动植物种的天然集中分布区、有特殊意义的自然遗迹的区域。具有较大面积，确保主要保护对象安全，维持和恢复珍稀濒危野生动植物种群数量及赖以生存的栖息环境	《中共中央办公厅　国务院办公厅关于建立以国家公园为主体的自然保护地体系的指导意见》（中办发〔2019〕42 号）
	是指对有代表性的自然生态系统、珍稀濒危野生动植物物种的天然集中分布区、有特殊意义的自然遗迹等保护对象所在的陆地、陆地水体或者海域，依法划出一定面积予以特殊保护和管理的区域	中华人民共和国自然保护区条例（2017 年 10 月 7 日国务院令第 687 号修订）
国家级自然保护区	是指经国务院批准设立，在国内外有典型意义、在科学上有重大国际影响或者有特殊科学研究价值的自然保护区	《全国主体功能区规划》（国发〔2010〕46 号）
自然公园	是指保护重要的自然生态系统、自然遗迹和自然景观，具有生态、观赏、文化和科学价值，可持续利用的区域。确保森林、海洋、湿地、水域、冰川、草原、生物等珍贵自然资源，以及所承载的景观、地质地貌和文化多样性得到有效保护。包括森林公园、地质公园、海洋公园、湿地公园等各类自然公园	《中共中央办公厅　国务院办公厅关于建立以国家公园为主体的自然保护地体系的指导意见》（中办发〔2019〕42 号）
风景名胜区	是指具有观赏、文化或者科学价值，自然景观、人文景观比较集中，环境优美，可供人们游览或者进行科学、文化活动的区域	《风景名胜区条例》（国务院令第 474 号）
国家级风景名胜区	是指经国务院批准设立，具有重要的观赏、文化或科学价值，景观独特，国内外著名，规模较大的风景名胜区	《全国主体功能区规划》（国发〔2010〕46 号）

术语名称	定　义	说　明
地质遗迹	是指在地球演化的漫长地质历史时期，由于各种内外动力地质作用，形成、发展并遗留下来的珍贵的、不可再生的地质自然遗产	《地质遗迹保护管理规定》（1995 年 5 月 4 日地质矿产部第 21 令发布）
国家地质公园	是指以具有国家级特殊地质科学意义、较高的美学观赏价值的地质遗迹为主体，并融合其他自然景观与人文景观而构成的一种独特的自然区域	《全国主体功能区规划》（国发〔2010〕46 号）
森林公园	是指森林景观优美，自然景观和人文景物集中，具有一定规模，可供人们游览、休息或进行科学、文化、教育活动的场所	《森林公园管理办法》（2016 年 9 月 22 日国家林业局令第 42 号修改）
国家湿地公园	是指以保护湿地生态系统、合理利用湿地资源、开展湿地宣传教育和科学研究为目的，经国家林业局批准设立，按照有关规定予以保护和管理的特定区域。国家湿地公园是自然保护体系的重要组成部分，属社会公益事业	《国家湿地公园管理办法》（林湿发〔2017〕150 号）
城市湿地公园	是在城市规划区范围内，以保护城市湿地资源为目的，兼具科普教育、科学研究、休闲游览等功能的公园绿地	城市湿地公园管理办法（建城〔2017〕222 号）
湿地	是指常年或者季节性积水地带、水域和低潮时水深不超过 6 m 的海域，包括沼泽湿地、湖泊湿地、河流湿地、滨海湿地等自然湿地，以及重点保护野生动物栖息地或者重点保护野生植物原生地等人工湿地。 湿地按照其生态区位、生态系统功能和生物多样性等重要程度，分为国家重要湿地、地方重要湿地和一般湿地	《湿地保护管理规定》（2017 年 12 月 5 日国家林业局令第 48 号修改）
	本法所称湿地，是指具有显著生态功能的自然或者人工的、常年或者季节性积水地带、水域，包括低潮时水深不超过 6 m 的海域，但是水田以及用于养殖的人工的水域和滩涂除外	《中华人民共和国湿地保护法》（2021 年 12 月 24 日第十三届全国人民代表大会常务委员会第三十二次会议通过）

术语名称	定 义	说 明
水产种质资源保护区	是指为保护水产种质资源及其生存环境，在具有较高经济价值和遗传育种价值的水产种质资源的主要生长繁育区域，依法划定并予以特殊保护和管理的水域、滩涂及其毗邻的岛礁、陆域	《水产种质资源保护区管理暂行办法》（2011 年 1 月 5 日农业部令 2011 年第 1 号公布，2016 年 5 月 30 日农业部令 2016 年第 3 号修订）
水利风景区	是指以水利设施、水域及其岸线为依托，具有一定规模和质量的水利风景资源与环境条件，通过生态、文化、服务和安全设施建设，开展科普、文化、教育等活动或者供人们休闲、游憩的区域	《水利风景区管理办法》（水综合〔2022〕138 号）
国家沙化土地封禁保护区	对于不具备治理条件的以及因保护生态的需要不宜开发利用的连片沙化土地，由国家林业局根据全国防沙治沙规划确定的范围，按照生态区位的重要程度、沙化危害状况和国家财力支持情况等分批划定为国家沙化土地封禁保护区	国家沙化土地封禁保护区管理办法（林沙发〔2015〕66 号）
沙漠公园	是以荒漠景观为主体，以保护荒漠生态系统和生态功能为核心，合理利用自然与人文景观资源，开展生态保护及植被恢复、科研监测、宣传教育、生态旅游等活动的特定区域	《国家沙漠公园管理办法》（林沙发〔2017〕104 号）
饮用水水源保护区	是指为了保护集中供水的地表、地下水源安全而划定的加以特殊保护、防止污染和破坏的水域及相关陆域。 饮用水水源是指用于城乡集中式供水的江河、湖泊、水库、地下水井等地表、地下水源。集中式供水是指以公共供水系统向城乡居民提供生活饮用水的供水方式	《青海省饮用水水源保护条例》（2018 年 3 月 30 日青海省第十三届人民代表大会常务委员会第二次会议修正）
可可西里自然遗产地	是指按照国家规定的自然遗产地划定标准和程序，在玉树藏族自治州治多县可可西里地区及索加乡、曲麻莱县曲麻河乡行政区划内划定并公布的区域	《青海省可可西里自然遗产地保护条例》（2022 年 1 月 13 日青海省第十三届人民代表大会常务委员会第二十九次会议第二次修正）

术语名称	定　义	说　明
三江源国家公园	由长江源（可可西里）、黄河源、澜沧江源 3 个园区构成，具体范围以国家批准公布的三江源国家公园总体规划为准	《三江源国家公园条例（试行）》（2024 年 5 月 24 日青海省第十四届人民代表大会常务委员会第八次会议第二次修正）
生态产品	是指维系生态安全、保障生态调节功能、提供良好人居环境的自然要素，包括清新的空气、清洁的水源和宜人的气候等。生态产品同农产品、工业品和服务产品一样，都是人类生存发展所必需的。生态功能区提供生态产品的主体功能主要体现在：吸收二氧化碳、制造氧气、涵养水源、保持水土、净化水质、防风固沙、调节气候、清洁空气、减少噪声、吸附粉尘、保护生物多样性、减轻自然灾害等。一些国家或地区对生态功能区的“生态补偿”，实质是政府代表人民购买这类地区提供的生态产品	《全国主体功能区规划》（国发〔2010〕46 号）
生态产品	是指维系生态安全、保障生态调节功能、提供良好人居环境的自然要素。包括清新的空气、清洁的水源和宜人的气候等	《青海省国民经济和社会发展第十三个五年规划纲要》
生态系统	是指在一定的空间和时间范围内，在各种生物之间以及生物群落与其无机环境之间，通过能量流动和物质循环而相互作用的一个统一整体	《全国主体功能区规划》（国发〔2010〕46 号）
生态安全	是指在国家或区域尺度上，生态系统结构合理、功能完善、格局稳定，并能够为人类生存和经济社会发展持续提供生态服务的状态，是国家安全的重要组成部分	环境保护部办公厅　国家发展和改革委员会办公厅《生态保护红线划定指南》（环办生态〔2017〕48 号）
生态安全格局	是指由事关国家和区域生态安全的关键性保护地构成的结构完整、功能完备、分布连续的生态空间布局	环境保护部办公厅　国家发展和改革委员会办公厅《生态保护红线划定指南》（环办生态〔2017〕48 号）

术语名称	定 义	说 明
生态功能区划	是指在生态调查的基础上，分析区域生态特征、生态系统服务功能与生态敏感性空间分异规律，确定不同地域单元的主导生态功能。制定生态功能区划，对贯彻落实科学发展观，牢固树立生态文明观念，维护区域生态安全，促进人与自然和谐发展具有重要意义	《青海省国民经济和社会发展第十三个五年规划纲要》
五大生态板块	即三江源、环青海湖地区、祁连山水源涵养区、柴达木水源涵养区、河湟地区五大生态板块	《青海省国民经济和社会发展第十三个五年规划纲要》
“一屏两带”生态安全格局	是指以三江源草原草甸湿地生态功能区为屏障、以青海湖草原湿地生态带、祁连山水源涵养生态带为骨架的“一屏两带”生态安全格局	《青海省国民经济和社会发展第十三个五年规划纲要》
“三区一带”农牧业发展战略	省委十二届十次全会《中共青海省委关于制定国民经济和社会发展第十三个五年规划的建议》提出，“积极构建‘三区一带’农牧业发展格局”，即打造东部特色种养高效示范区、环湖农牧交错循环发展先行区、青南生态有机畜牧业保护发展区和沿黄冷水养殖适度开发带，以此壮大高原特色生态农牧业	《青海省国民经济和社会发展第十三个五年规划纲要》
开发（优化开发、重点开发、限制开发、禁止开发）	《全国主体功能区规划》的优化开发、重点开发、限制开发、禁止开发中的“开发”，特指大规模高强度的工业化城镇化开发。限制开发，特指限制大规模高强度的工业化城镇化开发，并不是限制所有的开发活动。对农产品主产区，要限制大规模高强度的工业化城镇化开发，但仍要鼓励农业开发；对重点生态功能区，要限制大规模高强度的工业化城镇化开发，但仍允许一定程度的能源和矿产资源开发。将一些区域确定为限制开发区域，并不是限制发展，而是为了更好地保护这类区域的农业生产力和生态产品生产力，实现科学发展	《全国主体功能区规划》（国发〔2010〕46 号）
开发与发展	开发通常指以利用自然资源为目的的活动，也可以指发现或发掘人才、发明技术等活动。发展通常指经济社会进步的过程。开发与发展既有联系也有区别，资源开发、农业开发、技术开发、人力资源开发以及国土空间开发等会促进发展，但开发不完全等同于发展，对国土空间的过度、盲目、无序开发不会带来可持续的发展	《全国主体功能区规划》（国发〔2010〕46 号）

术语名称	定 义	说 明
生态廊道	是指从生物保护的角度出发，为可移动物种提供一个更大范围的活动领域，以促进生物个体间的交流、迁徙和加强资源保存与维护的物种迁移通道。生态廊道主要由植被、水体等生态要素构成	《全国主体功能区规划》(国发〔2010〕46 号)
生态孤岛	是指物种被隔绝在一定范围内，生态系统只能内部循环，与外界缺乏必要的交流与交换，物种向外迁移受到限制，处于孤立状态的区域	《全国主体功能区规划》(国发〔2010〕46 号)
退耕还林、退牧还草、退田还湖	一定意义上就是将以提供农产品为主体功能的地区，恢复为以提供生态产品为主体功能的地区，是对过去开发中主体功能错位的纠正	《全国主体功能区规划》(国发〔2010〕46 号)
城市化发展区	是指经济社会发展基础较好，集聚人口和产业能力较强的区域	《省级国土空间规划编制指南》（自然资办发〔2020〕5号）
农产品主产区	把农用地面积较多，农业发展条件较好，保障国家粮食和重要农产品供给的区域	《省级国土空间规划编制指南》（自然资办发〔2020〕5 号）
城市矿产	是指富含锂、钛、黄金、铟、银、锑、钴、钯等稀贵金属的废旧家电、电子垃圾等	《青海省国民经济和社会发展第十三个五年规划纲要》
中华水塔	是指位于青藏高原腹地的三江源地区（长江、黄河、澜沧江三大河流的发源区域），包括青海省玉树藏族自治州、果洛藏族自治州、海南藏族自治州、黄南藏族自治州全部行政区域的 21 个县以及格尔木市唐古拉山镇，面积为 39.5 万 km^2。“中华水塔”是青藏高原生态安全屏障的重要组成部分，具有世界高海拔地区独一无二的大面积湿地生态系统，是我国淡水资源的重要补给地、高原生物多样性的最集中地区	《青海省国民经济和社会发展第十四个五年规划和二〇三五年远景目标纲要》

3.2　基础数据

按照《中共中央办公厅　国务院办公厅关于划定并严守生态保护红线的若干意见》和《生态保护红线划定指南》的划定要求，对生态保护红线划定的具体工作内容和技术方法进行研究，分析直接需要的数据，并逐项拆解细化延伸分析间接需要的数据，最后进行归类形成数据清单，包括数据名称、数据用途、数据类型、数据属性、数据精度、时间尺度、空间尺度、数据时效性、数据来源渠道等。

基础数据主要有基础地理数据、生态评估基础数据、遥感影像数据、自然资源专题数据、社会经济发展规划文本数据、禁止开发区与自然保护地数据等。

3.2.1　基础地理数据集

基础地理数据主要有行政区划（省、市、县）、行政中心（省、市、县、乡）、水系（河流、湖泊、水库、流域）、道路（铁路、高速公路、国道、省道、县乡道）。

3.2.2　生态评估数据集

生态评估包括生态功能重要性评估和生态环境敏感性评估，数据主要有气象（风速、降水量、蒸散量、雪盖因子等）、土壤土质、数字高程模型（DEM）、净初级生产力、植被覆盖度、生态系统类型、土地利用类型、物种数量等。

3.2.3　遥感影像数据集

青海省优于 2 m 的高分率卫星影像（2013—2020 年），30 m 的中分辨率卫星影像（2005—2020 年）。

3.2.4　专项调查数据集

第二次全国土地利用现状调查、第三次全国国土调查、第一次全国地理国情普查、第二次湿地调查、土地利用规划、耕地、永久基本农田、生态环境变化遥感调查与评价等成果数据。

3.2.5 规划文本数据集

①社会经济发展规划。《中华人民共和国国民经济和社会发展第十四个五年规划和二〇三五年远景目标纲要》(第十三届全国人民代表大会第四次会议批准)、《中华人民共和国国民经济和社会发展第十三个五年规划纲要》(第十二届全国人民代表大会第四次会议批准)、《青海省国民经济和社会发展第十三个五年规划纲要》、《青海省国民经济和社会发展第十四个五年规划和二〇三五年远景目标纲要》(青海省第十三届人民代表大会第六次会议批准)。

②主体功能区规划。《全国主体功能区规划》(国发〔2010〕46 号)、《青海省主体功能区规划》(青政〔2014〕22 号)、《兰州—西宁城市群发展规划》(国函〔2018〕38 号)、《青海省“四区两带一线”发展规划纲要》。

③土地利用总体规划。《全国土地利用总体规划纲要(2006—2020 年)》《全国土地利用总体规划纲要(2006—2020 年)调整方案》(国土资发〔2016〕67 号)、《全国土地整治规划(2016—2020 年)》(国函〔2016〕209 号)、《全国国土规划纲要(2016—2030 年)》(国发〔2017〕3 号)、《青海省土地利用总体规划》(国函〔2010〕14 号)。

④城镇体系规划。《国家新型城镇化规划(2014—2020 年)》《青海省新型城镇化规划(2014—2020 年)》(青发〔2014〕9 号)、《青海省城镇体系规划(2015—2030 年)》。

⑤生态功能区划。《全国生态功能区划(修编版)》(环境保护部　中国科学院公告 2015 年第 61 号)、《全国生态脆弱区保护规划纲要》(环发〔2008〕92 号)、《中国生物多样性保护战略与行动计划(2011—2030 年)》(环发〔2010〕106 号)、《中国生物多样性保护优先区域范围》(公告 2015 年第 94 号)、《青海省生物多样性保护战略与行动计划(2016—2030 年)》(青环发〔2016〕346 号)、《全国水土保持规划(2015—2030 年)》(国函〔2015〕160 号)、《青海省水土保持规划(2016—2030 年)》《青海三江源国家生态保护综合试验区总体方案》(发改地区〔2012〕41 号)。

⑥环境保护规划。《国务院关于印发“十三五”生态环境保护规划》(国发〔2016〕65 号)、《水质较好湖泊生态环境保护总体规划(2013—2020 年)》(环

发〔2014〕138 号）、《长江经济带生态环境保护规划》（环规财〔2017〕88 号）、《全国生态保护“十三五”规划纲要》（环生态〔2016〕151 号）。

⑦专项规划。青海省“十三五”和“十四五”特色农牧业、水利、工业和信息化、综合交通运输体系、国土资源、环境保护、旅游业、能源以及自然资源和利用、生态文明等专项规划。

3.2.6　收集禁止开发区域相关数据

收集整理禁止开发区域名录和自然保护地名录。本书列出的自然保护地为 2018 年之前建立的国家公园、自然保护区、风景名胜区、世界自然遗产地、地质公园、森林公园、湿地公园、重要湿地、饮用水水源保护区、水产种质资源保护区、沙化土地封禁保护区、沙漠公园、水利风景区共 13 个类型。

在国家相关部委和省内各相关部门收集与门户网站下载公开发布的保护地名录和保护地管理办法。基础信息主要有保护地名称、批建时间、晋升时间、批建面积、保护级别、位置、类型、主要保护对象、范围和功能区划分等。基础资料包括批建文件、调整文件、晋升文件、总体规划、科学考察报告、保护地范围和功能区划图。矢量数据包括保护地范围和功能区划图矢量数据。

第4章

生态功能评估研究

4.1　生态功能重要性评估研究

按照生态保护红线划定范围的要求，关于优先将具有重要水源涵养、生物多样性维护、水土保持、防风固沙、海岸防护等功能的生态功能极重要区域，以及生态极敏感脆弱的水土流失、沙漠化、石漠化、海岸侵蚀等区域划入生态保护红线。

生态功能评估的目的是明确生态系统服务功能类型，识别生态功能重要区域和生态环境敏感脆弱区域的空间分布与重要性格局以及其对国家和区域生态安全的作用。《全国主体功能区规划》将国家重点生态功能区划分为水源涵养型、水土保持型、防风固沙型和生物多样性维护型 4 种。《全国生态功能区划》将全国生态系统服务功能分为生态调节功能、产品提供功能和人居保障功能 3 种，其中，生态调节功能主要包括水源涵养、生物多样性保护、水土保持、防风固沙、洪水调蓄等维持生态平衡、保障国家和区域生态安全等方面的功能。按照主体功能区规划和生态功能区划确定的主导生态功能类型，重点开展水源涵养、生物多样性维护、水土保持、防风固沙 4 种类型生态功能评估。

《生态保护红线划定指南》提供了模型法和定量指标法来评估生态系统服务功能。定量指标法即 NPP 法，方法相对简单，评价因子较少、相关数据易获取，评价结果为定性分析；模型法评价因子多、相关数据不易获取，但是评价结果为定量分析，可适用于极小区域评价。基于两种方法，综合评价了青海省生态服务功能，定量指标法的评价结果与现状差异较大，并不一致。

模型法评价从生态功能重要性和生态环境敏感性方面，研究青海省生态功能极重要区和生态环境极敏感区的空间分布格局。

4.1.1　水源涵养功能重要性评估

水源涵养重要区是指我国河流与湖泊的主要水源补给区和源头区。水源涵养是生态系统（如森林、草地等）通过其特有的结构与水的相互作用，对降水进行截留、渗透、蓄积，并通过蒸散发实现对水流、水循环的调控，主要表现在缓和地表径流、补充地下水、减缓河流流量的季节波动、滞洪补枯、保证水质等方面，从而为区域本身及下游其他区域的经济社会发展提供服务。水源涵养包含大气、水分、植被和土壤等自然过程，其变化将直接影响区域内气候和水文、植被和土壤等状况，是区域生态系统状况的重要指示器。水源涵养能力与降雨、地表径流、生态系统类型的组成、地表植被、土层厚度及物理性质等因素相关。

目前，水源涵养评估方法较多，包括水量平衡法、定量指标法、水能力法、降水储存量法、综合蓄水能力法、多因子回归法、林冠截留剩余量法以及森林水文模型法等。本书主要以水量平衡法为研究，从生态系统的水分输入和输出的角度估算生态系统水源涵养量，以生态系统水量的输入和输出为着眼点，利用水量平衡方程来计算水源涵养量，降水量与蒸散发以及其他水分消耗的差即为水源涵养量。

4.1.1.1 水量平衡方程

水量平衡方程计算公式如下：

$$\mathrm{TQ}=\sum_{i=1}^{j}\left(P_i-R_i-\mathrm{ET}_i\right)\times A_i\times 10^3$$

式中，TQ —— 总水源涵养量（m^3）；

P_i —— 降水量（mm）；

R_i —— 地表径流量（mm）；

ET_i —— 蒸散发（mm）；

A_i —— i 类生态系统面积（km^2）；

i —— 研究区第 i 类生态系统类型；

j —— 研究区生态系统类型数。

4.1.1.2 数据来源与预处理

如上所述，水源涵养功能重要性评估数据采用的气象、生态系统类型数据信息见表 4-1。

表 4-1 水源涵养功能重要性评估数据

数据类型	年份	空间分辨率	数据格式	数据来源
平均降水量	1961—2000	1 km	栅格	国家生态系统观测研究平台 http：//www.cnern.org.cn

数据类型	年份	空间分辨率	数据格式	数据来源
平均蒸散发	1971—2000	1 km	栅格	国家生态系统观测研究平台 http：//www.cnern.org.cn
生态系统类型与面积	2010	30 m	矢量	青海省生态环境十年变化（2000—2010 年）遥感调查与评价成果

（1）降水量（P_i）

根据国家生态系统观测研究网络科技资源服务系统网站的数据，数据空间分辨率为 1 km，通过地理信息系统软件重采样为 250 m 空间分辨率，得到降水量因子栅格数据。

（2）地表径流量（R_i）

地表径流量由降水量乘以地表径流系数获得，计算公式如下：

$$R_i = P_i \times \alpha$$

式中，R_i —— 地表径流量（mm）；

P_i —— 降水量（mm），取近 40 年降水量计算；

α —— 不同生态系统类型平均地表径流系数。

《生态保护红线划定指南》列出了森林、灌丛、草地和湿地生态系统类型中的平均径流系数，耕地（旱地）、裸土、裸岩、冰川/永久积雪、城镇居民用地、工矿企业用地、交通用地等平均径流系数参考了国内相关文献资料的地表径流系数的研究成果，形成了生态系统平均地表径流系数表，见表 4-2。

在地理信息系统软件中，通过栅格计算器得到地表径流因子栅格数据。

（3）蒸散发（ET_i）

蒸散发是自然水循环的关键环节。根据国家生态系统观测研究网络科技资源服务系统网站提供的产品数据获取，原始数据空间分辨率为 1 km，在地理信息系统软件通过采样，为 250 m 空间分辨率，得到蒸散发因子栅格数据。

（4）i 类生态系统面积（A_i）

根据青海省生态环境十年变化（2000—2010 年）遥感调查与评价成果中的生态系统类型数据获取。空间分辨率 30 m 矢量数据在地理信息系统软件通过数据格式转换，转为 250 m 空间分辨率的栅格数据。

表 4-2 生态系统平均地表径流系数

生态系统类型 1	生态系统类型 2	平均地表径流系数	取值依据	生态系统类型 1	生态系统类型 2	平均地表径流系数	取值依据
森林	常绿针叶林	0.030 2	《生态保护红线划定指南》	耕地	旱地	0.680 0	参考李广，黄高宝（2009）《雨强和土地利用对黄土丘陵区径流系数及蓄积系数的影响》耕地径流系数取值[1]
	针阔混交林	0.022 9		城镇用地	交通用地	0.900 0	参考《建筑给水排水设计规范》（GB 50015—2009）中 4.9.6 规定的混凝土和沥青路面取值
	落叶阔叶林	0.033 0			居住地	0.600 0	参考《室外排水设计规范》（GB 50014—2006）中 3.2.2 规定的城市建筑较密集区 0.45～0.60 中上限 0.60 取值
	稀疏林	0.192 0			工业用地	0.450 0	参考《室外排水设计规范》（GB 50014—2006）中 3.2.2 规定的城市建筑稀疏区 0.20～0.45 中上限 0.45 取值
灌丛	落叶阔叶灌丛	0.041 7			采矿场	0.450 0	
	稀疏灌丛	0.192 0		未利用地	冰川/永久积雪	0.850 0	参考刘铸，李忠勤（2016）《近期冰川表面径流系数变化的影响因素——以天山乌鲁木齐河 1 号冰川为例》[2]冰川区冰面径流系数取值
草地	草甸	0.082 0			裸岩	0.700 0	文献同上，山岩径流系数取值
	草原	0.047 8			荒漠	0.120 0	参考李忠媛（2016）《基于径流系数的径流模型研究——以岳家沟流域为例》[3]未利用土地径流系数取值
	草丛	0.093 7			戈壁	0.120 0	
	稀疏草地	0.182 7			沙漠	0.120 0	
湿地	各类湿地和河湖水库渠	0			盐碱地	0.120 0	

① 李广，黄高宝. 雨强和土地利用对黄土丘陵区径流系数及蓄积系数的影响[J]. 生态学杂志，2009，28(10)：2014-2019.

② 刘铸，李忠勤. 近期冰川表面径流系数变化的影响因素——以天山乌鲁木齐河源 1 号冰川为例[J]. 地球科学进展，2016，31（1）：103-112.

③ 李忠媛. 基于径流系数的径流模型研究——以岳家沟流域为例[J]. 黑龙江水利科技，2016，44（9）.

4.1.1.3 模型运算

将各因子统一成 250 m 空间分辨率的栅格数据，在地理信息系统软件栅格计算器（Spatial Analyst→Raster Calculator）中，按照水量平衡方程公式计算得到生态系统水源涵养量栅格数据。

将青海省水源涵养量栅格数据，在地理信息系统软件中，运用栅格计算器，输入公式“Int(［水源涵养量栅格数据］/［水源涵养量栅格数据的最大值］×100)”，得到归一化后的生态系统服务值，导出栅格数据属性表，属性表记录了每一个栅格单元的生态系统服务值，将服务值按从高到低的顺序排列，计算累加服务值。将累加服务值占生态系统服务总值比例的 30%与 50%所对应的栅格值作为水源涵养服务功能评估分级的分界点，利用地理信息系统软件的重分类工具，将水源涵养功能重要性划分出 3 个等级，即极重要、重要和一般重要。

4.1.1.4 评估结果

经评估，水源涵养功能极重要区域主要位于三江源、祁连山地区的主要江河干支流源头区和补给区，涵盖了长江源区、黄河源区、澜沧江源区、黑河源区、疏勒河源区、石羊河源区。具体包括：①长江水系主要干支流的源头区，主要有长江正源沱沱河、北源楚玛尔河、南源当曲，以及雅砻江、波陇曲、协日贡尼曲、吾果曲、莫曲、牙曲、北麓河、科欠曲（口前曲）、色吾曲、德曲、细曲、巴塘河、盖哈沟、雅砻江等源头区。②黄河水系主要干支流的源头区，包括黄河正源约古宗列、北源扎曲、南源卡日曲，以及阿娜鄂里曲、多曲、勒那曲、热曲、东曲、白马曲、夏曲、吉迈河、章安河、久曲、哈曲、沙曲、夏营河、泽曲、切木曲、中铁沟、曲什安河、西河、隆务河、洮河等源头区。③澜沧江水系主要有内扎阿曲、阿涌 2 个一级支流的源头区。④黑河水系主要有黑河发源地，以及一级支流八宝河、托勒河源头区。⑤疏勒河水系主要有疏勒河发源地，以及一级支流党河源区。⑥石羊河的一级支流西营河。⑦青海湖、扎陵湖、鄂陵湖、哈拉湖，以及可可西里湖泊群。⑧长江源区、黄河源区、澜沧江源区、祁连山地区的冰川与永久积雪。⑨集中连片的森林灌丛、沼泽湿地区域。

4.1.2 生物多样性维护功能重要性评估

生物多样性重要区是指国家重点保护动植物的集中分布区，以及典型生态系统分布区。生物多样性维护功能是生态系统在维持基因、物种和生态系统多样性发挥的促进作用，是生态系统提供的主要功能之一。

生物多样性维护功能与珍稀濒危和特有动植物的分布程度密切相关，主要以国家一级、二级重点保护物种和其他具有重要保护价值的物种（含旗舰物种）作为生物多样性保护功能的评估指标。采用该评估指标，需要全面系统掌握青海省动植物多样性信息，特别是物种适宜性和特异性的生境因子信息。通过分析每个重点物种分布点的环境信息和背景信息，应用物种分布模型量化物种对环境的依赖关系，预测某物种分布的概率，结合重点物种的实际分布范围划定确保物种长期存活的关键区域，并划入生态保护红线。重点保护物种资源和对栖息地生境调查是一个长期积累的过程，目前，仅对社会关注度较高的物种资源和栖息地做了少量且详细的调查。

定量指标法是基于生境多样性的方法，强调绿色植被、气温、降水、海拔等因素在生物多样性维护中的作用，参数少、简便易行，可定量揭示生态系统生物多样性维护能力的基本空间格局，适用于物种资料不明确或不充分时，对大尺度区域的快速评估。生物多样性综合评价法是从科学性、代表性和实用性的原则，从物种丰富度、生态系统类型多样性、植被垂直层谱的完整性、物种特有性、外来物种入侵度 5 个指标构建生物多样性综合评价指标。采用生物多样性历史调查成果数据（物种总数、特有物种总数、濒危物种总数、生态系统类型、植被垂直层谱），结合 2010 年青海省土地利用/覆被数据（LUCC，主要用于反映不同土地覆被类型对动物生境的适宜程度，按照受人类干扰的程度逆向赋值），构建物种总数（Q_s）、特有物种总数（Q_{ss}）、濒危物种总数（Q_{es}）、生态系统类型（Q_{eco}）、植被垂直层谱（Q_{vv}）和土地利用（T_{LUCC}）6 个因子，并分别以不同的权重，以县域为单元，构建生物多样性综合评价指标 BD 作为生物多样性维护功能评估方法。

4.1.2.1 生物多样性综合评价方程

生物多样性综合评价方程计算公式如下：

$$\mathrm{BD}=\sum_{i=1}^{j}\mathrm{BI}_i \times W_i$$

式中，BI_i —— 生物多样性参数；i=1～6，依次代表物种总数（Q_s）、特有物种总数（Q_{ss}）、濒危物种总数（Q_{es}）、生态系统类型（Q_{eco}）、植被垂直层谱（Q_{vv}）和土地利用（T_{LUCC}）；

W_i —— 6 个因子的权重，依次取值为 0.1、0.5、0.1、0.1、0.1、0.1。

4.1.2.2 数源来源与预处理

根据生物多样性数据，在表格中，以县域为单元，分别列出物种总数、特有物种总数和濒危物种总数，将这些数值根据相同的县域名称与地理信息系统软件中的县域名称（面图层）数据相连接（Join），在 Spatial Analyst 工具中选择 Interpolate to Raster 选项，计算得到物种总数、特有物种总数和濒危物种总数的因子栅格数据。生物多样性维护功能重要性评估数据见表 4-3。

表 4-3　生物多样性维护功能重要性评估数据

数据内容	年份	空间分辨率	数据格式	数据来源
物种总数	2008	县域	表格	青海省生物多样性调查与评价成果
特有物种总数	2008	县域	表格	青海省生物多样性调查与评价成果
濒危物种总数	2008	县域	表格	青海省生物多样性调查与评价成果
植被垂直层谱	2008	县域	表格	青海省生物多样性调查与评价成果
生态系统类型	2010	30 m	矢量	青海省生态环境十年变化（2000—2010 年）遥感调查与评价成果
土地利用类型	2010	1 km	栅格	国家生态系统观测研究平台 http：//www.cnern.org.cn

生态系统类型、植被垂直层谱和土地利用类型为矢量数据，空间分辨率为 30 m，通过地理信息系统软件转为 250 m 空间分辨率的栅格数据。

4.1.2.3 模型运算

将各因子统一成 250 m 空间分辨率的栅格数据，在地理信息系统软件栅格计算器（Spatial Analyst→Raster Calculator）中，根据公式计算得到生态系统生物多样性空间分布图。

青海省生物多样性综合评价结果栅格数据在地理信息系统软件中运用栅格计算器，输入公式“Int（［生物多样性栅格数据］/［生物多样性栅格数据的最大值］×100）”，得到归一化后的生态系统服务值栅格数据。导出栅格数据属性表，属性表记录了每一个栅格像元的生态系统服务值，将服务值按从高到低的顺序排列，计算累加服务值。将累加服务值占生态系统服务总值比例的 30%与 50%所对应的栅格值作为生物多样性维护功能评估分级的分界点，利用地理信息系统软件的重分类工具，将生物多样性维护功能重要性划分出 3 个等级，即极重要、重要和一般重要。

4.1.2.4 评估结果

经评估，青海省生物多样性极重要区主要分布在可可西里自然保护区和三江源自然保护区的索加—曲麻河、昂赛、果宗木查、星星海、中铁—军工、白扎、麦秀等保护分区以及位于大渡河源区的玛可河、多可河保护分区，祁连山地区的油葫芦、黑河源、三河源、黄藏寺等保护分区，涵盖藏羚、藏野驴、白唇鹿、金钱豹、雪豹、雉鹑、金雕、棕熊、猕猴、小熊猫、川陕哲罗鲑、青海湖裸鲤、梭梭、胡杨等国家重点、省级重点保护物种，青海特有物种的主要栖息地和繁衍区域也是青海省生物多样性保护的核心关键区域。

4.1.3 土壤保持功能重要性评估

我国首先提出了土壤保持的概念，原是指对自然因素和人为活动造成的水土流失所采取的预防和治理措施，现已被国际社会普遍采用，并逐渐代替了原先的土壤保持概念。

土壤保持是生态系统（如森林、草地等）通过其结构与过程减少由于水蚀所导致的土壤侵蚀的作用，是生态系统提供的重要调节服务之一。土壤保持功能主要与气候、土壤、地形和植被有关。在生态系统中，植被、降水、土壤、地形等是影响土壤保持功能的重要因素，植被是土壤的保护层，一方面，可以截流、阻挡降水，削弱降水动能，减轻对土壤的冲击；另一方面，其根系可以对土壤起到很好的稳固作用。降水等气候条件也是生态系统土壤保持服务实现的重要因素，如果没有降水，生态系统的土壤保持功能就只能是潜在的，因此，植被状况和气候条件对生态系统土壤保持功能的发挥作用较大。生态系统保持土壤的生态学机制可以从植被层、凋落层、土壤层 3 个方面进行概括，一是植被层截流、阻滞重新分配降水，降低降水的能量和侵蚀能力，减缓降水对土壤的冲刷；二是凋落物层吸收降水、减少地表径流，缓冲降水能量，保护土壤不受降水的直接侵蚀；三是土壤层动物活动增加土壤空隙度，提高土壤的渗透性和蓄水能力，抑制地表径流形成，植被根系缠绕、固持土壤，提高土壤抗蚀性，从而减少土壤侵蚀。

生态系统通过其结构和过程，改变侵蚀能力和土壤抵抗力，减少或避免土壤侵蚀发生，从而实现土壤资源的保护和土壤侵蚀的控制。因土壤保持无法直接量化，一般以生态系统减少的土壤侵蚀量（潜在土壤侵蚀与实际土壤侵蚀的差值）来表征生态系统土壤保持量。土壤保持=潜在侵蚀−实际侵蚀。潜在土壤侵蚀是气候、土壤、地形等自然因素决定的土壤侵蚀量，即假定没有植被保护情况下的土壤侵蚀状况；实际土壤侵蚀则为气候、土壤、地形、植被等因素共同决定的土壤侵蚀量，即现有植被覆盖状态下的土壤侵蚀状况。

土壤保持功能的评估方法采用较为常用的修正通用水土流失方程（RUSLE）的土壤保持服务模型。以土壤保持量，即潜在土壤侵蚀量与实际土壤侵蚀量的差值，作为生态系统土壤保持功能的评价指标，反映土壤保持功能状况。

4.1.3.1　土壤侵蚀方程

土壤侵蚀方程计算公式如下：

$$A_c = A_p - A_r = R \times K \times L \times S(1-C)$$

式中，A_c —— 土壤保持量（$\mathrm{t \cdot km^{-2} \cdot a}$）；

A_p —— 潜在土壤侵蚀量（$\mathrm{t \cdot km^{-2} \cdot a}$）；

A_r —— 实际土壤侵蚀量（$\mathrm{t \cdot km^{-2} \cdot a}$）；

R —— 降雨侵蚀力因子（$\mathrm{MJ \cdot mm \cdot km^{-2} \cdot h^{-1} \cdot a^{-1}}$）；

K —— 土壤可蚀性因子（$\mathrm{t \cdot h \cdot MJ^{-1} \cdot mm^{-1}}$）；

L —— 坡长因子（无量纲）；

S —— 坡度因子（无量纲）；

C —— 植被覆盖因子（无量纲）。

4.1.3.2 数据来源与预处理

土壤保持功能重要性评估数据见表 4-4。

表 4-4 土壤保持功能重要性评估数据

数据内容	时间	空间分辨率	数据格式	数据来源
多年平均降水量	1961—2010	1 km	栅格	国家生态系统观测研究平台
多年平均蒸散量	1971—2010	1 km	栅格	国家生态系统观测研究网络科技资源服务系统
日降水量	1960—2015	—	—	青海省气候中心
土壤质地	1980s	1∶100 万	栅格	中国科学院资源环境科学数据中心 http：//www.resdc.cn
土壤质地（黏粒）	1980s	1∶100 万	栅格	中国科学院资源环境科学数据中心 http：//www.resdc.cn
土壤质地（粉粒）	1980s	1∶100 万	栅格	中国科学院资源环境科学数据中心 http：//www.resdc.cn
土壤质地（砂粒）	1980s	1∶100 万	栅格	中国科学院资源环境科学数据中心 http：//www.resdc.cn
土壤有机质	1990	1 km	栅格	中国科学院南京土壤所土壤科学数据库
数字高程	—	90 m	栅格	地理空间数据云
植被覆盖度	2010	250 m	栅格	青海省生态环境十年变化（2000—2010 年） 遥感调查与评价成果
生态系统类型	2010	30 m	矢量	青海省生态环境十年变化（2000—2010 年） 遥感调查与评价成果

（1）降雨侵蚀力因子（R）

降雨侵蚀力是指由降雨引起土壤侵蚀的潜在能力，反映了降雨引起的径流对土壤的侵蚀作用和降雨的雨滴对土壤的击溅作用，是土壤侵蚀方程中的关键因子。降雨引发土壤侵蚀的潜在能力，通过多年平均年降雨侵蚀量的因子反映。计算公式如下：

$$R=\sum_{k=1}^{24}\overline{R}_{半月k}$$

$$\overline{R}_{半月k}=\frac{1}{n}\sum_{i=1}^{n}\sum_{j=0}^{m}\left(\alpha\cdot P_{i,j,k}^{1.7265}\right)$$

式中，R——多年平均年降雨侵蚀力（$\mathrm{MJ\cdot mm\cdot hm^{-2}\cdot h^{-1}\cdot a^{-1}}$）；

$\overline{R}_{半月k}$——第 k 个半月的降雨侵蚀力（$\mathrm{MJ\cdot mm\cdot hm^{-2}\cdot h^{-1}\cdot a^{-1}}$）；

k——一年的 24 个半月，k=1，2，…，24；

i——所用降雨资料的年份，i=1，2，…，n；

j——第 i 年第 k 个半月侵蚀性降雨日的天数，j=1，2，…，m；

$P_{i,j,k}$——第 i 年第 k 个半月第 j 个侵蚀性日降水量（mm），根据研究区内气象站点多年的逐日降水量资料，通过空间插值获得；

α——参数，暖季时 α=0.393 7，冷季时 α=0.310 1。

其中，侵蚀性日降水量参考文献取≥12 mm，4 月至 10 月划分为暖季、11 月至次年 3 月划分为冷季。

在地理信息系统软件计算得到降雨侵蚀力因子栅格数据、多年年平均降水量栅格数据。

（2）土壤可蚀性因子（K）

土壤可蚀性是指土壤颗粒被水力分离和搬运的难易程度，与土壤质地、有机质含量、土体结构、渗透性等土壤理化性质有关，是表征土壤对降雨渗透能力及其对降雨和径流剥蚀、搬运敏感程度的一个综合指标。计算公式如下：

$$K=\left(-0.013\ 83+0.515\ 75K_{\mathrm{EPIC}}\right)\times 0.131\ 7$$

$$K_{\mathrm{EPIC}}=\left\{0.2+0.3\exp\left[-0.025\ 6m_{\mathrm{s}}\left(1-m_{\mathrm{silt}}/100\right)\right]\right\}\times\left[m_{\mathrm{silt}}/\left(m_{\mathrm{c}}+m_{\mathrm{silt}}\right)\right]^{0.3}\times$$
$$\left\{1-0.25\mathrm{org}C/\left[+\exp\left(3.72-2.95\mathrm{org}C\right)\right]\right\}\times$$
$$\left\{1-0.71\left(1-m_{\mathrm{s}}/100\right)/\left\{\left(1-m_{\mathrm{s}}/100\right)+\exp\left[-5.51+22.9\left(1-m_{\mathrm{s}}/100\right)\right]\right\}\right\}$$

式中，K —— 修正后的土壤可蚀性因子；

K_{EPIC} —— 修正前的土壤可蚀性因子；

m_{c}、m_{silt}、m_{s}和 org$C$ —— 分别为黏粒（<0.002 mm）、粉粒（0.002～0.05 mm）、砂粒（0.05～2 mm）和有机碳的百分比含量（%），数据来源于中国 1：100 万土壤数据库。

土壤质地（黏粒、粉粒、砂粒）、土壤有机质获取的数据类型为栅格数据。土壤有机碳按照我国目前沿用的土壤有机质和有机碳的转换系数，即“van bemmelen 因数，土壤有机质（g/kg）=土壤有机碳（g/kg×1.724）”获得，其中土壤有机质的图层来自 FAO 中国土壤数据库的有机质含量属性（按土壤类型的平均有机质含量生成）。利用上述栅格数据计算获得土壤有机碳 org$C$、修正前的土壤可蚀性因子 K_{EPIC}、修正后的土壤可蚀性因子 K 空间栅格数据。

（3）地形因子（L、S）

L 表示坡长因子，S 表示坡度因子，反映的是地形起伏度对土壤侵蚀的影响，一般情况下，坡长越长、坡度越大，土壤侵蚀量也越大。在本书中，采用地形起伏度作为研究，即地面一定距离范围内最大高差，作为区域土壤侵蚀评估的地形指标。选择高程数据集，利用空间分析的邻域统计功能，得到高程数据集的最大值和最小值，然后利用栅格计算器计算最大值和最小值的差值，获取地形起伏度，即地形因子栅格数据。在 Spatial Analyst 下使用 Neighborhood Statistics，设置 Statistic Type 为最大值和最小值，即得到高程数据集的最大值和最小值，然后在 Spatial Analyst 下使用栅格计算器 Raster Calculator，公式为［最大值-最小值］，获取地形起伏度，即地形因子栅格数据。其中，邻域的分析窗口大小按照文献“中国地形起伏度的提取及在水土流失定量评价中的应用”中推荐的最佳分析窗口大小（5 km×5 km）提取，在本书中分别按 20 个栅格（250 m 分辨率）提取 DEM 的最大值和最小值，然后计算二者的差值得到地形起伏度栅格数据，通过归一化得到地形因子栅格数据。

（4）植被覆盖因子（C）（土壤保持功能参数）

植被覆盖因子也称地表覆盖因子，是根据地面植被覆盖状况不同来反映植被对土壤侵蚀的影响，与生态系统类型、土地类型、植被覆盖度关系密切。植被覆盖度是影响土壤侵蚀的最重要因素。

水田、湿地、城镇和荒漠的植被覆盖因子基于 N-SPECT 模型参数分别赋值为 0、0、0.01 和 0.7，旱地按植被覆盖度换算，计算公式如下：

$$C_{旱} = 0.221 - 0.595\log C_1$$

式中，$C_{旱}$ —— 旱地的植被覆盖因子；

C_1 —— 小数形式的植被覆盖度。

其余生态系统类型按不同植被覆盖度进行赋值，见表 4-5。

表 4-5　生态系统类型植被覆盖因子赋值

生态系统类型	植被覆盖度					
	<10	10～30	30～50	50～70	70～90	>90
森林	0.1	0.08	0.06	0.02	0.004	0.001
灌丛	0.4	0.22	0.14	0.085	0.04	0.011
草地	0.45	0.24	0.15	0.09	0.043	0.011
乔木园地	0.42	0.23	0.14	0.089	0.042	0.011
灌木园地	0.4	0.22	0.14	0.087	0.042	0.011

生态系统类型（2010 年）空间分布和计算获得的植被覆盖因子栅格数据。

4.1.3.3　模型运算

将各因子统一成 250 m 空间分辨率的栅格数据，在地理信息系统软件栅格计算器（Spatial Analyst→Raster Calculator）中，根据公式计算得到生态系统土壤保持量。将得到的土壤保持量栅格数据在地理信息系统软件中运用栅格计算器，输入公式“Int（[土壤保持量栅格数据] / [土壤保持量栅格数据最大值] ×100）”，得到归一化后的生态系统服务值栅格数据。导出栅格数据属性表，属性表记录了每一个栅格像元的生态系统服务值，将服务值按从高到低的顺序排列，计算累加服务值。将累加服务值占生态系统服务总值比例的30%与50%所对应的栅格值，作为土壤保持服务功能评估分级的分界点，利用地理信息系统软件的重分类工具，将土壤保持服务功能重要性划分出3个等级，即极重要、重要和一般重要。

4.1.3.4 评估结果

青海省土壤保持功能极重要区主要位于昆仑山、巴颜喀拉山、阿尼玛卿山和祁连山等。

4.1.4 防风固沙功能重要性评估

防风固沙是生态系统（如森林、草地等）通过其结构与过程减少由于风蚀所导致的土壤侵蚀的作用，是生态系统提供的重要调节服务之一。防风固沙功能主要与风速、降雨、温度、土壤、地形和植被等因素密切相关。植被作为重要的自然资源，在生态系统中具有明显的防风固沙功能，可以通过根系固定表层土壤，改善土壤结构，减少土壤裸露的面积，提高土壤抗风蚀的能力；同时，还可以通过阻截等方式降低风速，从而削弱大风携带沙子的能力，减少风沙危害。有研究表明植被覆盖度与土壤风蚀量为负相关关系，植被覆盖程度越差，表层土壤为强风提供沙尘的可能性和危险性就越大；大风持续时间越长，对土壤造成的侵蚀越强，对沙尘的搬运距离也越远。

风蚀模型是防风固沙功能分析的常用技术手段，最早的风蚀模型为输沙率方程，随着地理信息系统、遥感、模型模拟等技术的发展与综合应用，基于统计和经验的风蚀模型研究也随之发展，相继提出了通用风蚀方程模型（WEQ）、基于风速廓线发育的德克萨斯侵蚀分析模型（TEAM）、涉及人类活动因素的 Bocharov 模型、修正风蚀方程模型（RWEQ）以及以过程为基础的风蚀预报系统（WEPS）等主要风蚀模型。

用修正风蚀方程模型来计算防风固沙量，即潜在风力侵蚀量与实际风力侵蚀量的差值，其中，潜在风力侵蚀量（$S_{L潜}$）表示在无植被或作物残茬覆盖（为风力侵蚀的阻力因子）的情况下，因风力侵蚀造成的理论土壤损失量，用无植被或作物（包括残茬）覆盖的前提下或单位面积上（通常用典型田块表示）的土壤理论

最大转移量 $Q_{\text{MAX潜}}$（kg/m）表示。

4.1.4.1　修正风蚀方程模型

修正风蚀方程模型计算公式如下：

$$SR=S_{L潜}-S_L$$

$$S_L=\frac{2\cdot z}{S^2}Q_{\text{MAX}}\cdot \mathrm{e}^{-\left(z/s\right)^2}$$

$$S=150.71\cdot\left(WF\times EF\times SCF\times K'\times C\right)^{-0.3711}$$

$$Q_{\text{MAX}}=109.8\left[\left(WF\times EF\times SCF\times K'\times C\right)\right]$$

$$S_{L潜}=\frac{2\cdot z}{{S_{潜}}^2}Q_{\text{MAX潜}}\cdot \mathrm{e}^{-\left(z/s_{潜}\right)^2}$$

$$S_{潜}=150.71\cdot\left(WF\times EF\times SCF\times K'\times C\right)^{-0.3711}$$

$$Q_{\text{MAX潜}}=109.8\left[\left(WF\times EF\times SCF\times K'\times C\right)\right]$$

式中，SR —— 固沙量（$\text{t·km}^{-2}\text{·a}^{-1}$）；

$S_{L潜}$ —— 潜在风力侵蚀量（$\text{t·km}^{-2}\text{·a}^{-1}$）；

S_L —— 实际风力侵蚀量（$\text{t·km}^{-2}\text{·a}^{-1}$）；

Q_{MAX} —— 最大转移量（kg/m）；

Z —— 最大风蚀出现距离（m），取 50 m 计算；

WF —— 气候因子（kg/m）；

K' —— 地表糙度因子（无量纲）；

EF —— 土壤可蚀因子（无量纲）；

SCF —— 土壤结皮因子（无量纲）；

C —— 植被覆盖因子（无量纲）。

4.1.4.2　数据来源与预处理

防风固沙功能重要性评估数据，见表 4-6。

表 4-6　防风固沙功能重要性评估数据

数据内容	时间	空间分辨率	数据格式	数据来源
多年平均风力	1961—2000	1 km	栅格	国家生态系统观测研究网络科技资源服务系统
多年平均降水量	1961—2010	1 km	栅格	国家生态系统观测研究平台
多年平均蒸散量	1971—2010	1 km	栅格	国家生态系统观测研究网络科技资源服务系统
雪盖因子	—	—	—	寒区旱区科学数据中心中国地区 Modis 雪盖产品数据集
月平均土壤湿度	—	—	—	国家地球系统科学数据中心
土壤质地	1980s	1∶100 万	栅格	中国科学院资源环境科学数据中心 http：//www.resdc.cn
土壤质地（黏粒）	1980s	1∶100 万	栅格	中国科学院资源环境科学数据中心 http：//www.resdc.cn
土壤质地（粉粒）	1980s	1∶100 万	栅格	中国科学院资源环境科学数据中心 http：//www.resdc.cn
土壤质地（砂粒）	1980s	1∶100 万	栅格	中国科学院资源环境科学数据中心 http：//www.resdc.cn
土壤有机质	1990	1 km	栅格	中国科学院南京土壤所土壤科学数据库
数字高程模型	—	90 m	栅格	地理空间数据云
净初级生产力	2010	250 m	栅格	青海省生态环境十年变化（2000—2010 年）遥感调查与评价成果
生态系统类型	2010	30 m	矢量	青海省生态环境十年变化（2000—2010 年）遥感调查与评价成果

（1）气候因子（*WF*）

气候因子是影响防风固沙功能的主要外部因子，气候因子主要包括风速和大风时数两个指标。风速又称风的强度，是空气水平流动的现象，一般用风级和风速表示，地表植被覆盖不同，风速对土壤的侵蚀强度和沙尘的搬运距离也不尽相同。风速越大，对沙尘的搬运距离越远。大风时数是指全年风速大于某一值的小时数。计算公式如下：

$$WF = Wf \times \frac{\rho}{g} \times SW \times SD$$

式中，WF —— 气候因子（kg/m）；

Wf —— 各月多年平均风速因子，在表格中计算出区域所有气象站点的多年平均风速，将这些值根据相同的站点名与地理信息系统中的站点（点图层）数据相连接（Join），通过空间分析功能，在 Spatial Analyst 工具中选择 Interpolate to Raster 选项，选择相应的空间插值方法得到各月多年平均风速因子栅格数据；

ρ —— 空气密度（kg/m^3）；

g —— 重力加速度（m/s^2）；

SW —— 各月多年平均土壤湿度因子（无量纲）；

SD —— 雪盖因子（无量纲），雪盖数据来源于寒区旱区科学数据中心的中国地区 Modis 雪盖产品数据集。

（2）土壤可蚀性因子（K）

土壤可蚀性因子是指土壤颗粒被水力分离和搬运的难易程度，主要与土壤质地、有机质含量、土体结构、渗透性等土壤理化性质有关，计算公式如下：

$$K = \left(-0.013\ 83 + 0.515\ 75K_{\mathrm{EPIC}}\right) \times 0.131\ 7$$

$$K_{\mathrm{EPIC}} = \left\{0.2 + 0.3\exp\left[-0.025\ 6m_{\mathrm{s}}\left(1 - m_{\mathrm{silt}}/100\right)\right]\right\} \times \left[m_{\mathrm{silt}}/\left(m_{\mathrm{c}} + m_{\mathrm{silt}}\right)\right]^{0.3} \times \left\{1 - 0.25\mathrm{org}C/\left[+\exp\left(3.72 - 2.95\mathrm{org}C\right)\right]\right\} \times \left\{1 - 0.71\left(1 - m_{\mathrm{s}}/100\right)/\left\{\left(1 - m_{\mathrm{s}}/100\right) + \exp\left[-5.51 + 22.9\left(1 - m_{\mathrm{s}}/100\right)\right]\right\}\right\}$$

式中，K_{EPIC} —— 修正前的土壤可蚀性因子；

K —— 修正后的土壤可蚀性因子。

m_{c}、m_{silt}、m_{s} 和 $\mathrm{org}C$ —— 分别为黏粒（＜0.002 mm）、粉粒（0.002～0.05 mm）、砂粒（0.05～2 mm）和有机碳的百分比含量（%），数据来源于中国 1∶100 万土壤数据库。

在表格中，利用上述公式计算 K 值，然后以土壤类型图为工作底图，在地理信息系统中将 K 值连接（Join）到底图上。在 Conversion Tools 中矢量转栅格工具，转换成 250 m 空间分辨率的土壤可蚀性因子栅格数据。

（3）土壤结皮因子（SCF）

土壤结皮因子（SCF），计算公式如下：

$$SCF=\frac{1}{1+0.006\ 6(cl)^2+0.021(OM)^2}$$

式中，cl —— 土壤黏粒含量（%）；

OM —— 土壤有机质含量（%）。

（4）植被覆盖因子（C）（防风固沙功能参数）

植被是影响生态系统防风固沙功能最主要的内在因素，地表植被可以通过根系固定表层土壤，改良土壤结构，减少土壤裸露的机会，进而提高土壤抗风的能力，同时可以通过阻截等方式提高起沙风速，从而降低风的携沙能力，减少土壤流失和风沙危害。

在植被因子中，植被覆盖度可以反映植被状况的指标。植被覆盖度是指植被（包括叶、茎、枝）在单位面积内所占百分比，是植被群落覆盖地表状况的一个综合量化指标，是描述植被群落及生态系统的重要参数。植被覆盖及其变化是区域生态系统环境变化的重要指标，是影响土壤风蚀和生态系统防风固沙功能的一个重要性控制因子。

不同植被类型的防风固沙效果不同，植被类型分为林地、灌丛、草地、农田、裸地和荒漠，根据不同的系数计算各植被覆盖因子 C 值，计算公式如下：

$$C=\mathrm{e}^{a_i(SC)}$$

式中，SC —— 植被覆盖度；

a_i —— 不同植被类型的系数，分别为林地 0.153 5、灌丛 0.092 1、草地 0.115 1、农田 0.043 8、裸地 0.076 8、荒漠 0.065 8。

（5）月潜在蒸发量因子（ETP_i）

在表格中计算出区域内气象站点的月潜在蒸发量，在地理信息系统软件中 Spatial Analyst 工具条下选择 Interpolate to Raster 选项，选择相应的插值方法得到多年潜在蒸发量栅格数据。

（6）多年平均气候侵蚀力因子（F_q）

根据公式，将 2 m 高处的月平均风速换算成 10 m 高处的月平均风速；根据公式在表格中计算出区域所有气象站点的多年平均气候侵蚀力，在地理信息系统软件中 Spatial Analyst 工具条下选择 Interpolate to Raster 选项，选择相应的插值方法得到多年平均气候侵蚀力栅格数据。

（7）地表粗糙度因子（K'）

地表粗糙度因子（K'），计算公式如下：

$$K' = e^{\left(1.86K_r - 2.41K_r^{0.934} - 0.127C_{rr}\right)}$$

$$K_r = 0.2 \times \frac{(\Delta H)^2}{L}$$

式中，K_r —— 土垄糙度（cm），按 Smith-Carson 方程加以计算；

C_{rr} —— 随机糙度因子（cm），取 0；

L —— 地势起伏参数（m），地表水平距离，本书采用 3 个栅格的水平距离，即 750 m；

ΔH —— 距离 L 范围内的海拔高程差，通过计算数字高程 DEM 数据相邻单元格地形起伏差值获得，本书按照 3×3 邻域计算。

在地理信息系统软件栅格计算器（Spatial Analyst→Raster Calculator）中计算 1/cos（坡度（°）×3.141 592 6/180）。

4.1.4.3　模型运算

将各因子统一成 250 m 空间分辨率的栅格数据，在地理信息系统软件栅格计算器（Spatial Analyst→Raster Calculator）中，根据公式计算得到生态系统防风固沙量。在地理信息系统软件中，运用栅格计算器，输入公式“Int（［防风固沙量栅格数据］/［防风固沙量栅格数据最大值］×100）”，得到归一化后的生态系统服务值栅格数据。导出栅格数据属性表，属性表记录了每一个栅格像元的生态系统服务值，将服务值按从高到低的顺序排列，计算累加服务值。将累加服务值占生态系统服务总值比例的 30%与 50%所对应的栅格值，作为防风固沙服务功能评估分级的分界点，利用地理信息系统软件的重分类工具，将防风固沙服务功能重要性划分出 3 个等级，即极重要、重要和一般重要。

4.1.4.4 评估结果

本书评估青海省生态系统防风固沙功能极重要区域分布在三江源地区、可可西里地区、唐古拉山北侧和巴颜喀拉山北部。

4.2 生态环境敏感性评估研究

生态环境敏感性是指生态系统对人类活动反应的敏感程度，用来反映产生生态失衡与生态环境问题可能性的大小。生态敏感区是指对人类生产、生活具有特殊敏感性或具有潜在自然灾害影响，极易受到人为的不当活动而产生生态负面效应的地区。生态脆弱区是指生态系统组成结构稳定性较差，抵抗外在干扰和维持自身稳定的能力较弱，易于发生生态退化且自我修复能力较弱、恢复时间较长的区域。生态敏感区和生态脆弱区既有联系又有区别，二者均强调对外界干扰的承受能力较弱，生态敏感区是指生态系统对外界干扰的响应迅速，生态脆弱区强调自然生态系统的内在属性（水、热、土壤等）不利于植被发育，一旦破坏难以恢复。生态脆弱区和生态敏感区的空间重叠性较大，且面临着共同的生态问题（土地沙化、水土流失、石漠化、盐渍化等）。

生态环境敏感性评价是指生态系统对区域内自然和人类活动干扰的敏感程度，它反映的是区域生态系统在遇到干扰时所发生的生态环境问题的难易程度和可能性的大小。在环境评价过程中，应根据主要生态环境问题的形成机制分析研究生态环境敏感性的区域分异规律，明确生态环境问题可能发生的地区范围和问题的严重性。生态环境敏感性评价可以应用定性与定量相结合的方法，也可以利用遥感数据、地理信息系统技术及空间模拟等先进的方法与技术手段绘制区域生态环境敏感性空间分布图。其中，每一个生态环境问题的敏感性往往是由许多个因子综合影响而成，对每个因子的赋值，最后得出总值，根据数值所在的范围将敏感性分为极敏感、敏感、一般敏感 3 个等级。

生态环境敏感性包括土地沙化、水土流失、石漠化、盐渍化。石漠化又称石质荒漠化，是在喀斯特脆弱生态环境下，由于社会不合理的活动造成植被破坏、水土流失，土地生产力衰退等，地表呈现类似荒漠景观的岩石逐渐裸露的演变过程，土地丧失农业利用价值和生态环境退化的现象，主要集中在云贵高原区域。

盐渍化是指易溶性盐分在土壤表层积累的现象或过程，也称盐碱化，是目前农业面临的主要的环境问题，在我国，盐渍化分布范围较广、面积较大、类型较多，主要发生在干旱、半干旱和半湿润地区，青海省土壤盐渍化主要是由自然过程形成的。在本书中不对石漠化和盐渍化进行评估研究，仅对土地沙化敏感性和水土流失敏感性进行研究。

4.2.1　土地沙化敏感性评估

沙漠化是土地荒漠化的一种，称为土地沙质荒漠化。土地沙漠化是指在干旱多风的沙质地表条件下，由于人为强度活动，破坏脆弱生态系统的平衡，造成地表出现以风沙活动为主要标志的土地退化。荒漠化的过程是土地退化的过程，其实质是土壤水分、养分与植物生长之间的自然平衡被打破，脆弱的生态系统失去了自我修复的能力，而向更低级的生态环境演化的过程。沙漠化主要受气候的干燥程度影响，表现在气候干燥，植物生长困难，地表植物覆盖度低，地表裸露，干燥的气候减慢了地表土壤的形成过程，使地表结构分散，易受风蚀，土壤风蚀沙漠化的能力与土壤水分含量成正比。土地沙漠化的形成主要发生在脆弱生态环境下（如戈壁、荒漠等干旱及半干旱地区），由于人为过度活动（如滥垦、樵采及过度放牧）或自然灾害（干旱、鼠害及虫害等）所造成的原生植被的破坏、衰退甚至丧失，从而引起沙质地表、沙丘等的活化，导致生物多样性减少、生物生产力下降、土地生产潜力衰退以及土地资源丧失。

4.2.1.1　土地沙化敏感性指数

参照原国家环保总局发布的《生态功能区划暂行规程》，并参考中国生态区划研究，土地沙漠化敏感性评价选取干燥指数、起沙风天数、土壤质地、植被覆盖度 4 个指标进行沙漠化敏感性程度评价，评价模型计算公式如下：

$$D_i = \sqrt[4]{I_i \times W_i \times K_i \times C_i}$$

式中，D_i —— 研究区域土地沙化敏感性指数；

I_i —— 干燥指数；

W_i —— 起风沙天数；

K_i —— 土壤质地；

C_i —— 植被覆盖。

土地沙化敏感性评价因子及分级赋值见表 4-7。

表 4-7　土地沙化敏感性评价因子及分级赋值

指标	干燥度指数（I_i）	≥起沙风天数（W_i）	土壤质地（K_i）	植被覆盖度（C_i）
一般敏感	≤1.5	≤10	基岩、黏质	≥0.6
敏感	1.5～16.0	10～30	砾质、壤质	0.2～0.6
极敏感	≥16.0	≥30	沙质	≤0.2

4.2.1.2　数据来源与预处理

土地沙化敏感性评估数据来源见表 4-8。

表 4-8　土地沙化敏感性评估数据来源

数据内容	时间	空间分辨率	数据格式	数据来源
≥10℃积温	1961—2000	1 km	栅格	国家生态系统观测研究网络科技资源服务系统
≥0℃期间的降水量	1961—2000	1 km	栅格	国家生态系统观测研究网络科技资源服务系统
＞6 m/s 天数	1961—2010	—	—	青海省气候中心
土壤质地	1980s	1∶100 万	栅格	中国科学院资源环境科学数据中心 http：//www.resdc.cn
植被覆盖度	2010	30 m	矢量	青海省生态环境十年变化（2000—2010 年）遥感调查与评价成果

（1）干燥度指数（I_i）

干燥度指数表征一个地区的干湿程度，反映在某地、某时水分的收入和支出状况。采用修正的谢良尼诺夫公式计算干燥度指数。

$$I_i = 0.16\frac{\text{全年}\geqslant 10℃\text{的积温}}{\text{全年}\geqslant 10℃\text{的降水量}}$$

采用青海、四川、甘肃、新疆、西藏共 80 个气象站点 1961—2010 年的日平均气温、日降水量数据进行分析。在表格中计算出区域所有气象站点全年≥10℃的积温和全年≥10℃的降水量（≥10℃的天数和同期活动积温总和分别被认为是植物生长持续时间和温度条件的强度的指标，反映植被生长状况），然后干燥度指数公式计算干燥度指数，将这些值根据相同的站点名与地理信息系统软件中的站点(点图层)数据相连接(Join)。在 Spatial Analyst 工具中选择 Interpolate to Raster 选项，采用 Kriging 插值方法得到干燥度指数栅格数据。然后在 Spatial Analyst→Reclassify 中进行分级赋值。在地理信息系统中利用插值得出干燥度指数对土地沙化敏感性的单因素栅格数据。

（2）起风沙天数（W_i）

风力强度是影响风对土壤颗粒搬运的重要因素。根据刘连（1998）的研究资料表明，砂质壤土、壤质砂土和固定风砂土的起动风速分别为 6.0 m/s、6.6 m/s、5.1 m/s，选用冬季和春季大于 6 m/s 起沙风天数指标评估土地沙化敏感性。采用青海、四川、甘肃、新疆、西藏共 80 个气象站点 2000—2010 年 11 个年度 1—3 月、9—12 月平均日风速数据进行分析。在地理信息系统中，将这些值根据相同的站点名与地理信息系统软件中的站点（点图层）数据相连接（Join）。在 Spatial Analyst 中选择相应的插值方法得到起沙风天数对土地沙化敏感性的单因素栅格数据。

（3）土壤质地（K_i）

不同粒度的土壤颗粒具有不同的抗蚀力，黏质土壤易形成团粒结构，抗蚀力增强；在粒径相同的条件下，沙质土壤的起沙速率大于壤质土壤的起沙速率；砾质结构的土壤和戈壁土壤的风蚀速率小于沙地土壤；基岩质土壤供沙率极低，受风蚀的影响不大。以土壤质地图为底图，在地理信息系统软件中利用 Spatial Analyst 中的 Reclassify 进行分级赋值，得出土壤质地对土地沙化敏感性的单因素栅格数据。

（4）植被覆盖度（C_i）

地表植被覆盖是影响沙化敏感性的一个重要因素，在水域、冰雪和植被覆盖高的地区，不会发生土壤的沙化；相反，地表裸露，植被稀少都会使土壤沙化的机会增加。因此，植被覆盖是评价土地沙化敏感性的又一重要指标。采用青海省生态环境十年变化（2000—2010 年）遥感调查与评价成果植被覆盖度数据为底图，在地理信息系统软件中利用 Spatial Analyst 中的 Reclassify 进行分级赋值，得出植被覆盖度对土地沙化敏感性的单因素栅格数据。

4.2.1.3 模型运算

利用地理信息系统的空间分析功能，将各单因子敏感性分布图进行乘积运算，分级赋值后得到土地沙化敏感性栅格数据，见表 4-9。

表 4-9 生态环境敏感性评估分级

敏感性等级	一般敏感	敏感	极敏感
分级赋值	1	3	5
分级标准	1.0～2.0	2.1～4.0	>4.0

对评估结果进行归一化处理，再按土地沙化能力累加值百分比进行统计，以累加值占总值的 50%和 80%栅格值为分级点，将青海省土地沙化敏感性按敏感性划分出极敏感、敏感和一般敏感 3 个等级，得到土地沙化敏感性等级栅格数据。

4.2.1.4 评估结果

青海省土地沙化极敏感区主要分布在青海省中北部柴达木盆地边缘地区。

4.2.2 水土流失敏感性评估

水土流失是一种危害水土流失敏感性评价，是为了识别容易形成水土流失的区域，评价水土流失对人类活动的敏感程度。

4.2.2.1 水土流失敏感性指数

根据土壤侵蚀发生的动力条件，水土流失类型主要有水力侵蚀和风力侵蚀。以风力侵蚀为主带来的水土流失敏感性已在土地沙化敏感性中进行评估，本节主要对水动力为主的水土流失敏感性进行评估。参照原国家环保总局发布的《生态功能区划暂行规程》，根据通用水土流失方程的基本原理，选取降水侵蚀力、土壤可蚀性、坡度、坡长和地表植被覆盖等指标，进行水土流失敏感性评价：

$$SS_i = \sqrt[4]{R_i \times K_i \times LS_i \times C_i}$$

式中，SS_i —— i 空间单元水土流失敏感性指数；

R_i —— 降雨侵蚀力因子；

K_i —— 土壤可蚀性因子；

LS_i —— 坡长、坡度；

C_i —— 地表植被覆盖因子。

水土流失敏感性评价因子及分级赋值见表 4-10。

表 4-10　水土流失敏感性评价因子及分级赋值

指标	降雨侵蚀力（R_i）	土壤可蚀性（K_i）	地形起伏度（LS_i）	植被覆盖度（C_i）
一般敏感	＜100	石砾、沙、粗砂土、细砂土、黏土	0～50	≥-50
敏感	100～600	面砂土、壤土、砂壤土、粉黏土、壤黏土	50～300	0.2～0.6
极敏感	＞600	砂粉土、粉土	＞300	≤300

4.2.2.2　数据来源与预处理

水土流失敏感性评估数据见表 4-11。

（1）降雨侵蚀力因子（R_i）

与水土流失关系比较密切的降水特征参数较多，在本书中，采用综合参数 R 值——降雨侵蚀力（降水冲蚀潜力）来反映降水对土壤流失的影响。根据王万忠和焦菊英（1996）利用降水资料计算的中国 100 多个城市的 R 值，采用内插法，用地理信息系统软件计算 R 值，根据分级标准，利用地理信息系统软件得出水土流失对降水的敏感性分布栅格数据。用地理信息系统软件，在 Spatial Analyst 工具中选择 Interpolate to Raster 选项，采用相应的插值方法绘制 R 值栅格数据。

表 4-11 水土流失敏感性评估数据

数据内容	时间	空间分辨率	数据格式	数据来源
多年平均气温	1961—2010	1 km	栅格	国家生态系统观测研究平台
多年平均降水量	1961—2010	1 km	栅格	—
日降水量	1961—2010	—	表格	—
多年平均蒸散量	1971—2010	1 km	栅格	国家生态系统观测研究网络科技资源服务系统
土壤质地	20 世纪 80 年代	1∶100 万	栅格	中国科学院资源环境科学数据中心 http：//www.resdc.cn
土壤质地（黏粒）	20 世纪 80 年代	1∶100 万	栅格	中国科学院资源环境科学数据中心 http：//www.resdc.cn
土壤质地（粉粒）	20 世纪 80 年代	1∶100 万	栅格	中国科学院资源环境科学数据中心 http：//www.resdc.cn
土壤质地（砂粒）	20 世纪 80 年代	1∶100 万	栅格	中国科学院资源环境科学数据中心 http：//www.resdc.cn
土壤有机质	1990	1 km	栅格	中国科学院南京土壤所土壤科学数据库
数字高程模型	—	90 m	栅格	地理空间数据云
植被覆盖度	2010	250 m	栅格	生态环境十年变化（2000—2010 年）青海省下发数据

（2）土壤可蚀性因子（K_i）

土壤可蚀性因子（K_i）指土壤颗粒被水力分离和搬运的难易程度，主要与土壤质地、有机质含量、土体结构、渗透性等土壤理化性质有关，计算公式如下：

$$K=\left(-0.013\,83+0.515\,75K_{\mathrm{EPIC}}\right)\times 0.131\,7$$

$$\begin{aligned}K_{\mathrm{EPIC}}=&\left\{0.2+0.3\exp\left[-0.025\,6m_{\mathrm{s}}\left(1-m_{\mathrm{silt}}/100\right)\right]\right\}\times\left[m_{\mathrm{silt}}/\left(m_{\mathrm{c}}+m_{\mathrm{silt}}\right)\right]^{0.3}\times\\&\left\{1-0.25\mathrm{org}C/\left[+\exp\left(3.72-2.95\mathrm{org}C\right)\right]\right\}\times\\&\left\{1-0.71\left(1-m_{\mathrm{s}}/100\right)/\left\{\left(1-m_{\mathrm{s}}/100\right)+\exp\left[-5.51+22.9\left(1-m_{\mathrm{s}}/100\right)\right]\right\}\right\}\end{aligned}$$

式中，K_{EPIC}—— 修正前的土壤可蚀性因子；

K—— 修正后的土壤可蚀性因子。

m_c、m_{silt}、m_s和 org$C$—— 分别为黏粒（<0.002 mm）、粉粒（0.002～0.05 mm）、砂粒（0.05～2 mm）和有机碳的百分比含量（%），数据来源于中国 1∶100 万土壤数据库。

在表格中，利用上述公式计算 K 值，然后以土壤类型图为工作底图，在地理信息系统软件中将 K 值连接（Join）到底图上。利用 Conversion Tools 中矢量转栅格工具，转换成 250 m 空间分辨率的土壤可蚀性因子栅格数据。

（3）坡长、坡度因子（LS_i）

地形起伏度是影响水土流失的一个重要因素，反映了坡长、坡度等地形因子对水土流失的综合影响。采用 30 m 数字高程模型提取坡度和坡长，得出青海省地形起伏度分布数据，根据分级标准利用地理信息系统软件得出水土流失对地形起伏度敏感性分布栅格数据。

（4）地表植被覆盖因子（C_i）

植被覆盖是防止水土流失的一个重要因子，其防止侵蚀的作用主要包括对降水能量的削减作用、保水作用和抗侵蚀作用。不同的地表植被类型防止侵蚀的作用不同，利用地理信息系统软件得出水土流失对植被覆盖度的敏感性分布栅格数据。

4.2.2.3　模型运算

将反映水土流失对各敏感性的单因子的空间分布图，利用地理信息系统的空间分析功能，将各单因子敏感性分布图进行乘积运算，分级赋值后得到水土流失敏感性空间分布栅格数据，见表 4-12。

表 4-12　生态环境敏感性评估分级

敏感性等级	一般敏感	敏感	极敏感
分级赋值	1	3	5
分级标准	1.0～2.0	2.1～4.0	≥4.0

对评估结果进行归一化处理，再按土地沙化能力的累加值百分比进行统计，以累加值占总值的 50%和 80%的栅格值为分级点，将青海省水土流失的敏感性划分出极敏感、敏感和一般敏感 3 个等级，得到土地沙化敏感性等级空间分布栅格数据。

4.2.2.4 评估结果

青海省水土流失极敏感区主要分布在青海省东部地区。

4.3 生态功能综合评估结果

经生态功能重要性和生态环境敏感性评估，青海省的主导生态功能为水源涵养和生物多样性维护功能。其中，青海省水源涵养功能极重要区域主要位于三江源、祁连山地区的主要江河干支流源头区和补给区，涵盖了长江源区、黄河源区、澜沧江源区、黑河源区、疏勒河源区、石羊河源区；青海湖、扎陵湖、鄂陵湖、哈拉湖，以及可可西里湖泊群；长江源区、黄河源区、澜沧江源区、祁连山地区的冰川与永久积雪。生物多样性维护功能性极重要区主要分布在可可西里自然保护区，三江源自然保护区的索加—曲麻河、昂赛、果宗木查、星星海、中铁—军工、白扎、麦秀等保护分区以及位于大渡河源区的玛可河、多可河保护分区，祁连山地区的油葫芦、黑河源、三河源、黄藏寺等保护分区，涵盖了藏羚羊、藏野驴、白唇鹿、金钱豹、雪豹、雉鹑、金雕、棕熊、猕猴、小熊猫、川陕哲罗鲑、青海湖裸鲤、梭梭、胡杨等国家及省重点保护物种、青海省特有物种的主要栖息地、繁衍地也是青海省生物多样性保护的核心关键区域。土地沙化敏感区域主要集中在干旱少雨的柴达木地区。

第5章

禁止开发区域研究

按照生态保护红线涵盖所有国家级、省级禁止开发区域，以及有必要严格保护的其他各类保护地的要求，开展青海省禁止开发区域和自然保护地的基础调查研究，梳理禁止开发区域和自然保护地名录和层级，构建青海省禁止开发区域以及自然保护地“一张图”。

《全国主体功能区规划》中禁止开发区域是依法设立的各级各类自然文化资源保护区域，以及其他禁止进行工业化城镇化开发、需要特殊保护的重点生态功能区。国家层面禁止开发区域，包括国家级自然保护区、世界文化自然遗产、国家级风景名胜区、国家森林公园和国家地质公园。省级层面的禁止开发区域，包括省级及以下各级各类自然文化资源保护区域、重要水源地以及其他省级人民政府根据需要确定的禁止开发区域。新设立的国家级自然保护区、世界文化自然遗产、国家级风景名胜区、国家森林公园和国家地质公园，自动进入国家禁止开发区域名录。

《青海省主体功能区规划》中省域内禁止开发区域是指保护自然生态、历史文化资源的重要区域，珍稀动植物基因资源保护地。省级禁止开发区域包括省级自然保护区、省级风景名胜区、省级森林公园、省级地质公园、湿地公园、国际重要湿地、国家重要湿地、省级文物保护单位、重要水源保护地。国家级、省级禁止开发区域面积为 25.91 万 km^2，扣除重叠面积后为 23.04 万 km^2，占青海省总面积的 32.11%。

本书中禁止开发区域为《全国主体功能区规划》和《青海省主体功能区划规划》确定的禁止开发区域，以及依法设立的各级各类自然文化资源保护区域。研究范围包括 2018 年之前建立的国家公园、自然保护区、风景名胜区、世界文化自然遗产地、地质公园、森林公园、湿地公园、重要湿地、饮用水水源保护区、水产种质资源保护区、沙化土地封禁保护区、沙漠公园、水利风景区 13 个类型的保护地。此外，将冰川雪山也纳入本书中。

5.1　国家公园

5.1.1　国家公园概念

建立国家公园体制是党的十八届三中全会提出的重点改革任务，是我国生态文明制度建设的重要内容，对于推进自然资源科学保护及合理利用，促进人与自然和谐共生，推进美丽中国建设，具有极其重要的意义。《建立国家公园体制总体方案》明确了国家公园概念，国家公园是指由国家批准设立并主导管理，以保护具有国家代表性的大面积自然生态系统为主要目的，实现自然资源科学保护和合理利用的特定陆地或海洋区域。建立国家公园的目的是保护自然生态系统的原真性、完整性，始终突出自然生态系统的严格保护、整体保护、系统保护，把最应该保护的地方保护起来。国家公园坚持世代传承，给子孙后代留下珍贵的自然遗产。国家公园是我国自然保护地最重要的类型之一，属于全国主体功能区规划中的禁止开发区域，纳入全国生态保护红线区域管控范围，实行最严格的保护。《关于建立以国家公园为主体的自然保护地体系的指导意见》指出，国家公园是指以保护具有国家代表性的自然生态系统为主要目的，实现自然资源科学保护和合理利用的特定陆域或海域，是我国自然生态系统中最重要、自然景观最独特、自然遗产最精华、生物多样性最富集的部分，保护范围大，生态过程完整，具有全球价值、国家象征，国民认同度高。

5.1.2 数量与面积

青海省已建立了三江源国家公园和祁连山国家公园，试点总面积为 13.89 万 km^2，占青海省土地面积的 19.94%。三江源国家公园试点区域总面积为 12.31 万 km^2，占青海省土地面积的 17.67%，包括黄河源、长江源（可可西里）、澜沧江源 3 个园区，行政区划涉及治多、曲麻莱、玛多、杂多 4 县。祁连山国家公园试点区域总面积为 5.02 万 km^2，位于青海、甘肃两省，其中青海省面积为 1.58 万 km^2，占公园总面积的 31.50%，占青海省土地面积的 2.27%，青海行政区划涉及德令哈、天峻、祁连、门源 4 县（市）。

2021 年 9 月，国务院批复同意设立三江源国家公园，作为全国首批、排名第一的三江源国家公园，面积达到了 19.07 万 km^2。

5.1.3 管理要求

《生态文明体制改革总体方案》指出，国家公园实行最严格保护，除不损害生态系统的原住居民生活生产设施改造和自然观光科研教育旅游外，禁止其他开发建设，保护自然生态和自然文化遗产原真性、完整性。

《建立国家公园体制总体方案》明确了国家公园是我国自然保护地重要类型之一，属于全国主体功能区规划中的禁止开发区域，纳入全国生态保护红线区域管控范围，实行最严格的保护。国家公园的首要功能是重要自然生态系统的原真性、完整性保护，同时兼具科研、教育、游憩等综合功能。国家公园建立后，在相关区域内一律不再保留或设立其他自然保护地类型。严格规划建设管控，除不损害生态系统的原住居民生产生活设施改造和自然观光、科研、教育、旅游外，禁止其他开发建设活动。国家公园区域内不符合保护和规划要求的各类设施、工矿企业等逐步搬离，建立已设矿业权逐步退出机制。实施差别化保护管理方式。严厉打击违法违规开发矿产资源或其他项目、偷排偷放污染物、偷捕盗猎野生动物等各类环境违法犯罪行为。

《关于建立以国家公园为主体的自然保护地体系的指导意见》（中办发〔2019〕42 号）确立了国家公园主体地位。确立国家公园在维护国家生态安全关键区域中的首要地位，确保国家公园在保护最珍贵、最重要生物多样性集中分布区中的主导地位，确定国家公园保护价值和生态功能在全国自然保护地体系中的主体地位。国家公园建立后，在相同区域一律不再保留或设立其他自然保护地类型。国家公园实行分区管控，原则上核心保护区内禁止人为活动，一般控制区内限制人为活动。

2017 年 6 月，青海省第十二届人民代表大会常务委员会第三十四次会议通过《三江源国家公园条例（试行）》，规定了三江源国家公园主要保护对象包括：①草地、林地、湿地、荒漠；②冰川、雪山、冻土、湖泊、河流；③国家和省级重点保护的野生动植物及其栖息地；④矿产资源；⑤地质遗迹；⑥文物古迹、特色民居；⑦传统文化；⑧其他需要保护的资源。禁止在三江源国家公园内进行下列活动：①采矿、砍伐、狩猎、捕捞、开垦、采集泥炭、揭取草皮；②擅自采石、挖沙、取土、取水；③擅自采集国家和省级重点保护野生植物；④捡拾野生动物尸骨、鸟卵；⑤擅自引进和投放外来物种；⑥改变自然水系状态；⑦其他破坏生态环境的活动。法律、行政法规另有规定的，从其规定。三江源国家公园内实行封湖（河）禁渔，保护濒危鱼类。禁止任何单位和个人未经批准投放水生物种，或者阻断水生生物通道。在三江源国家公园内开展下列活动，应当经国家公园管理机构批准：①科研、科考、教学实践；②采集或者采伐国家重点保护天然种质资源的；③影响生态环境的影视作品拍摄；④采集野生生物标本；⑤设置、张贴广告；⑥在指定区域外搭建帐篷；⑦使用无人飞行器。该条例还对三江源国家公园之外的三江源国家级自然保护区的管理责任主体进行了规定，青海三江源国家级自然保护区未纳入三江源国家公园范围的区域，由国家公园管理机构依法加强保护管理。

《国家公园管理暂行办法》（林保发〔2022〕64 号）规定国家公园应当根据功能定位进行合理分区，划为核心保护区和一般控制区，实行分区管控。国家公园范围内自然生态系统保存完整、代表性强，核心资源集中分布，或者生态脆弱需要休养生息的区域应当划为核心保护区。国家公园核心保护区以外的区域划为一般控制区。国家公园核心保护区原则上禁止人为活动。国家公园管理机构在确保主要保护对象和生态环境不受损害的情况下，可以按照有关法律法规政策，开展或者允许开展下列活动：①管护巡护、调查监测、防灾减灾、应急救援等活动及必要的设施修筑，以及因有害生物防治、外来物种入侵等开展的生态修复、病虫害动植物清理等活动；②暂时不能搬迁的原住居民，可以在不扩大现有规模的前提下，开展生活必要的种植、放牧、采集、捕捞、养殖等生产活动，修缮生产生活设施；③国家特殊战略、国防和军队建设、军事行动等需要修筑设施、开展调查和勘查等相关活动；④国务院批准的其他活动。国家公园一般控制区禁止开发性、生产性建设活动，国家公园管理机构在确保生态功能不造成破坏的情况下，可以按照有关法律法规政策，开展或者允许开展下列有限人为活动：①核心保护区允许开展的活动；②因国家重大能源资源安全需要开展的战略性能源资源勘查，公益性自然资源调查和地质勘查；③自然资源、生态环境监测和执法，包括水文水资源监测及涉水违法事件的查处等，灾害防治和应急抢险活动；④经依法批准进行的非破坏性科学研究观测、标本采集；⑤经依法批准的考古调查发掘和文物保护活动；⑥不破坏生态功能的生态旅游和相关的必要公共设施建设；⑦必须且无法避让、符合县级以上国土空间规划的线性基础设施建设、防洪和供水设施建设与运行维护；⑧重要生态修复工程，在严格落实草畜平衡制度要求的前提下开展适度放牧，以及在集体和个人所有的人工商品林内开展必要的经营；⑨法律、行政法规规定的其他活动。

2021 年 9 月，《国务院关于同意设立三江源国家公园的批复》（国函〔2021〕101 号）要求三江源国家公园设立后，相同区域不再保留其他自然保护地，相关未划入国家公园区域的管控要求通过自然保护地整合优化工作予以明确。

5.2 自然保护区

5.2.1 自然保护区概念

《中华人民共和国自然保护区条例》（根据 2017 年 10 月 7 日《国务院关于修改部分行政法规的决定》第二次修订）所称自然保护区，是指对有代表性的自然生态系统、珍稀濒危野生动植物物种的天然集中分布区、有特殊意义的自然遗迹等保护对象所在的陆地、陆地水体或海域，依法划出一定面积予以特殊保护和管理的区域。

《关于建立以国家公园为主体的自然保护地体系的指导意见》（中办发〔2019〕42 号），自然保护区是指保护典型的自然生态系统、珍稀濒危野生动植物物种的天然集中分布区、有特殊意义的自然遗迹的区域。自然保护区具有较大面积，确保主要保护对象安全，维持和恢复珍稀濒危野生动植物物种群数量及赖以生存的栖息环境。

5.2.2 数量与面积

为保护青海湖鸟岛区域的繁殖候鸟及其栖息地，经青海省政府批准，1975 年 8 月在青海湖鸟岛区域建立了全省第一个自然保护区，标志着青海省自然保护区建设开始起步，也开创了青海省自然保护地建设的先河。经过 40 余年的发展与建设，截至 2017 年 12 月，青海省在三江源、祁连山、青海湖、柴达木盆地、河湟谷地区域共建立了森林生态系统、荒漠生态系统、内陆水域和湿地生态系统、野生动物、野生植物 5 个类型 11 处自然保护区，分别是三江源、可可西里、青海湖、循化孟达、隆宝、柴达木梭梭林、大通北川河源区 7 处国家级自然保护区和祁连山、可鲁克湖—托素湖、诺木洪、格尔木胡杨林 4 处省级自然保护区。青海省 11 处自然保护区中，三江源、祁连山、柴达木梭梭林 3 个自然保护区由多个相对完整且独立的保护分区组成，三江源自然保护区由相对完整的 6 个区域 18 处保护分区组成，祁连山自然保护区由 8 处保护分区组成，柴达木梭梭林自然保护区由 3 处保护分区组成。批建总面积为 21.78 万 km^2，略大于湖南省土地面积，是目前青海省面积最大的自然保护地类型，占青海省土地面积的 31.26%。

5.2.3 管理要求

《中华人民共和国自然保护区条例》规定了自然保护区分为国家级自然保护区和地方级自然保护区。自然保护区可以分为核心区、缓冲区和实验区。自然保护区内保存完好的天然状态的生态系统以及珍稀濒危动植物的集中分布地，应当划为核心区，禁止任何单位和个人进入；除依照本条例规定经批准外，也不允许进入从事科学研究活动。核心区外围可以划定一定面积的缓冲区，只准进入从事科学研究观测活动。缓冲区外围划为实验区，可以进入从事科学试验、教学实习、参观考察、旅游，以及驯化、繁殖珍稀濒危野生动植物等活动。禁止任何人进入自然保护区的核心区。禁止在自然保护区的缓冲区开展旅游和生产经营活动。在自然保护区的核心区和缓冲区内，不得建设任何生产设施。在自然保护区的实验区内，不得建设污染环境、破坏资源或者景观的生产设施。禁止在自然保护区内进行砍伐、放牧、狩猎、捕捞、采药、开垦、烧荒、开矿、采石、挖沙等活动，法律、行政法规另有规定的除外。

《关于建立以国家公园为主体的自然保护地体系的指导意见》（中办发〔2019〕42 号）明确指出，国家公园和自然保护区实行分区管控，原则上核心保护区内禁止人为活动，一般控制区内限制人为活动。

自然保护区属于《全国主体功能区规划》和《青海省主体功能区规划》中的禁止开发区域。

5.3 风景名胜区

5.3.1 风景名胜区概念

根据《风景名胜区条例》（根据 2016 年 2 月 6 日《国务院关于修改部分行政

法规的决定》修订）的规定，风景名胜区是指具有观赏、文化或者科学价值，自然景观、人文景观比较集中，环境优美，可供人们游览或者进行科学、文化活动的区域。

5.3.2　数量与面积

1994 年经国务院批准在青海湖设立了第一个国家级风景名胜区，截至 2017 年 12 月，全省在祁连山、青海湖、柴达木、河湟谷地区设立了 19 处风景名胜区，分别为青海湖国家级风景名胜区和贵德黄河、黄南坎布拉、门源百里花海、互助北山、都兰热水、泽库和日、贵南直亥、海西哈拉湖、互助佑宁寺、天峻山、乐都药草台、柴达木魔鬼城、昆仑野牛谷、天境祁连、德令哈柏树山、海晏金银滩、乌兰金子海、大通老爷山宝库峡鹞子沟 18 处省级风景名胜区，批建总面积 1.06 万 km^2，占青海省土地面积的 1.52%。

5.3.3　管理要求

《风景名胜区条例》规定风景名胜区划分为国家级风景名胜区和省级风景名胜区。风景名胜区规划经批准后，应当向社会公布，任何组织和个人都有权查阅。风景名胜区规划未经批准的，不得在风景名胜区内进行各类建设活动。禁止违反风景名胜区规划，在风景名胜区内设立各类开发区和在核心景区内建设宾馆、招待所、培训中心、疗养院以及与风景名胜资源保护无关的其他建筑物；已经建设的，应当按照风景名胜区规划，逐步迁出。在风景名胜区内禁止进行下列活动：①开山、采石、开矿、开荒、修坟立碑等破坏景观、植被和地形地貌的活动；②修建储存爆炸性、易燃性、放射性、毒害性、腐蚀性物品的设施；③在景物或者设施上刻划、涂污；④乱扔垃圾。

《风景名胜区总体规划规范标准》（GB/T 50298—2018），风景区实行分级保护，应科学划定一级保护区、二级保护区和三级保护区，保护风景区景观、文化、生态和科学价值。①一级保护区划定与保护要求应符合下列规定：一级保护区属于严格禁止建设范围，应按照真实性、完整性的要求将风景区资源价值最高的区域划为一级保护区。该区应包括特别保存区，可包括全部或部分风景游览区。特别保存区除必需的科研、监测和防护设施外，严禁建设任何建筑设施。风景游览区严禁建设与风景游赏和保护无关的设施，不得安排旅宿床位，有序疏解居民点、居民人口及与风景区定位不相符的建设，禁止安排对外交通，严格限制机动交通工具进入本区。②二级保护区划定与保护要求应符合下列规定：二级保护区属于严格限制建设范围，是有效维护一级保护区的缓冲地带。风景名胜资源较少、景观价值一般、自然生态价值较高的区域应划为二级保护区。该区应包括主要的风景恢复区，可包括部分风景游览区。二级保护区应恢复生态与景观环境，限制各类建设和人为活动，可安排直接为风景游赏服务的相关设施，严格限制居民点的加建和扩建，严格限制游览性交通以外的机动交通工具进入本区。③三级保护区划定与保护要求应符合下列规定：三级保护区属于控制建设范围，风景名胜资源少、景观价值一般、生态价值一般的区域应划为三级保护区。该区应包含发展控制区和旅游服务区，可包括部分风景恢复区。三级保护区内可维护原有土地利用方式与形态。根据不同区域的主导功能合理安排旅游服务设施和相关建设，区内建设应控制建设功能、建设规模、建设强度、建筑高度和形式等，与风景环境相协调。

风景名胜区属于《全国主体功能区规划》和《青海省主体功能区规划》中的禁止开发区域。

5.4 自然遗产地

5.4.1 可可西里自然遗产地

世界遗产是指被联合国教科文组织和世界遗产委员会确认的人类罕见的、目前无法替代的财富，是全人类公认具有突出意义和普遍价值的文物古迹及自然景观，包括世界文化遗产、自然遗产、文化与自然遗产和文化景观 4 类。青海省仅有 1 处——可可西里自然遗产地。

《青海省可可西里自然遗产地保护条例》（2016 年 9 月 23 日青海省第十二届人民代表大会常务委员会第二十九次会议通过，2020 年 7 月 22 日青海省第十三届人民代表大会常务委员会第十八次会议第一次修正，2022 年 1 月 13 日青海省第十三届人民代表大会常务委员会第二十九次会议第二次修正）所称可可西里自然遗产地是指按照国家规定的自然遗产地划定标准和程序，在玉树藏族自治州治多县可可西里地区及索加乡、曲麻莱县曲麻河乡行政区域内划定并公布的区域。缓冲区是指按照法定程序划定并公布，在功能上对可可西里自然遗产地保护有重要影响的外围相邻区域。

可可西里自然遗产地面积为 6.03 万 km^2，占青海省土地面积的 8.66%，为我国面积最大、平均海拔最高、湖泊数量最多的世界自然遗产地。2017 年 7 月 7 日，在联合国教科文组织第 41 届世界遗产委员会会议上，青海可可西里被列入《世界遗产名录》，成为我国第 12 项世界自然遗产、第 51 项世界遗产，实现了青藏高原世界自然遗产“零”的突破。

5.4.2　管理要求

《青海省可可西里自然遗产地保护条例》规定，可可西里自然遗产地内的原生生态系统、濒危特有物种栖息地、自然遗迹受到威胁，需要采取人为干预措施的，可可西里自然遗产地管理机构应当报告省人民政府住房和城乡建设行政主管部门，经专家论证后方可实施。在可可西里自然遗产地内，禁止下列行为：①开山、采石、取土、采矿等破坏自然景观、植被和地形地貌的活动；②擅自引进外来物种；③非法捕杀国家重点保护野生动物；④擅自移动或者破坏界桩、界碑和安全警示等标识标牌；⑤法律、法规禁止的其他行为。可可西里自然遗产地管理机构应当保护野生动物栖息地和自然迁徙路线，确保野生动物生存环境、生活习性不受人为破坏和干扰。经依法批准的建设项目选址应当避让野生动物栖息地和自然迁徙路线，无法避让确需跨越野生动物栖息地和自然迁徙路线的建设项目应当充分论证、科学设计和合理施工。铁路管理部门应当在可可西里自然遗产地及其缓冲区采取保护措施，防止野生动物进入机车行驶区域。交通运输部门应当在可可西里自然遗产地及其缓冲区公路沿线科学设置动物穿越通道，并设立警示标牌。途经可可西里自然遗产地及其缓冲区公路的车辆驾驶人员和其他人员应当自觉避让野生动物，禁止惊扰野生动物。

世界自然遗产地属于《全国主体功能区规划》中的禁止开发区域。

5.5 地质公园

5.5.1 地质公园概念

《全国主体功能区规划》所称国家地质公园，是指以具有国家级特殊地质科学意义、较高的美学观赏价值的地质遗迹为主体，并融合其他自然景观与人文景观而构成的一种独特的自然区域。《地质遗迹保护管理规定》（地质矿产部令 第21号）所称地质遗迹是指在地球演化的漫长地质历史时期，由于各种内外动力地质作用，形成、发展并遗留下来的珍贵的、不可再生的地质自然遗产。

5.5.2 数量与面积

经原国土资源部批准，青海省已设立了格尔木昆仑山、互助北山、贵德、久治年保玉则、尖扎坎布拉、玛沁阿尼玛卿、青海湖7处国家地质公园，以及德令哈柏树山省级地质公园，批建总面积为0.57万km^2，占青海省土地面积的0.82%。昆仑山于2014年9月23日在联合国教科文组织第六届国际地质公园大会上正式加入世界地质公园网络，是世界平均海拔最高地质公园，也是我国海拔最高的世界地质公园，是我国第30个世界地质公园。包含昆仑山世界地质公园在内，青海省地质公园总面积为1.28万km^2，占青海省土地面积的1.67%。

5.5.3 管理要求

《地质遗迹保护管理规定》要求对保护区内的地质遗迹可分别实施一级保护、二级保护和三级保护。一级保护：对国际或国内具有极为罕见和重要科学价值的地质遗迹实施一级保护，未经批准不得入内。经设立该级地质遗迹保护区的人民政府地质矿产行政主管部门批准，可组织进行参观、科研或国际间交往。二级保护：对大区域范围内具有重要科学价值的地质遗迹实施二级保护。经设立该级地质遗迹保护区的人民政府地质矿产行政主管部门批准，可有组织地进行科研、教学、学术交流及适当的旅游活动。三级保护：对具有一定价值的地质遗迹实施三级保护。经设立该级地质遗迹保护区的人民政府地质矿产行政主管部门批准，可组织开展旅游活动。任何单位和个人不得在保护区内及可能对地质遗迹造成影响的一定范围内进行采石、取土、开矿、放牧、砍伐以及其他对保护对象有损害的活动。未经管理机构批准，不得在保护区范围内采集标本和化石，不得在保护区内修建与地质遗迹保护无关的厂房或其他建筑设施；对已建成并可能对地质遗迹造成污染或破坏的设施，应限期治理或停业外迁。

地质公园属于《全国主体功能区规划》和《青海省主体功能区规划》中的禁止开发区域。

5.6　森林公园

5.6.1　森林公园概念

《森林公园管理办法》（2016 年 9 月 22 日国家林业局令第 42 号修改）所称森林公园是指森林景观优美，自然景观和人文景物集中，具有一定规模，可供人们游览、休息或进行科学、文化、教育活动的场所。国家级森林公园的主体功能是保护森林风景资源和生物多样性、普及生态文化知识、开展森林生态旅游。

5.6.2　数量与面积

青海省在祁连山、柴达木、河湟谷地共建立了 23 处森林公园，包括尖扎坎布拉、互助北山、大通、湟中群加、门源仙米、乌兰哈里哈图、泽库麦秀 7 处国家级森林公园和湟源东峡、平安峡群寺、互助南门峡、乐都上北山、西宁湟水、湟中上五庄、贵德黄河、祁连山黑河大峡谷、互助松多、湟中南朔山、德令哈柏树山、民和南大山、同德河北、化隆雄先、乐都药草台、乐都杨宗 16 处省级森林公园。青海省森林公园批建总面积为 0.54 万 km^2，占青海省土地面积的 0.78%。

5.6.3　管理要求

《森林公园管理办法》规定森林公园分为国家级森林公园，省级森林公园，市、县级森林公园三级。在珍贵景物、重要景点和核心景区，除必要的保护和附属设施外，不得建设宾馆、招待所、疗养院和其他工程设施。禁止在森林公园毁林开垦和毁林采石、采砂、采土以及其他毁林行为。

《国家级森林公园管理办法》规定国家级森林公园内的建设项目应当符合总体规划的要求，其选址、规模、风格和色彩等应当与周边景观及环境相协调，相应的废水、废物处理和防火设施应当同时设计、同时施工、同时使用。国家级森林公园内已建或者在建的建设项目不符合总体规划要求的，应当按照总体规划逐步进行改造、拆除或者迁出。在国家级森林公园设立后、总体规划批准前，不得在森林公园内新建永久性建筑、构筑物等人工设施。国家级森林公园以自然景观为主，严格控制人造景点的设置；严格控制滑雪场、索道等对景观和环境有较大影响的项目建设。在国家级森林公园内禁止从事下列活动：①擅自采折、采挖花草、树木、药材等植物；②非法猎捕、杀害野生动物；③刻画、污损树木、岩石和文物古迹及葬坟；④损毁或者擅自移动园内设施；⑤未经处理直接排放生活污水和超标准的废水、废气，乱倒垃圾、废渣、废物及其他污染物；⑥在非指定的吸烟区吸烟和在非指定区域野外用火、焚烧香蜡纸烛、燃放烟花爆竹；⑦擅自摆摊设点、兜售物品；⑧擅自围、填、堵、截自然水系；⑨法律、法规、规章禁止的其他活动。已建国家级森林公园的范围与国家级自然保护区重合或者交叉的，国家级森林公园总体规划应当与国家级自然保护区总体规划相互协调；对重合或者交叉区域，应当按照自然保护区有关法律法规管理。国家林业局批准的国家级森林公园总体规划，应当自批准之日起30日内予以公开，公众有权查阅。

《国家级森林公园总体规划规范》（LY/T 2005—2012）规定，森林公园功能分区类型包括核心景观区、一般游憩区、管理服务区和生态保育区等。每类功能区可根据具体情况再划分为几个景区（或分区）。核心景观区是指拥有特别珍贵的森林风景资源，必须进行严格保护的区域。在核心景观区，除了必要的保护、解说、游览、休憩和安全、环卫、景区管护站等设施，不得规划建设住宿、餐饮、购物、娱乐等设施。一般游憩区是指森林风景资源相对平常，且方便开展旅游活动的区域。一般游憩区内可以规划少量旅游公路、停车场、宣教设施、娱乐设施、景区管护站及小规模的餐饮点、购物亭等。管理服务区是指为满足森林公园管理和旅游接待服务需要而划定的区域。管理服务区内应当规划入口管理区、游客中心、停车场和一定数量的住宿、餐饮、购物、娱乐等接待服务设施，以及必要的管理和职工生活用房。生态保育区是指在本规划期内以生态保护修复为主，基本不进行开发建设、不对游客开放的区域。

森林公园属于《全国主体功能区规划》和《青海省主体功能区规划》中的禁止开发区域。

5.7　湿地公园

5.7.1　湿地公园概念

《国家湿地公园管理办法》（林湿发〔2022〕3 号）所称国家湿地公园是指以保护湿地生态系统、合理利用湿地资源、开展湿地宣传教育和科学研究为目的，经国家林业和草原局批准设立，按照有关规定予以保护和管理的特定区域。国家湿地公园是自然保护体系的重要组成部分，属于社会公益事业。

5.7.2　数量与面积

2007 年经国家林业局批准在青海省贵德县设立了第一个湿地公园，截至 2018 年 2 月，青海省共设立了 20 处湿地公园，分别为贵德黄河、西宁湟水、河南洮河源、都兰阿拉克湖、德令哈尕海、玛多冬格措纳湖、祁连黑河源、乌兰都兰湖、玉树巴塘河、天峻布哈河、互助南门峡、班玛玛可河、乐都大地湾、曲麻莱德曲源、泽库泽曲、贵南茫曲、刚察沙柳河、甘德班玛仁拓、达日黄河 19 处国家级湿地公园和冷湖奎屯诺尔湖 1 处省级湿地公园。批建总面积为 0.33 万 km^2，占青海省土地面积的 0.47%。

5.7.3　管理要求

《国家湿地公园管理办法》规定国家湿地公园应划定保育区。根据自然条件和管理需要，可划分恢复重建区、合理利用区，实行分区管理。保育区除开展保护、监测、科学研究等必需的保护管理活动外，不得进行任何与湿地生态系统保护和管理无关的其他活动。恢复重建区应当开展培育和恢复湿地的相关活动。合理利用区应当开展以生态展示、科普教育为主的宣教活动，可开展不损害湿地生态系统功能的生态体验及管理服务等活动。保育区、恢复重建区的面积之和及其湿地面积之和应分别大于湿地公园总面积、湿地公园湿地总面积的 60%。国家湿地公园的湿地面积原则上不低于 100 hm^2，湿地率不低于 30%。国家湿地公园范围与自然保护区、森林公园不得重叠或者交叉。

禁止擅自征收、占用国家湿地公园的土地。除国家另有规定外，国家湿地公园内禁止下列行为：①开（围）垦、填埋或者排干湿地；②截断湿地水源；③挖沙、采矿；④倾倒有毒有害物质、废弃物、垃圾；⑤从事房地产、度假村、高尔夫球场、风力发电、光伏发电等任何不符合主体功能定位的建设项目和开发活动；⑥破坏野生动物栖息地和迁徙通道、鱼类洄游通道，滥采滥捕野生动植物；⑦引入外来物种；⑧擅自放牧、捕捞、取土、取水、排污、放生；⑨其他破坏湿地及其生态功能的活动。

湿地公园属于《青海省主体功能区规划》中的禁止开发区域。

5.8 重要湿地

5.8.1 湿地概念

《中华人民共和国湿地保护法》（2021 年 12 月 24 日第十三届全国人民代表大会常务委员会第三十二次会议通过）所称湿地，是指具有显著生态功能的自然或者人工的、常年或者季节性积水地带、水域，包括低潮时水深不超过 6 m 的海域，水田以及用于养殖的人工的水域和滩涂除外。《湿地保护管理规定》（2017 年 12 月 5 日国家林业局令第 48 号修改）所称湿地，是指常年或者季节性积水地带、水域和低潮时水深不超过 6 m 的海域，包括沼泽湿地、湖泊湿地、河流湿地、滨海湿地等自然湿地，以及重点保护野生动物栖息地或者重点保护野生植物原生地等人工湿地。

5.8.2 数量与面积

①国际重要湿地。截至 2018 年，青海省被列入国际重要湿地名录的有 3 处，分别是青海湖鸟岛国际重要湿地、扎陵湖国际重要湿地、鄂陵湖国际重要湿地，青海湖鸟岛国际重要湿地于 1992 年、扎陵湖国际重要湿地和鄂陵湖国际重要湿地于

2005 年加入《关于特别是作为水禽栖息地的国际重要湿地公约》（又称《拉姆萨尔公约》），总面积为 0.17 万 km^2，占青海省土地面积的 0.24%。2023 年 6 月，国家林业和草原局发布公告，青海隆宝滩列入《国际重要湿地名录》。

②国家重要湿地。本书对国家重要湿地的研究是根据 2000 年国家林业局发布的《中国湿地保护行动计划》中国重要湿地名录中，青海省共有 17 处，分别是冬给措纳湖湿地、扎陵湖湿地、鄂陵湖湿地、尕斯库勒湖湿地、哈拉湖湿地、库赛湖湿地、多尔改错湿地、卓乃湖湿地、可鲁克湖湿地、托素湖湿地、隆宝滩湿地、岗纳格玛错湿地、玛多湖湿地、依然错湿地（尼日阿错改区域）、茶卡盐湖湿地、青海湖湿地、柴达木盆地中的湿地（由南霍布逊、北霍布逊、东台吉乃尔、西台吉乃尔、涩聂湖、达布逊湖、察尔汗盐湖 7 个湖泊组成）。总面积为 2.20 万 km^2，占青海省土地面积的 3.16%。这些湿地涉及长江、黄河源区、祁连山地区，也包括可可西里地区、柴达木盆地和青海湖盆地，这些湿地极具代表性和典型性，是青海省湿地资源的精华。

5.8.3　管理要求

《国务院办公厅关于印发湿地保护修复制度方案的通知》（国办发〔2016〕89 号）要求建立湿地分级体系。根据生态区位、生态系统功能和生物多样性，将全国湿地划分为国家重要湿地（含国际重要湿地）、地方重要湿地和一般湿地，列入不同级别湿地名录，定期更新。《湿地保护管理规定》湿地按照其生态区位、生态系统功能和生物多样性等重要程度，分为国家重要湿地、地方重要湿地和一般湿地。符合国际湿地公约国际重要湿地标准的，可以申请指定为国际重要湿地。

《湿地保护管理规定》（2013 年 3 月 28 日国家林业局令第 32 号公布，2017 年 12 月 5 日国家林业局令第 48 号修改）要求除法律法规有特别规定的以外，在湿地内禁止从事下列活动：①开（围）垦、填埋或者排干湿地；②永久性截断湿地水源；③挖沙、采矿；④倾倒有毒有害物质、废弃物、垃圾；⑤破坏野生动物栖息地和迁徙通道、鱼类洄游通道，滥采滥捕野生动植物；⑥引进外来物种；⑦擅自放牧、捕捞、取土、取水、排污、放生；⑧其他破坏湿地及其生态功能的活动。

国家重要湿地和国际重要湿地属于《青海省主体功能区规划》中的禁止开发区域。

5.9 饮用水水源保护区

5.9.1 饮用水水源保护区概念

《青海省饮用水水源保护条例》（2012 年 3 月 28 日青海省第十一届人民代表大会常务委员会第二十八次会议通过，2018 年 3 月 30 日青海省第十三届人民代表大会常务委员会第二次会议修正）规定本省实行饮用水水源保护区制度。饮用水水源保护区是指为了保护集中供水的地表、地下水源安全而划定的加以特殊保护、防止污染和破坏的水域及相关陆域。

5.9.2 数量与面积

青海省县级以上集中式饮用水水源保护区为 54 个，批建面积为 0.08 万 km^2，占青海省土地面积的 0.12%。根据《水利部关于印发全国重要饮用水水源地名录（2016 年）的通知》（水资源函〔2016〕383 号），涉及青海省的有黑泉水库水源地、北川石家庄水源地、北川塔尔水源地、湟中县西纳川丹麻寺水源地、海东市互助县南门峡水源地、德令哈市城市供水水源地以及格尔木市格尔木河冲洪积扇水源地 7 个水源地。

5.9.3 管理要求

《中华人民共和国水污染防治法》《青海省饮用水水源保护条例》规定饮用水水源保护区分为一级保护区和二级保护区；必要时，可以在饮用水水源保护区外围划定一定的区域作为准保护区。

《青海省饮用水水源保护条例》规定了在饮用水水源准保护区内，禁止从事下列活动：①设置排污口；②新建、扩建严重污染水体的建设项目，改建增加排污量的建设项目；③设置存放可溶性剧毒废渣等污染物的场所；④进行可能严重影响饮用水水源水质的矿产勘查、开采等活动；⑤向水体排放含低放射性物质的废水、含热废水、含病原体污水；⑥法律、法规规定的其他可能污染饮用水水源的活动。在饮用水水源二级保护区内，除饮用水水源准保护区内禁止的行为外，还禁止下列行为：①新建、改建、扩建排放污染物的建设项目或者其他设施；②向水体倾倒生活垃圾；③贮存、堆放可能造成水体污染的固体废物和其他污染物；④从事淘金、采砂、采石、采矿活动；⑤新建、改建、扩建畜禽养殖场；⑥法律、法规规定的其他可能污染饮用水水源的行为。在饮用水水源二级保护区内限制施用农药、化肥、含磷洗涤剂；从事网箱养殖、旅游等活动的，应当按照规定采取措施，防止污染饮用水水体。县级以上人民政府应当对饮用水水源二级保护区内已建成的排放污染物的建设项目，依法责令限期拆除或者关闭。饮用水水源一级保护区实行封闭管理。在饮用水水源一级保护区内，除饮用水水源准保护区、二级保护区内禁止的行为外，还禁止下列行为：①新建、改建、扩建与供水设施和保护水源无关的建设项目；②放养畜禽、从事网箱养殖活动；③施用农药、化肥、含磷洗涤剂；④从事旅游、游泳、垂钓和其他可能污染饮用水水体的活动。县级以上人民政府应当对饮用水水源一级保护区内已建成的与供水设施和保护水源无关的建设项目，依法责令限期拆除或者关闭。县级以上人民政府应当对饮用水水源保护区内已建的固体废物和其他污染物堆放场所，依法责令限期拆除或者关闭。《中华人民共和国水法》规定禁止在饮用水水源保护区内设置排污口。

饮用水水源保护区属于《青海省主体功能区规划》中的禁止开发区域。

5.10　水产种质资源保护区

5.10.1　水产种质资源保护区概念

《水产种质资源保护区管理暂行办法》（2016 年 5 月 30 日农业部令 2016 年第 3 号修订）所称水产种质资源保护区，是指为保护水产种质资源及其生存环境，在具有较高经济价值和遗传育种价值的水产种质资源的主要生长繁育区域，依法划定并予以特殊保护和管理的水域、滩涂及其毗邻的岛礁、陆域。

5.10.2　数量与面积

自 2007 年经农业部批准设立第一批水产种质资源保护区以来，青海省已设立了 14 处水产种质资源保护区，全部为国家级。其中，青海湖 1 处、黑河 1 处、格尔木河 1 处、长江流域 4 处、黄河流域 7 处，分别为青海湖裸鲤、黑河特有鱼类、格尔木河特有鱼类、玛柯河重口裂腹鱼、沱沱河特有鱼类、楚玛尔河特有鱼类、玉树州烟瘴挂峡特有鱼类、黄河上游特有鱼类（青海、甘肃、四川 3 省共同设立）、扎陵湖—鄂陵湖花斑裸鲤极边扁咽齿鱼、黄河尖扎段特有鱼类、黄河贵德段特有鱼类、黄河格曲河特有鱼类、大通河特有鱼类、西门措特有鱼类水产种质资源保护区，批建总面积为 5.24 万 km^2，占青海省土地面积的 7.52%。

5.10.3 管理要求

《水产种质资源保护区管理暂行办法》规定水产种质资源保护区分为国家级水产种质资源保护区和省级水产种质资源保护区。根据保护对象资源状况、自然环境及保护需要，水产种质资源保护区可以划分为核心区和实验区。

特别保护区内不得从事捕捞、爆破作业以及其他可能对保护区内生物资源和生态环境造成损害的活动。在水产种质资源保护区内从事修建水利工程、疏浚航道、建闸筑坝、勘探和开采矿产资源、港口建设等工程建设的，或在水产种质资源保护区外从事可能损害保护区功能的工程建设活动的，应当按照国家有关规定编制建设项目对水产种质资源保护区的影响专题论证报告，并将其纳入环境影响评价报告书。单位和个人在水产种质资源保护区内从事水生生物资源调查、科学研究、教学实习、参观游览、影视拍摄等活动，应当遵守有关法律法规和保护区管理制度，不得损害水产种质资源及其生存环境。禁止在水产种质资源保护区内从事围湖造田、围海造地或围填海工程。禁止在水产种质资源保护区内新建排污口。在水产种质资源保护区附近新建、改建、扩建排污口，应当保证保护区水体不受污染。

5.11 沙化土地封禁保护区

5.11.1 沙化土地封禁保护区概念

《中华人民共和国防沙治沙法》（2001 年 8 月 31 日第九届全国人民代表大会常务委员会第二十三次会议通过，2018 年 10 月 26 日第十三届全国人民代表大会常务委员会第六次会议修正）对土地沙化做了释义，土地沙化是因气候变化和人类不合理活动所导致的天然沙漠扩张和沙质土壤上的植被破坏、水土裸露的过程。沙化土地包括已经沙化的土地和具有明显沙化趋势的土地。具体范围由国务院批准的《全国防沙治沙规划》确定。在规划期内不具备治理条件的以及因保护生态的需要不宜开发利用的连片沙化土地，应当规划为沙化土地封禁保护区，实行封禁保护。沙化土地封禁保护区的范围由全国防沙治沙规划以及省、自治区、直辖市防沙治沙规划确定。《国家沙化土地封禁保护区管理办法》（林沙发〔2015〕66 号）规定，对于不具备治理条件以及因保护生态需要不宜开发利用的连片沙化土地，由国家林业局根据《全国防沙治沙规划》确定的范围，按照生态区位的重要程度、沙化危害状况和国家财力支持情况等分批划定为国家沙化土地封禁保护区。

5.11.2　数量与面积

经原国家林业局批准，都兰县夏日哈、乌兰县卜浪沟、茫崖行委（现茫崖市）、贵南县木格滩、大柴旦行委、格尔木市乌图美仁、海晏县、共和县塔拉滩、贵南县鲁仓、冷湖行委（现茫崖市）、乌兰县灶火、玛沁县昌麻河 12 处沙化土地划定为国家沙化土地封禁保护区，总面积为 0.58 万 km^2，占青海省土地面积的 0.80%。

5.11.3　管理要求

《国家沙化土地封禁保护区管理办法》规定除国家另有规定外，在国家沙化土地封禁保护区范围内禁止下列行为：①禁止砍伐、樵采、开垦、放牧、采药、狩猎、勘探、开矿和滥用水资源等一切破坏植被的活动；②禁止在国家沙化土地封禁保护区范围内安置移民；③未经批准，禁止在国家沙化土地封禁保护区范围内进行修建铁路、公路等建设活动。确需在国家沙化土地封禁保护区范围内进行修建铁路、公路等建设活动的，应当按照“在沙化土地封禁保护区范围内进行修建铁路、公路等建设活动审核”的行政许可要求，报原国家林业局行政许可。

5.12 沙漠公园

5.12.1 沙漠公园概念

《国家沙漠公园管理办法》（林沙规〔2022〕4 号）所称沙漠公园，是以荒漠景观为主体，以保护荒漠生态系统和生态功能为核心，合理利用自然与人文景观资源，开展生态保护及植被恢复、科研监测、宣传教育、生态旅游等活动的特定区域。国家沙漠公园建设是国家生态建设的重要组成部分，属于社会公益事业。

5.12.2 数量与面积

自 2014 年经原国家林业局批准建立第一批沙漠公园以来，青海省建立了海晏克土、曲麻莱通天河、乌兰泉水湾、泽库和日、茫崖千佛崖、都兰铁奎、乌兰金子海、贵南黄沙头、格尔木托拉海、贵南鲁仓、冷湖雅丹、玛沁优云区共 12 处国家沙漠公园，批建总面积为 0.02 万 km^2，占青海省土地面积的 0.03%。

5.12.3 管理要求

《国家沙漠公园管理办法》规定了国家沙漠公园在地域上不得与国家已批准设立的其他保护区域重叠或者交叉。国家沙漠公园建设要合理进行功能分区，发挥保护、科研、宣教和游憩等生态公益功能。功能分区主要包括生态保育区、宣教展示区、沙漠体验区、管理服务区。①生态保育区应当实行最严格的生态保护和管理，最大限度地减少对生态环境的破坏和消极影响。生态保育区可利用现有人员和技术手段开展沙漠公园的植被保护工作，建立必要的保护设施，提高管理水平，巩固建设成果。对具有植被恢复条件和可能发生植被退化的区域，可采取以生物措施为主的综合治理措施，持续提高沙漠公园的生态功能。生态保育区面积原则上应不小于国家沙漠公园总面积的 60%。②宣教展示区主要开展与荒漠生态系统相关的科普宣教和自然人文景观的展示活动。可修建必要的基础设施，如道路、展示牌及科普教育设施等。③沙漠体验区可在不损害荒漠生态系统功能的前提下开展生态旅游、文化、体育等活动，建设必要的旅游景点和配套设施。沙漠体验区面积原则上不超过国家沙漠公园总面积的 20%。④管理服务区主要开展管理、接待和服务等活动，可进行必要的基础设施建设，完善服务功能，提高服务水平。管理服务区面积应不超过国家沙漠公园总面积的 5%。

除国家另有规定外，在国家沙漠公园范围内禁止下列行为：①开展房地产、高尔夫球场、大型馆所、工业开发、农业开发等建设项目。②直接排放或者堆放未经处理或者超标准的生活污水、废水、废渣、废物及其他污染物。③其他破坏或者有损荒漠生态系统功能的活动。

5.13　水利风景区

5.13.1　水利风景区概念

《水利风景区管理办法》（水综合〔2022〕138 号）所指水利风景区，是以水利设施、水域及其岸线为依托，具有一定规模和质量的水利风景资源与环境条件，通过生态、文化、服务和安全设施建设，开展科普、文化、教育等活动或者供人们休闲、游憩的区域。

5.13.2　数量与面积

2005 年，经水利部批准设立第一批水利风景区以来，青海省设立了水库型、湿地型、自然河湖型、城市河湖型、水土保持型、灌区型六大类型共 17 处水利风景区，分别为互助南门峡、西宁市长岭沟、黄南州黄河走廊、青海孟达天池、大通黑泉水库、互助北山、久治年保玉则、民和三川黄河、玛多黄河源、海西州巴音河、囊谦澜沧江、乌兰金子海、玉树州通天河 13 处国家水利风景区和乌兰都兰河、湟中莲花湖、杂多澜沧江源、班玛玛柯河 4 处省级水利风景区，形成了涵盖青海省重要江河湖库、水土流失治理区的水利风景区群落。批建总面积为 3.15 万 km^2，占青海省土地面积的 4.52%。

5.13.3　管理要求

《水利风景区管理办法》规定，水利部指导全国水利风景区建设与管理工作。

在水利风景区内禁止从事下列活动：①影响防洪和供水安全的；②影响水利工程设施安全运行的；③超标准排放污水、废气，乱弃、乱堆、乱埋垃圾等；④违规存放或者倾倒易燃、易爆、有毒、有害物品；⑤违规占用河湖水域岸线或者破坏河湖空间完整性、损害河湖功能的；⑥污染水环境、破坏水生态或者造成水土流失的；⑦乱搭乱建建筑物、构筑物和临时设施；⑧法律、法规、规章禁止的其他行为。

5.14 冰川雪山

高山冰雪是巨大的天然“固体水库”，夏季冰雪融水成为江河的重要水源，对流域和区域水资源稳定性具有重要调节功能。

根据青海省第三次全国国土调查主要数据公报，青海省冰川及常年积雪 4 233 km^2，占青海省国土面积的 0.61%。主要有长江源唐古拉山地区的格拉丹冬雪山群、尕恰迪如岗雪山群、岗钦雪山群、赛多浦岗日雪山群；可可西里地区的马兰山、巍雪山、布喀达坂山；澜沧江源区的色的日冰川群；黄河流域的阿尼玛卿雪山；祁连山地区的岗纳楼冰川、岗格尔肖合力冰川、岗什卡冰川、冷龙岭雪山；柴达木盆地东南边缘、昆仑山北侧的塔鹤托板日、雪山峰、野牛沟、煤矿冰川，柴达木盆地北侧边缘的大柴旦蒙克、吐尔根达坂山、敦德冰帽等。

5.15 综合评价

1975 年 5 月，青海省建立了青海湖省级自然保护地，这是青海省建立的第一个自然保护地，开创了青海省自然保护地建设的先河。经过 40 余年的发展，青海省自然保护地建设取得了显著成效，在青海省各级政府以及环保、林业、国土、农牧、住建、水利等部门的共同支持下，又先后设立了森林公园、国际重要湿地、风景名胜区、国家重要湿地、地质公园、水利风景区、水产种质资源保护区、湿地公园、沙漠公园、国家公园、世界自然遗产地等多种类型的自然保护地。

这些自然保护地基本覆盖了青海省绝大多数重要的自然生态系统和自然遗产资源，最大限度地保留了自然本底，较完好地保存了典型生态系统、珍稀特有物种资源、珍贵特殊自然遗迹和自然景观，发挥了重要的水源涵养、土壤保持、防风固沙、生物多样性维护等生态服务功能。同时，这些自然保护地也是青海省生态建设的核心载体、大美青海的重要象征，是青海省乃至我国实施生态保护战略的基础，在维护青海省生态安全和区域生态安全中居于首要地位，是青海省生态保护红线划定的关键区域。

青海省自然保护地类型丰富。由原国家环境保护、国土资源、住房和城乡建设、农业、水利、林业、海洋等行政主管部门根据相关职能和法律法规，设立和主管的有自然保护区、风景名胜区、地质公园、森林公园、湿地公园、沙漠公园、水利风景区、水产种质资源保护区、沙化土地封禁保护区、海洋特别保护区、重要湿地等。青海省除海洋特别保护区不涉及外，其余类型自然保护地均有设立，此外，还设立了矿山公园、世界地质公园、国际重要湿地、世界自然遗产地等。青海省设立的自然保护地全部为省级和国家级。

青海省自然保护地数量较少，面积较大，比例较高。截至 2018 年，青海省已建立自然保护区 11 处，批建总面积为 21.78 万 km^2；国家公园 2 处，面积为 13.89 万 km^2；自然遗产地 1 处，面积为 6.03 万 km^2；水产种质资源保护区 14 处，面积为 5.24 万 km^2；重要湿地 20 处（国际重要湿地 3 处、国家重要湿地 17 处），面积为 2.37 万 km^2；风景名胜区 19 处，面积为 1.06 万 km^2；地质公园 9 处，面积为 0.57 万 km^2；森林公园 23 处，面积为 0.54 万 km^2；沙化土地封禁保护区 12 处，面积为 0.54 万 km^2；水利风景区 23 处，面积为 0.51 万 km^2；湿地公园 20 处，面积为 0.33 万 km^2；沙漠公园 12 处，面积为 0.02 万 km^2。全省 12 个类型自然保护地（未包含饮用水水源地）共计 161 处，批建总面积达到 52.88 万 km^2（未扣除同一区域不同类型保护地之间重叠面积），占青海省土地面积的 75.9%。将收集到的各自然保护地范围纸质图件经电子扫描后在地理信息系统软件上进行空间矢量化，扣除保护地交叉重叠区域后，全省 12 个类型 161 处自然保护地矢量面积约为 28.84 万 km^2（受各保护地图件精度、部分保护地边界仍未确定、坐标系和投影转换参数不同等多方面影响，图上矢量面积与批建面积、实际面积均存在不同程度的误差），约占青海省土地面积的 41.4%，仅次于西藏自治区，位居全国第二。

全省 45 个县级行政区（含西宁市 4 个市辖区），除同仁市还没有设立自然保护地外，其余各县均设立了自然保护地。7 个县（市）自然保护地面积超过 1 万 km^2，最大的是治多县，面积为 7.11 万 km^2，其次是曲麻莱县和杂多县，面积分别为 3.11 万 km^2 和 3.00 万 km^2，以及玛多、格尔木、天峻、囊谦 4 县（市），10 个县（市）自然保护地面积为 1 000～10 000 km^2，20 个县（市）自然保护地面积在 1 000 km^2 以内。4 个县自然保护地面积占本县域土地面积比例超过 80%，分别是治多、囊谦、杂多、玛多，6 个县自然保护地面积比例为 50%～80%，11 个县自然保护地面积比例为 30%～50%，9 个县自然保护地面积比例为 10%～30%，其余县自然保护地面积比例小于 10%。

第6章

生态功能分区研究

6.1　生态功能区位

青海省位于青藏高原东北部，地处我国“两屏三带”生态安全战略格局中青藏高原生态屏障的核心区域，是长江、黄河、澜沧江、黑河等大江大河的发源地，是我国淡水资源的重要补给地，每年向下游供水超过 600 亿 m^3，关系到下游西藏、甘肃、四川等 16 个省（区、市）的用水安全，被誉为“三江之源”“中华水塔”，是国家重要生态安全屏障和高寒生物自然种质资源库，是我国及东半球气候的“启动区”和“调节区”，也是中华民族的“生态源”，具有不可估量的生态价值，生态战略地位显著。

青海省生态环境的变化不仅关系青海省自身的生态安全，而且将直接影响到我国乃至东南亚地区的生态安全，决定了青海在我国乃至世界生态安全中具有不可替代的作用。其中，三江源区、祁连山区以其特殊的地理位置、独特典型的自然生态系统和丰富的生物多样性、重要的生态系统服务功能，在全国生态文明建设上具有特殊重要地位，关系全国的生态安全和中华民族的长远发展，先后划为国家重点生态功能区、重要生态功能区、生物多样性优先保护区域，且是对国家和区域生态安全具有重要作用的水源涵养生态功能区域。筑牢国家生态安全屏障，守护“中华水塔”，强化江河源区保护，稳固江河源区水源涵养和生物多样性核心生态功能，涵养好中华民族的生命之源，确保持续、稳定、洁净的“一江清水向东流”。

6.2　生态功能区划分

青海省境内兼跨外流区和内流区，省内自东北向西南，大致以青甘省界冷龙岭—默勒山—大通山—日月山—青海南山—鄂拉山—布青山—博卡雷克塔格山—乌兰乌拉山—祖尔肯乌拉山—格拉丹东至青藏边界为界线，东南为外流区，西北为内流区。外流区包括长江流域、黄河流域、澜沧江流域，水文特点是河网密度大、流程长、径流量大；内流区包括祁连山地区的黑河流域、疏勒河流域、石羊河流域、哈拉湖流域、青海湖流域，柴达木水系的格尔木河流域、那棱格勒河流域、柴达木河流域以及茶卡—沙珠玉盆地内陆流域，可可西里盆地流域等，水文特点水流分散、流程短、径流量相对较小、多为季节性河流。全省流域面积在 50 km^2 以上的河流有 3 518 条，其中，流域面积在 100 km^2 以上的有 1 791 条、在 1 000 km^2 以上的有 200 条、在 10 000 km^2 以上的有 27 条；湖泊面积在 1 km^2 以上的有 242 个，水面总面积为 1.29 万 km^2；湖泊面积在 10 km^2 以上的有 88 个，水面总面积为 1.23 万 km^2。年总径流量为 622 亿 m^3。

黄河是世界第五长河、中国第二长河，是青海省最长的河流。长江是世界第三大河、中国第一大河，是青海省内第二大河流。澜沧江是湄公河上游在中国境内河段的名称，藏语“拉楚”，意思为“獐子河”，是著名的国际河流，是世界第七长河、亚洲第三长河、东南亚第一长河，源于青海，经西藏、云南出国境，向南流经柬埔寨于越南的南部注入南海。

内流河流域。为西北诸河水系，青海省境内主要分布在北部，由柴达木盆地、青海湖盆地、哈拉湖盆地、茶卡—沙珠玉盆地、祁连山地、羌塘高原内流区等大小内陆水系河流组成，多为永久性河流。主要河流包括柴达木盆地水系的那棱格勒河、格尔木河、柴达木河、诺木洪河等；青海湖盆地水系的布哈河、沙柳河、哈尔盖河、倒淌河、黑马河、伊克乌兰河、吉尔孟河等；哈拉湖盆地水系的奥果吐乌兰郭勒河等；茶卡—沙珠玉盆地水系为沙珠玉河、茶卡河、大水河、小察苏河等；祁连山地水系为疏勒河、托勒河、黑河、八宝河及石羊河等；可可西里水系有曾松曲、切尔恰藏布、兰丽河、陷车河、库赛河等。

青海省湖泊星罗棋布，主要有祁连山湖群区、柴达木盆地湖群区、长江源头与可可西里湖群区和黄河河源湖群区。祁连山湖群区分布于青海湖、海西州德令哈以北至祁连山党河南山省界范围之间，主要为咸水湖；柴达木盆地湖群区是青海中部盐湖、咸水湖集中分布区；长江源头与可可西里湖群区主要分布在昆仑山和唐古拉山之间，青藏公路以西的波状高原地区；黄河河源湖群区分布在巴颜喀拉山以北玛多县境内，主要为淡水湖。

基于主导生态功能类型和流域水系特点，遵循生态系统的完整性和地理单元的连续性，结合行政区划和自然保护地分布，将全省划分为长江源区、大渡河—鲜水河源区、黄河源区、黄河源汇水区、澜沧江源区、黑河源区、疏勒河源区、石羊河源区、青海湖流域、湟水—大通河源区、黄河干流东部丘陵区域、哈拉湖区域、柴达木盆地生态功能区，从水源涵养功能、生物多样性维护功能层面，分析区域河流、湖泊和主要保护地。

6.2.1　长江源水源涵养与生物多样性维护功能区

该区地处青海省西南部，与西藏自治区、四川省接壤，行政区划涉及格尔木市（唐古拉山镇）、玉树、杂多、治多、曲麻莱、称多 6 县（市）。该区位于长江源区，主要水系有沱沱河、当曲、楚玛尔河、雅砻江，是长江的发源地和重要水补给区，具有极重要的水源涵养功能，是雪豹、藏羚羊、藏野驴、长江源区特有鱼类等珍稀野生动物栖息地，野生动物代表物种主要有雪豹、藏羚羊、藏野驴、野牦牛、黑颈鹤等。植被类型以高寒草地为主。重要保护地有三江源国家公园（长江源园区），可可西里世界自然遗产地，可可西里自然保护区、隆宝自然保护区和三江源自然保护区（格拉丹东、索加—曲麻河、通天河、东仲保护分区），沱沱河特有鱼类水产种质资源保护区、烟瘴挂峡特有鱼类水产种质资源保护区、楚玛尔河特有鱼类水产种质资源保护区，库赛湖、卓乃湖、多尔改错、隆宝滩、依然措重要湿地，曲麻莱德曲源湿地公园。冰川雪山有格拉丹冬雪山群、尕恰迪如岗雪山群、岗钦雪山群等。

6.2.1.1　主要河流湖泊

青海省境内干流长 1 206 km，省境内流域面积约为 1.68 万 km^2。长江干流上段囊极巴陇（当曲河口）以上称沱沱河，河长约 346 km，下段囊极巴陇至巴塘河口称通天河，河长约 860 km，流经海西蒙古族自治州格尔木市的唐古拉山镇，玉树藏族自治州的治多县、曲麻莱县、称多县、玉树市，至玉树市的赛拉附近进入四川、西藏境内，称金沙江。

长江有三源，正源沱沱河、南源当曲、北源楚玛尔河。沱沱河，长江正源，曾名托克托乃乌兰伦，系蒙古语音译，意为“滔滔的红水河”，发源于海西蒙古族藏族自治州格尔木市唐古拉山镇唐古拉山脉各拉丹东雪山群的第三高峰姜根迪如（高程 6 543 m）。当曲，长江南源，又名阿克达木河，当曲系藏语音译，意为“沼泽河”，古称当拉曲，意为“唐古拉河”，也为藏语音译，发源于玉树藏族自治州杂多县境之南部边界处，当曲比沱沱河长 1.8 km（从分水岭算起），因不如沱沱河与通天河流向顺直，源头气势也不及沱沱河源头雪山冰川之宏伟壮丽，而被定为长江南源。楚玛尔河，长江北源，是藏语音译，意为“红水河”，又称曲玛莱河、曲麻河、曲麻曲，旧称那木其沱乌兰木伦，是蒙古语音译，意为“像树叶一样的红色长河”，发源于昆仑山脉南支可可西里山东麓，可可西里湖东南约 18 km 的分水岭上。

长江源区庞大的扇状水系由长江中源沱沱河、南源当曲、北源楚玛尔河以及通天河上段组成，一级支流有 114 条，二级及以下的支流纵横密布。流域面积大于 50 km^2 的支流有 868 条；流域面积大于 1 000 km^2 的支流有 47 条；流域面积大于 5 000 km^2 的支流有 9 条；流域面积在 5 000～10 000 km^2 的支流有 6 条；流域面积大于 10 000 km^2 的支流有 3 条。河长在 100～200 km 的支流有 21 条；河长大于 200 km 的支流有 5 条；河长大于 500 km 的支流有 1 条；河长在 300～500 km 的支流有 1 条；河长在 200～300 km 的支流有 2 条；此外，大渡河（玛柯河）青海省境内河长约 210 km。

长江源区对河流径流形成的过程，沼泽湿地占据主要地位，其次为冰川融水和降水。长江源区冰川面积为 1 276.02 km^2，冰储量 104.41 km^3，主要集中在唐古拉山北坡、昆仑山南坡、色的日峰，其中唐古拉山各拉丹冬地区的冰川面积最大。

雅砻江，长江（金沙江段）左岸支流，长江八大支流之一，古称若水、泸水、诺矣江、匝楚河、打冲河，又作雅龙江、鸦龙江、夹龙江、黑惠江、纳夷江、大金河，其中，若水之名十分古远，《史记》载黄帝次子昌意曾经“降居若水”；《水经注》言“若水出蜀郡旄牛徼外”“若水东南流，鲜水注之”，若水的得名，是因《山海经》描述过一种青叶赤花的“若木”，“花光照地”非常神奇。发源于玉树藏族自治州称多县。

羌塘高原内流区河湖。“羌塘”藏语意为“北方的高平地”，广义的羌塘高原是指昆仑山脉以南，冈底斯山至念青唐古拉山脉以北的广大内流区域，为青藏高原的组成部分。羌塘高原内流区在行政区划上包括青海省西南部、西藏自治区北部及新疆维吾尔自治区的东南隅。羌塘高原内流区青海部分位于昆仑山以南，唐古拉山以北，东起长江源区的分水岭，西抵西藏自治区与青海省分界，南北相距 200～300 km，东西相距 250～400 km，面积为 7.2 万 km^2。青海省羌塘高原内流区在地质构造上处于欧亚大陆与冈瓦纳古陆之间的古特提斯缝合带的中段，属特提斯中生代地槽的组成部分。南北两侧山岭逶迤、地势高峻，中部盆地和谷地开阔、起伏和缓，平均海拔在 5 000 m 以上。北缘昆仑山脉最高峰布喀达坂峰（又名新青峰）海拔 6 860 m，此外，还有马兰山（海拔 6 016 m）、巍雪山（海拔 6 004 m）、五雪山（海拔 5 805 m）和大雪山（海拔 5 863 m）等高大雪山；南侧唐古拉山西段除长江源头海拔 6 621 m 的最高峰各拉丹冬外，还有嘎尔岗日（海拔 6 513 m）、赛多浦岗日（海拔 6 016 m）和唐古拉峰（海拔 6 205 m）等高大雪山。南北两侧的这些高大雪山均为现代冰川的发育中心。区内以一系列湖泊为中心构成内陆水系。较大的内陆河流有汇入库赛湖的库赛河（河长 140 km），其余均较短小。受气候和水源补给所限，这些内陆河河川径流具有明显的季节性变化，有的一年中大部分时间河床干涸，仅夏季降水后才短时有水流通过。全区面积大于 1 km^2 的湖泊有近百个，总面积达 3 000 余 km^2，具有分布广泛而又相对集中的特点。其中，面积大于 100 km^2 的中型湖泊有 9 个，形成了青藏高原继藏北南部大湖区以外的第二个湖泊最集中的次级内陆高原湖区。按湖水化学分类，这些湖泊大多为咸水湖（矿化度 1～50 g/L）和盐湖（矿化度大于 50 g/L），仅个别为淡水湖（矿化度小于 1 g/L），如太阳湖。湖水大多清澈透亮，淡水湖水色呈淡绿色或绿色，咸水湖一般呈浅蓝或深蓝色，盐湖一般呈白色或浅灰色。按成因分类，本区湖泊多为构造湖，表现为湖泊分布及湖盆走向均明显受区内近东西向带状构造地貌展布特征所制约。

从行政区划和管理考虑，将玉树藏族自治州雅砻江水系和唐古拉山西部地区的羌塘高原内流区河流湖泊划入本功能区。

青海省长江源区主要河流、湖泊（含雅砻江和羌塘高原内流区河流、湖泊）见表 6-1、表 6-2。

表 6-1 青海省长江源区主要河流（含雅砻江和羌塘高原内流区河流）

序号	河名	水系	发源地	入河（湖）口	河长/km	流域面积/km^2	多年平均流量/（m^3/s）	流经地区	备注
1	长江	—	青海省唐古拉山各拉丹东雪山	上海	—	—	—	—	—

序号	河名	水系	发源地	入河（湖）口	河长/km	流域面积/km^2	多年平均流量/（m^3/s）	流经地区	备注
2	波陇曲	长江正源沱沱河支流	格尔木市唐拉山镇	格尔木市唐古拉镇	80.6	1 349	2.14	格尔木市唐古拉镇	江塔曲
3	斜日贡尼曲	沱沱河支流	格尔木市唐拉山镇	格尔木市唐古拉镇	118.4	1 668	3.17	格尔木市唐古拉镇	—
4	吾果曲	沱沱河支流	格尔木市唐拉山镇	格尔木市唐古拉镇	77.8	953	2.12	格尔木市唐拉山镇	—
5	介普勒节曲	沱沱河支流	玉树州治多县	格尔木市唐拉山镇	143.9	3 900	8.9	格尔木市唐拉山镇、玉树州治多县	扎木曲
6	冬多曲	沱沱河二级支流	玉树州治多县	格尔木市唐拉山镇	152.8	1 868	3.73	玉树州治多县、格尔木市唐拉山镇	巴彦多冬曲
7	当曲	长江南源	玉树州杂多县	格尔木市唐拉山镇	352	30 900	146	玉树州杂多县、治多县、格尔木市唐拉山镇	阿克达木河
8	沙丁曲	当曲支流	玉树州杂多县	玉树州杂多县	61.5	1 491	12.5	玉树州杂多县	饶德曲
9	吾钦曲	当曲支流	玉树州杂多县	玉树州杂多县	68.3	1 033	8	玉树州杂多县	—
10	查吾曲	当曲支流	玉树州杂多县	玉树州杂多县	78.6	1 041	7.4	玉树州杂多县	查午曲/权吾曲
11	郭纽曲	当曲支流	玉树州杂多县	玉树州杂多县	130	2 515	16.4	玉树州杂多县	鄂阿玛纳草

序号	河名	水系	发源地	入河（湖）口	河长/km	流域面积/km^2	多年平均流量/(m^3/s)	流经地区	备注
12	庭曲	当曲支流	格尔木市唐拉山镇	玉树州杂多县	170.7	3 665	18.6	格尔木市唐拉山镇、玉树州杂多县	天曲、腾曲
13	布曲	当曲支流	格尔木市唐拉山镇	格尔木市唐古拉镇	234.5	14 100	66	格尔木市唐古拉镇	拜渡河
14	尕尔曲	布曲支流	格尔木市唐拉山镇	格尔木市唐古拉镇	162	4 123	24.1	格尔木市唐拉山镇	得列楚卡河
15	冬曲	布曲支流	格尔木市唐拉山镇	格尔木市唐古拉镇	138.4	2 846	12.7	格尔木市唐拉山镇	旦曲
16	然池曲	通天河支流	玉树州治多县	玉树州治多县	111.6	2 587	4.1	玉树州治多县	日阿尺曲
17	莫曲	通天河支流	玉树州杂多县	玉树州治多县	146	8 654	37	玉树州杂多县、治多县	—
18	鄂曲	莫曲支流	玉树州杂多县	玉树州治多县	87	1 801	7.7	玉树州杂多县、治多县	—
19	巴子曲	莫曲支流	玉树州治多县	玉树州治多县	107	1 400	6	玉树州治多县	—
20	君曲	莫曲支流	玉树州治多县	玉树州治多县	101.4	1 608	6.87	玉树州治多县	—
21	牙哥曲	通天河支流	玉树州治多县	玉树州治多县	111.9	2 985	7.6	玉树州治多县	牙曲
22	巴木曲	牙哥曲支流	玉树州治多县	玉树州治多县	86	1 032	3.27	玉树州治多县	帮曲
23	北麓河	通天河支流	玉树州治多县	玉树州曲麻莱县	205.5	7 966	8.9	玉树州治多县、曲麻莱县	勒玛曲

序号	河名	水系	发源地	入河（湖）口	河长/km	流域面积/km^2	多年平均流量/（m^3/s）	流经地区	备注
24	扎秀尕尔曲	北麓河支流	玉树州治多县	玉树州曲麻莱县	70.8	1 246	1.97	玉树州治多县、曲麻莱县	—
25	科欠曲	通天河支流	玉树州治多县	玉树州治多县	155.9	3 552	9	玉树州治多县	口前曲
26	勒池曲	通天河支流	玉树州曲麻莱县	玉树州曲麻莱县	81.8	990	1.26	玉树州曲麻莱县	—
27	楚玛尔河	楚玛尔河支流	玉树州治多县	玉树州曲麻莱县	503.2	20 970	32.93	玉树州治多县、曲麻莱县	曲麻莱河、曲麻河、曲麻曲
28	乌石曲	楚玛尔河支流	玉树州治多县	玉树州治多县	79.1	1 618	1.34	玉树州治多县	—
29	巴那大才曲	楚玛尔河支流	玉树州治多县	玉树州曲麻莱县	61.9	1 196	1.8	玉树州治多县、曲麻莱县	巴拉大才曲
30	扎日尕那曲	楚玛尔河支流	玉树州曲麻莱县	玉树州曲麻莱县	92.8	1 059	1.68	玉树州曲麻莱县	—
31	牙扎曲	楚玛尔河支流	玉树州曲麻莱县	玉树州曲麻莱县	67	1 130	1.8	玉树州曲麻莱县	—
32	色吾曲	通天河支流	玉树州曲麻莱县	玉树州曲麻莱县	158.8	6 399	10.5	玉树州曲麻莱县	昂日曲
33	东色吾曲	色吾曲支流	玉树州曲麻莱县	玉树州曲麻莱县	71.6	2 009	3.33	玉树州曲麻莱县	—
34	聂恰曲	通天河支流	玉树州治多县	玉树州治多县和杂多县交界处	174.9	5 738	27	玉树州治多县	宁恰曲

序号	河名	水系	发源地	入河（湖）口	河长/km	流域面积/km²	多年平均流量/（m³/s）	流经地区	备注
35	多采曲	聂恰曲支流	玉树州治多县	玉树州治多县	75.7	2 158	10.15	玉树州治多县	—
36	诃泡荣曲	聂恰曲支流	玉树州治多县	玉树州治多县	58.4	1 100	5	玉树州治多县	—
37	登额曲	通天河支流	玉树州治多县	玉树州玉树市和杂多县交界处	102.6	2 256	9.3	玉树州治多县、玉树市	登艾龙曲
38	德曲	通天河支流	玉树州曲麻莱县	玉树州曲麻莱县	143.2	4 231	16.77	玉树州曲麻莱县、称多县	—
39	布曲	德曲支流	玉树州曲麻莱县	玉树州曲麻莱县	56	1 077	4.27	玉树州曲麻莱县	白布河
40	细曲	通天河支流	玉树州称多县	玉树州称多县	75	1 626	7.2	玉树州称多县	曼宗曲
41	益曲	通天河支流	玉树州玉树市	玉树州玉树市	156.7	2 644	16.8	玉树州玉树市	叶曲
42	巴塘河	通天河支流	玉树州玉树市	玉树州玉树市	92.3	2 480	28.8	玉树州玉树市	扎曲
43	盖哈沟	金沙江右岸支流	玉树州玉树市	西藏自治区江达县	55	820	7.8	青海玉树、西藏江达	—
44	雅砻江	金沙江左岸支流	玉树州称多县	四川省攀枝花市	1 535	128 439	1 810	青海、四川	—
45	帮陇陇巴河	米提江占木错	海西州格尔木市	海西州格尔木市	155.5	3 910.4	—	青海省格尔木市、西藏自治区安多县	羌塘高原内流区河流
46	巴日根曲	帮陇陇巴河	海西州格尔木市	海西州格尔木市	74.0	740	—	海西州格尔木市	羌塘高原内流区河流

序号	河名	水系	发源地	入河（湖）口	河长/km	流域面积/km^2	多年平均流量/（m^3/s）	流经地区	备注
47	曲郎岛日河	米提江占木错	海西州格尔木市	海西州格尔木市	55	630.9	—	海西州格尔木市	羌塘高原内流区河流
48	切尔恰藏布	米提江占木错	海西州格尔木市	海西州格尔木市	60	1 150	—	海西州格尔木市	羌塘高原内流区河流
49	曾松曲	米提江占木错	海西州格尔木市	海西州格尔木市	86	1 860	—	海西州格尔木市	羌塘高原内流区河流
50	海丁河	海丁诺尔	玉树州治多县	玉树州治多县	66.0	568	—	玉树州治多县	—
51	库赛河	库赛湖	玉树州治多县	玉树州治多县	140.0	2 864	—	玉树州治多县	—
52	卓乃河	卓乃湖	玉树州治多县	玉树州治多县	65.0	684	—	玉树州治多县	—
53	洪水河	西金乌兰湖	玉树州治多县	玉树州治多县	53.0	828	—	玉树州治多县	—
54	倒流沟河	西金乌兰湖	玉树州治多县	玉树州治多县	64.0	892	—	玉树州治多县	—
55	陷车河	西金乌兰湖	玉树州治多县	玉树州治多县	73.0	2 160	—	玉树州治多县	—
56	还东河	西金乌兰湖	玉树州治多县	玉树州治多县	71.0	520	—	玉树州治多县	—
57	盼来沟河	明镜湖	玉树州治多县	玉树州治多县	70.0	800	—	玉树州治多县	—
58	明镜西河	明镜湖	玉树州治多县	玉树州治多县	71.0	627	—	玉树州治多县	—
59	等马河	乌兰乌拉湖	海西州格尔木市	海西州格尔木市	84.0	1 360	—	海西州格尔木市	—

序号	河名	水系	发源地	入河（湖）口	河长/km	流域面积/km^2	多年平均流量/（m^3/s）	流经地区	备注
60	跑牛河	乌兰乌拉湖	海西州格尔木市	海西州格尔木市	80.0	940	—	海西州格尔木市	—
61	小沙河	乌兰乌拉湖	海西州格尔木市	海西州格尔木市	68.0	1 160	—	海西州格尔木市	—

资料来源：《中国河湖大典（长江卷）》《中国河湖大典（西南诸河卷）》《中国河湖大典（西北诸河卷）》。

表 6-2　青海省长江源区主要湖泊（含羌塘高原内流区湖泊）

序号	湖名	湖泊性质	水系	湖面面积/km^2	蓄水量/万 m^3	所在地区	备注
1	雀莫错	咸水湖	长江正源沱沱河	88.2	—	格尔木市唐古拉镇	祖尔肯湖
2	葫芦湖	咸水湖	长江正源沱沱河	29.1	—	格尔木市唐古拉镇	—
3	玛章错钦	咸水湖	长江正源沱沱河	60.3	—	格尔木市唐古拉镇	—
4	错阿日玛	咸水湖	长江正源沱沱河	12.3	—	格尔木市唐古拉镇	日九错、玛如错
5	雅西错	咸水湖	长江正源沱沱河	19.3	—	玉树州治多县	雅兴湖
6	尼日阿错改	淡水湖	长江南源当曲	35.1	—	玉树州治多县	—
7	错江钦	咸水湖	长江上游通天河段	11.5	—	玉树州治多县	—
8	苟鲁错	咸水湖	长江流域内流湖	26.1	—	玉树州治多县	苟仁错
9	特拉什湖	咸水湖	长江流域内流湖	67.4	—	玉树州治多县	苟鲁山克错
10	野马川湖	咸水湖	长江北源楚玛尔河流域	12.5	—	玉树州治多县	宰日子下湖
11	多尔改错	咸水湖	长江北源楚玛尔河流域	145.9	—	玉树州治多县	叶鲁苏湖、错仁德加
12	东日昂巴坎错	咸水湖	通天河·色吾曲	19.5	—	玉树州曲麻莱县	坎巴卡东错
13	年吉错	淡水湖	通天河·益曲	20.9	—	玉树州玉树市	年结错、野鸭海

序号	湖名	湖泊性质	水系	湖面面积/km²	蓄水量/万 m³	所在地区	备注
14	米提江占木错	咸水湖	多尔索洞错	476.8	—	青海省格尔木市，西藏自治区安多县	羌塘高原内流区湖泊
15	波涛湖	微咸水湖	多尔索洞错	70.2	—	海西州格尔木市	羌塘高原内流区湖泊
16	燕子湖	微咸水湖	多尔索洞错	16.1	—	海西州格尔木市	羌塘高原内流区湖泊
17	诺多湖	微咸水湖	多尔索洞错	57.3	—	青海省格尔木市，西藏自治区安多县	羌塘高原内流区湖泊
18	玛巧错	微咸水湖	多尔索洞错	26.8	—	海西州格尔木市	羌塘高原内流区湖泊
19	日居错	微咸水湖	多尔索洞错	25.9	—	海西州格尔木市	羌塘高原内流区湖泊
20	雪莲湖	内陆湖	内陆湖	51.7	—	海西州格尔木市	羌塘高原内流区湖泊
21	欧错	内陆湖	内陆湖	16.3	—	海西州格尔木市	羌塘高原内流区湖泊
22	加木称错	内陆湖	内陆湖	30.5	—	海西州格尔木市	羌塘高原内流区湖泊
23	盐湖	盐湖	—	32.8	—	玉树州治多县	羌塘高原内流区湖泊
24	海丁诺尔	咸水湖	—	35.7	—	玉树州治多县	羌塘高原内流区湖泊
25	库赛湖	咸水湖	—	254.4	33.9	玉树州治多县	羌塘高原内流区湖泊
26	卓乃湖	咸水湖	—	256.4	—	玉树州治多县	羌塘高原内流区湖泊
27	错达日玛	咸水湖	—	89.9	—	玉树州治多县	羌塘高原内流区湖泊
28	可考湖	微咸水湖	—	62.3	—	玉树州治多县	羌塘高原内流区湖泊

序号	湖名	湖泊性质	水系	湖面面积/km^2	蓄水量/万 m^3	所在地区	备注
29	可可西里湖	咸水湖	—	299.9	—	玉树州治多县	羌塘高原内流区湖泊
30	饮马湖	咸水湖	可可西里湖	107.2	—	玉树州治多县	羌塘高原内流区湖泊
31	勒斜武担湖	盐湖	—	227.0	—	玉树州治多县	羌塘高原内流区湖泊
32	涟湖	咸水湖	—	26.3	—	玉树州治多县	羌塘高原内流区湖泊
33	月亮湖	咸水湖	—	15.0	—	玉树州治多县	羌塘高原内流区湖泊
34	移山湖	微咸水湖	—	18.5	—	玉树州治多县	羌塘高原内流区湖泊
35	西金乌兰湖	盐湖	—	346.2	—	玉树州治多县	羌塘高原内流区湖泊
36	永红湖	微咸水湖	西金乌兰湖·陷车河	69.9	—	玉树州治多县	羌塘高原内流区湖泊
37	明镜湖	盐湖	—	88.1	—	玉树州治多县	羌塘高原内流区湖泊
38	节约湖	微咸水湖	明镜湖—明镜西河	17.0	—	玉树州治多县	羌塘高原内流区湖泊
39	豌豆湖	微咸水湖	—	17.9	—	海西州格尔木市	羌塘高原内流区湖泊
40	乌兰乌拉湖	盐湖	—	544.5	—	海西州格尔木市	羌塘高原内流区湖泊

资料来源：《中国河湖大典（长江卷）》《中国河湖大典（西南诸河卷）》《中国河湖大典（西北诸河卷）》。

6.2.1.2 主要保护地

本功能区中保护地有国家公园、自然保护区、重要湿地、湿地公园、水产种质资源保护区，见表 6-3。

表 6-3 青海省长江源区主要保护地

序号	保护地名称	设立部门	设立时间	所在地区	备注
1	三江源国家公园（长江源园区）	国务院	2016 年试点 2021 年设立	玉树州治多县、曲麻莱县、杂多县、海西州格尔木市	—
2	三江源国家级自然保护区（格拉丹东、当曲、索加—曲麻河、通天河、东仲保护分区）	省政府 国务院	2000 年 2003 年	玉树州杂多县、曲麻莱县、治多县、称多县、玉树市、海西州格尔木市（唐古拉山镇）	部分保护分区整合优化为三江源国家公园
3	可可西里国家级自然保护区	国务院	1995 年	玉树州治多县	整合优化为三江源国家公园
4	可可西里世界自然遗产地	联合国教科文组织	2017 年	玉树州治多县、曲麻莱县	位于三江源国家公园范围内
5	隆宝国家级自然保护区	省政府 国务院	1984 年 1986 年	玉树州玉树市	—
6	玉树巴塘河国家湿地公园	国家林业局	2014 年	玉树州玉树市	—
7	曲麻莱德曲源国家湿地公园	国家林业局	2015 年	玉树州曲麻莱县	—
8	曲麻莱通天河沙漠公园	国家林业局	2015 年	玉树州曲麻莱县	—
9	沱沱河特有鱼类国家级水产种质资源保护区	农业部	2011 年	海西州格尔木市唐古拉山镇	—
10	楚玛尔河特有鱼类国家级水产种质资源保护区	农业部	2012 年	玉树州治多县、曲麻莱县	—
11	烟瘴挂峡特有鱼类国家级水产种质资源保护区	农业部	2016 年	玉树州治多县、曲麻莱县	—

序号	保护地名称	设立部门	设立时间	所在地区	备注
12	玉树州通天河国家水利风景区	水利部	2016 年	玉树州曲麻莱县、治多县、称多县、玉树市	—
13	隆宝滩国际重要湿地	—	2022 年	玉树州玉树市	—
14	库赛湖重要湿地	—	2000 年	玉树州治多县	中国湿地保护行动计划
15	卓乃湖重要湿地	—	2000 年	玉树州治多县	中国湿地保护行动计划
16	多尔改错重要湿地	—	2000 年	玉树州治多县	中国湿地保护行动计划
17	依然错（尼日阿改错）重要湿地	—	2000 年	玉树州治多县	中国湿地保护行动计划
18	隆宝滩重要湿地	—	2000 年	玉树州玉树市	中国湿地保护行动计划

6.2.2　大渡河—鲜水河源水源涵养与生物多样性维护功能区

该区地处青海省东南部，与四川省接壤，行政区划涉及果洛藏族自治州班玛、久治和达日 3 县。该区位于岷江一级支流大渡河源区和雅砻江一级支流鲜水河源区，主要水系有玛可河、多可河、尼曲，是大渡河与鲜水河的发源地和重要水源补给区，具有极重要的水源涵养功能。植被类型以高寒草地和高山灌丛、针叶林为主，是青海最大的原始林区。野生动物代表物种主要有雪豹、马麝、白唇鹿、猕猴、水獭、川陕哲罗鲑等。重要保护地有三江源自然保护区（玛可河、多可河、年保玉则保护分区），玛可河湿地公园，玛可河重口裂腹鱼水产种质资源保护区。重点保护大渡河源、多可河源、鲜水河源等河流源区自然生态系统，原始森林等重点保护动物栖息地，川陕哲罗鲑。

6.2.2.1　主要河流湖泊

大渡河（青海段）。大渡河为长江左岸岷江支流，流经青海省久治、班玛两县和四川省壤塘、阿坝、丹巴、康定、泸定、峨眉山等 16 个县（市、区），于乐山市中区注入岷江，河长 1 080 km，流域面积约 9 万 km^2。大渡河发源于果洛州久治县哇尔依乡查七沟顶山岗以北 6 km 的无名山（属巴颜喀拉山脉东段）南坡，青海省境内干流称玛柯河，河长约 210 km，流域面积 6 054 km^2。大渡河上游的两条较大支流克柯河、绰斯甲河均发源于青海省，于四川省阿坝州境内汇入干流，在青海省境内的流域面积分别为 676 km^2、2 556 km^2。青海省大渡河流域总面积为 9 285.5 km^2。青海省境内大渡河流域水系发育，流域面积大于 50 km^2 的支流有 62 条，流域面积大于 500 km^2 的一级支流有俄柯河、玛尔曲、克柯河、绰斯甲河，流域面积分别为 649 km^2、1 955 km^2、676 km^2、2 556 km^2。在左岸支流俄柯河和克柯河的上游段上各有 1 个面积大于 1 km^2 的湖泊，湖名分别为俄措尕玛、冬鄂措，湖面面积分别为 1.02 km^2、1.63 km^2。

鲜水河，雅砻江左岸支流，古称鲜水、州江，鲜水的名称十分古老，《水经注》曰："若水东南流，鲜水注之，一名州江"，即指今鲜水河。

青海省大渡河—鲜水河源区主要河流见表 6-4。

表 6-4　青海省大渡河—鲜水河源区主要河流

序号	河名	水系	发源地	入河（湖）口	河长/km	流域面积/km^2	多年平均流量/（m^3/s）	流经地区	备注
1	大渡河	岷江最大支流	果洛州久治县和达日县交界处	四川省乐山市	1 048	90 700	1570	青海省久治县、班玛县，四川省阿坝州、甘孜州、雅安乐山市	玛可河、足木足河
2	玛尔曲	大渡河源支流	果洛州达日县	果洛州班玛县	94.2	1 900	18	果洛州达日县、班玛县	—
3	阿柯河	大渡河左岸支流	果洛州久治县和班玛县交界处	四川省阿坝县	73	1 210	14.9	青海省久治县、四川省阿坝县	—
4	绰斯甲河	大渡河右岸支流	青海省班玛县和四川省色达县交界处	四川省马尔康县	401	16 064	198	青海省班玛县，四川省色达县、马尔康县、金川县	多柯河、杜柯河

序号	河名	水系	发源地	入河（湖）口	河长/km	流域面积/km^2	多年平均流量/（m^3/s）	流经地区	备注
5	鲜水河	雅砻江左岸支流	果洛州达日县	四川省雅江县	541	19 338	202	青海省达日县，四川省色达县、炉霍县、道孚县、雅江县	尼曲

资料来源：《中国河湖大典（长江卷）》。

6.2.2.2 主要保护地

保护地有自然保护区、湿地公园、水产种质资源保护区、水利风景区，见表 6-5。

表 6-5　青海省大渡河—鲜水河源区主要保护地

序号	保护地名称	设立部门	设立时间	所在地区	备注
1	三江源国家级自然保护区（玛可河、多可河、年保玉则保护分区）	省政府 国务院	2000 年 2003 年	果洛州班玛县、甘德县、久治县	年保玉则保护分区跨黄河流域和长江流域，主体在黄河流域
2	久治年保玉则国家地质公园	国土资源部	2005 年	果洛州久治县	跨黄河流域和长江流域，主体在黄河流域
3	班玛玛可河国家湿地公园	国家林业局	2015 年	果洛州班玛县	—
4	玛柯河重口裂腹鱼国家级水产种质资源保护区	农业部	2008 年	果洛州班玛县	—
5	班玛玛柯河水利风景名胜区	省水利厅	2016 年	果洛州班玛县	—
6	久治年保玉则国家水利风景区	—	—	—	跨黄河流域和长江流域，主体在黄河流域

6.2.3 黄河源水源涵养与生物多样性维护生态功能区

该区地处青海省中部及东南部，与四川省接壤，行政区划涉及曲麻莱、称多、玛多、达日、班玛、甘德、久治、玛沁 8 县。该区位于黄河源区，主要水系有扎陵湖、鄂陵湖、约古宗列曲、卡日曲、多曲等，是黄河发源地和重要水源补给区，具有极重要的水源涵养功能。植被类型主要以高寒草地为主；野生动物代表物种主要有藏野驴、岩羊、白唇鹿、猞猁、棕熊、马麝、黑颈鹤、玉带海雕、斑头雁、金雕、大天鹅等。重要保护地三江源国家公园（黄河源园区）、三江源自然保护区（约古宗列、扎陵湖—鄂陵湖、星星海、阿尼玛卿、年保玉则保护分区），扎陵湖—鄂陵湖国际/国家重要湿地，岗纳格玛措、玛多湖重要湿地，扎陵湖鄂陵湖花斑裸鲤极边扁咽齿鱼特有鱼类水产种质资源保护区、西门措特有鱼类水产种质资源保护区，甘德班玛仁拓湿地公园、达日黄河湿地公园。重点保护黄河源约古宗列曲、卡日曲、多曲等河流源区的自然生态系统，阿尼玛卿雪山、脱洛岗雪山和玛尼特雪山群等，扎陵湖、鄂陵湖、星星海、岗纳格玛措等湖泊群，高寒草原及重点保护野生动物及其栖息地，黄河源区特有鱼类等。

6.2.3.1 主要河流湖泊

黄河是青海省最长的河流，在青海省境内河长 1 983 km（含大拐弯段流经四川、甘肃两省的河长和青海、甘肃两省共界段河长），其中，在青海境内的河道长 1 517 km，与邻省共界的有 145 km，在邻省境内的有 321 km，流域面积为 16 万 km^2。干流流经青海省曲麻莱、玛多、玛沁、达日、甘德、久治、河南、同德、兴海、贵南、共和、贵德、尖扎、化隆、循化、民和 16 个县。

青海省黄河流域水系发育，省内流域面积大于等于 50 km^2 的各级支流共有 894 条，流域面积大于 500 km^2 的支流有 77 条，1 000 km^2 以上的支流有 38 条，多年平均年径流量大于 1 亿 m^3 的支流有 38 条。河长大于 100 km 的支流有 24 条，河长大于 200 km 的支流有 4 条。

黄河发源于青海省南部玉树藏族自治州曲麻莱县境东北部，巴颜喀拉山北麓的约古宗列盆地西南隅，源头分水岭名为玛曲曲果。青海省玛多县花石峡以上地区为河源区，面积为 2.28 万 km^2，属湖岔宽谷带，海拔在 4 200 m 以上。卡日曲为黄河正源，卡日曲上源为那扎陇查河。黄河源区的玛曲起始于约古宗列盆地西南隅卡日扎穷山的玛曲曲果，山坡前有泉群分布，泉群汇集成东、中、西三股泉流，东股最大，冬季不结冰、不断流，当地牧民称它是玛曲曲果（黄河源头）。三股泉流汇合后，串联许多大小水泊，逐步形成了宽 6～9 m 的小河，缓缓向东北流入约古宗列。穿行在约古宗列盆地的河段又称约古宗列曲，它串联大小水泊，蜿蜒东北行，穿过第一个峡谷——茫尕峡进入玛涌，玛涌即黄河滩。自茫尕峡出口至扎陵湖，东西长 40 km，南北宽约 20 km，黄河滩的西半部分就是星宿海。

黄河流经星宿海，先后接纳左岸支流扎曲和右岸支流卡日曲，水量大增，继续东流约 20 km，进入扎陵湖。出扎陵湖东流 20 多千米入鄂陵湖，有较大支流多曲和勒那曲先后从右岸汇入。黄河干流在青海省黄南藏族自治州河南蒙古族多松乡附近又流入青海省境内，后改向北流，经黄南藏族自治州河南县，果洛藏族自治州玛沁县，海南藏族自治州同德县、兴海县，至兴海县唐乃亥乡改向东北流，流经贵南县、共和县进入龙羊峡，其间有泽曲、切木曲、巴曲、曲什安河、大河坝河、茫拉河等支流汇入。黄河干流经龙羊峡后转向东流，经海南藏族自治州贵德县、黄南藏族自治州尖扎县和海东市化隆县、循化县、民和县，于积石峡进入甘肃、青海界河段，于寺沟峡入口下游约 5 km 处进入甘肃省境内。

黄河源区主要河流、湖泊见表 6-6、表 6-7。

表 6-6　青海省黄河源区主要河流

序号	河名	水系	发源地	入河（湖）口	河长/km	流域面积/km^2	多年平均流量/(m^3/s)	流经地区	备注
1	黄河	黄河	玉树州曲麻莱县	山东省东营市垦利区	5 464	813 400	534.8	—	—
2	阿棚鄂那曲	黄河上游左岸支流	玉树州曲麻莱县与海西州都兰县交界处	玉树州曲麻莱县	51	960	0.32	玉树州曲麻莱县	—
3	扎曲	黄河上游左岸支流	玉树州曲麻莱县	玉树州曲麻莱县	72	822	0.33	玉树州曲麻莱县	—

序号	河名	水系	发源地	入河（湖）口	河长/km	流域面积/km^2	多年平均流量/（m^3/s）	流经地区	备注
4	卡日曲	黄河上游右岸支流	玉树州曲麻莱县	玉树州曲麻莱县	145.2	3 157	1.77	玉树州曲麻莱县	—
5	多曲	黄河上游右岸支流	玉树州称多县	果洛州玛多县	159.7	6 085	3.66	玉树州称多县 果洛州玛多县	—
6	白玛曲	多曲右岸支流	玉树州称多县和果洛州玛多县交界处	玉树州称多县	89	2 000	1.60	玉树州称多县	贝敏曲
7	邹玛曲	多曲左岸支流	玉树州曲麻莱县与果洛州玛多县交界处	果洛州玛多县	97	1 183	0.46	玉树州曲麻莱县、果洛州玛多县	—
8	勒那曲	黄河上游右岸支流	果洛州玛多县和玉树州称多县交界处	果洛州玛多县	95.3	1 678	0.75	果洛州玛多县	—
9	多钦安科郎河	黄河上游左岸支流	果洛州玛多县	果洛州玛多县	61.6	1 103	0.715 8	果洛州玛多县	斗格曲
10	热曲	黄河上游右岸支流	果洛州玛多县和玉树州称多县交界处	果洛州玛多县	190.9	6 596	6.59	青海省玛多县、四川省石渠县	麻石加
11	黑河	黄河上游左岸支流	果洛州玛多县	果洛州玛多县	122	1 400	0.85	果洛州玛多县	江曲、格曲
12	赫纳曲	黑河右岸支流	果洛州玛多县	果洛州玛多县	42	320	0.32	果洛州玛多县	—
13	东曲	黄河上游左岸支流	果洛州玛多县	果洛州玛多县	76.9	1 418	1.00	果洛州玛多县、玛沁县	—

序号	河名	水系	发源地	入河（湖）口	河长/km	流域面积/km^2	多年平均流量/(m^3/s)	流经地区	备注
14	优尔曲	黄河上游左岸支流	果洛州玛多县	果洛州玛沁县	81.5	1 898	2.08	果洛州玛多县、玛沁县	—
15	白马曲	黄河上游右岸支流	果洛州玛多县和果洛州达日县交界处	果洛州玛多县	55	630	0.88	果洛州玛多县	—
16	夏曲	黄河上游右岸支流	果洛州达日县和果洛州玛多县交界处	果洛州达日县	60	730	1.02	果洛州达日县	—
17	科曲	黄河上游右岸支流	果洛州达日县	果洛州达日县	100.1	2 449	4.29	果洛州达日县	—
18	达日河	黄河上游右岸支流	果洛州班玛县	果洛州达日县	120.5	3 377	7.44	果洛州班玛县、达日县	—
19	达日根曲	达日河右岸支流	果洛州达日县	果洛州达日县	66	1 420	3.13	果洛州达日县	—
20	吉迈河	黄河上游右岸支流	果洛州达日县	果洛州达日县	101	1 852	4.51	果洛州达日县	—
21	当曲	黄河上游左岸支流	果洛州玛沁县	果洛州甘德县	58.5	796	1.77	果洛州玛沁县、甘德县	—
22	西科曲	黄河上游左岸支流	果洛州玛沁县	果洛州甘德县	138.7	2 655	5.30	果洛州玛沁县、甘德县	—
23	东科曲	黄河上游左岸支流	果洛州甘德县	果洛州甘德县	155.4	3 443	6.91	果洛州甘德县	—
24	章安河	黄河上游右岸支流	果洛州久治县	果洛州久治县	69.2	1 041	2.21	果洛州久治县	—

序号	河名	水系	发源地	入河（湖）口	河长/km	流域面积/km^2	多年平均流量/（m^3/s）	流经地区	备注
25	久曲	黄河上游右岸支流	果洛州久治县	果洛州久治县	56.2	730	1.63	果洛州久治县	—
26	哈曲	黄河上游右岸支流	果洛州久治县	果洛州久治县	74.6	839	2.11	果洛州久治县	—
27	沙曲	黄河上游右岸支流	四川省阿坝县	青海省久治县	110	1 597	3.50	四川省阿坝县、青海省久治县	—

资料来源：《中国河湖大典（黄河卷）》。

表 6-7　青海省黄河源区主要湖泊

序号	湖名	湖泊性质	水系	湖面面积/km^2	蓄水量/亿 m^3	所在地区	备注
1	星宿海	淡水湖	黄河	300	—	玉树州曲麻莱	—
2	扎陵湖	淡水湖	黄河	526.1	46.7	玉树州曲麻莱、果洛州玛多县	—
3	寇察错	淡水湖	黄河·多曲·白玛曲·查日阿棚削	17.5	2.45	玉树州称多县	—
4	阿木错	淡水湖	黄河	2.7	—	玉树州称多县	—
5	鄂陵湖	淡水湖	黄河	610.7	107.6	果洛州玛多县	—
6	哈江盐池	盐湖	黄河	8.21	—	果洛州玛多县	—
7	隆热错	咸水湖	黄河·龙日阿	19	—	果洛州玛多县	—
8	阿涌贡玛错	淡水湖	黄河	29.3	2.8	果洛州玛多县	—
9	阿涌哇玛错	淡水湖	黄河	37.6	3.6	果洛州玛多县	—
10	阿涌尕玛错	淡水湖	黄河	22.7	2.5	果洛州玛多县	—
11	尕拉拉错	淡水湖	黄河·热曲·黑河	22.5	2.9	果洛州玛多县	—
12	江蒙错	咸水湖	黄河·热曲·黑河	9	—	果洛州玛多县	—

序号	湖名	湖泊性质	水系	湖面面积/km^2	蓄水量/亿 m^3	所在地区	备注
13	岗纳格玛错	淡水湖	黄河	33.1	5.1	果洛州玛多县	—
14	日格错岔错	淡水湖	黄河	15	0.86	果洛州玛多县	—
15	冬草阿龙湖	淡水湖	黄河	10.5	0.4	果洛州玛多县	—

资料来源：《中国河湖大典（黄河卷）》。

6.2.3.2 自然保护地

保护地有国家公园、自然保护区、重要湿地、湿地公园、水产种质资源保护区，见表 6-8。

表 6-8　青海省黄河源区主要保护地

序号	保护地名称	设立部门	设立时间	所在地区	备注
1	三江源国家公园（黄河源园区）	国务院	2016 年试点 2021 年设立	玉树州曲麻莱县、称多县，果洛州玛多县	—
2	三江源国家级自然保护区（约古宗列、扎陵湖—鄂陵湖、星星海、阿尼玛卿、年保玉则保护分区）	省政府 国务院	2000 年 2003 年	玉树州曲麻莱县、果洛州玛多县、达日县、久治县、甘德县	部分保护分区整合优化为三江源国家公园、阿尼玛卿保护分区主体在黄河汇水区
3	久治年保玉则国家地质公园	国土资源部	2005 年	果洛州久治县	跨黄河流域和长江流域，主体在黄河流域
4	甘德班玛仁拓国家湿地公园	国家林业局	2016 年	果洛州甘德县	—
5	达日黄河国家湿地公园	国家林业局	2016 年 12 月	果洛州达日县	—
6	玛沁优云国家沙漠公园	—	—	—	—
7	扎陵湖—鄂陵湖花斑裸鲤极边扁咽齿鱼国家级水产种质资源保护区	农业部	2008 年	玉树州曲麻莱县、果洛州玛多县	—

序号	保护地名称	设立部门	设立时间	所在地区	备注
8	西门措特有鱼类国家级水产种质资源保护区	农业部	2013 年	果洛州玛多县	—
9	玛多黄河源国家水利风景区	水利部	2011 年	果洛州玛多县	跨黄河流域和柴达木盆地，主体在黄河流域
10	久治年保玉则国家水利风景区	水利部	2010 年	果洛州久治县	跨黄河流域和长江流域，主体在黄河流域
11	扎陵湖国际重要湿地	—	2005 年	果洛州玛多县	—
12	鄂陵湖国际重要湿地	—	2005 年	果洛州玛多县	—
13	扎陵湖重要湿地	—	2000 年	果洛州玛多县	中国湿地保护行动计划
14	鄂陵湖重要湿地	—	2000 年	果洛州玛多县	中国湿地保护行动计划
15	玛多湖重要湿地	—	2000 年	果洛州玛多县	中国湿地保护行动计划
16	岗纳格玛错重要湿地	—	2000 年	果洛州玛多县	中国湿地保护行动计划

6.2.4 黄河源汇水区水源涵养与生物多样性维护功能区

该区地处青海省东部地区，与甘肃省接壤，行政区划涉及玛多、玛沁、河南、共和、同德、兴海、贵南、同仁、泽库等 10 个县。该区位于黄河源汇水区，主要水系有曲什安河、洮河、泽曲等，是黄河重要水源补给区，具有极重要的水源涵养功能。植被类型主要以高寒草地、高寒灌丛、森林为主。野生动物代表物种主要有雪豹、藏原羚、白唇鹿、马麝、棕熊、玉带海雕等。重要保护地有三江源自然保护区（阿尼玛卿、中铁—军功、麦秀保护分区），黄河上游特有鱼类水产种质资源保护区（青海区域）、黄河格曲河特有鱼类水产种质资源保护区，泽库麦秀森林公园、同德河北森林公园，河南洮河源湿地公园、泽库泽曲湿地公园、贵南茫曲湿地公园，贵南木格滩国家级沙化土地封禁保护区、鲁仓国家级沙化土地封禁保护区，贵南黄沙头沙漠公园、鲁仓沙漠公园。重点保护洮河、泽曲、曲什安河等黄河主要一级河流源区的自然生态系统，高寒草原、森林、灌丛，野生动物及其栖息地，黄河上游特有鱼类。

6.2.4.1　主要河流

黄河干流在青海省黄南藏族自治州河南蒙古自治县多松乡附近又流入青海省境内，后改向北流，经黄南藏族自治州河南县，果洛藏族自治州玛沁县，海南藏族自治州同德县、兴海县，至兴海县唐乃亥乡改向东北流，流经贵南县、共和县进入龙羊峡，其间有泽曲、切木曲、巴曲、曲什安河、大河坝河、茫拉河等支流汇入，见表 6-9。

表 6-9　青海省黄河源汇水主要河流

序号	河名	水系	发源地	入河（湖）口	河长/km	流域面积/km^2	多年平均流量/（m^3/s）	流经地区	备注
1	泽曲	黄河上游右岸支流	黄南州泽库县	黄南州河南县	232.9	4 756	7.70	黄南州泽库县、河南县	—
2	尕玛尔曲	黄河上游右岸支流	黄南州河南县	黄南州河南县	53	353	0.57	黄南州河南县	—
3	尕科河	黄河上游左岸支流	果洛州玛沁县	果洛州玛沁县	53.5	460	0.70	果洛州玛沁县	—
4	切木曲	黄河上游左岸支流	果洛州玛沁县	果洛州玛沁县	150	5 550	7.38	果洛州玛沁县	—
5	格曲	切木曲右岸支流	果洛州玛沁县	果洛州玛沁县	112	1 856	2.66	果洛州玛沁县	—
6	中铁沟	黄河上游左岸支流	海南州兴海县	海南州兴海县	42	513	0.67	海南州兴海县	—
7	巴沟	黄河上游右岸支流	黄南州泽库县	海南州同德县	142	4 232	2.88	黄南州泽库县、海南州同德县	—
8	尕干曲	巴沟左岸支流	黄南州泽库县	海南州同德县	75	960	0.62	黄南州泽库县、海南州同德县	—

序号	河名	水系	发源地	入河（湖）口	河长/km	流域面积/km²	多年平均流量/（m³/s）	流经地区	备注
9	曲什安河	黄河上游左岸支流	果洛州玛沁县	海南州兴海县	198.6	5 787	8.17	果洛州玛沁县、海南州兴海县	—
10	长水	曲什安河左岸支流	海南州兴海县	海南州兴海县	75	1 210	1.71	海南州兴海县	—
11	尕曲	曲什安河右岸支流	海南州兴海县	海南州兴海县	48	590	0.85	海南州兴海县	—
12	大河坝河	黄河上游左岸支流	海南州兴海县	海南州兴海县	163.6	3 986	3.85	海南州兴海县	—
13	水塔拉河	大河坝河右岸支流	海南州兴海县	海南州兴海县	56	720	0.52	海南州兴海县	—
14	茫拉河	黄河上游右岸支流	海南州贵南县和黄南州泽库县交界处	海南州贵南县	140	3 002	2.24	海南州贵南县	—
15	恰卜恰河	黄河上游左岸支流	海南州共和县	海南州共和县	66.4	851	0.41	海南州共和县	—
16	沙沟	黄河上游右岸支流	海南州贵南县	海南州贵南县	68	1 434	0.37	海南州贵南县	—
17	洮河	黄河上游右岸支流	黄南州河南县	甘肃永靖县	673	25 527	49.2	青海省河南县，甘肃省甘南州、临夏州、定西市	—
18	延曲	洮河左岸支流	黄南州河南县	黄南州河南县	44	450.5	0.80	青海省河南县，甘肃省碌曲县	—

资料来源：《中国河湖大典（黄河卷）》。

6.2.4.2 主要保护地

保护地有自然保护区、森林公园、湿地公园、水产种质资源保护区、水利风景区，见表 6-10。

表 6-10　青海省黄河源汇水区主要保护地

序号	保护地名称	设立部门	设立时间	所在地区	备注
1	三江源国家级自然保护区（阿尼玛卿、中铁—军功、麦秀保护分区）	省政府	2000 年	果洛州玛沁县、黄南州河南县、海南州兴海县、同德县	麦秀保护分区主体在东部区域
		国务院	2003 年		
2	泽库和日省级风景名胜区	省政府	2008 年	黄南州尖扎县、海东市化隆县	
3	玛沁阿尼玛沁国家地质公园	国土资源部	2012 年	果洛州玛沁县	
4	同德河北省级森林公园	省林业厅	2016 年	海南州同德县	
5	河南洮河源国家湿地公园	国家林业局	2013 年	黄南州河南县	
6	泽库泽曲国家湿地公园	国家林业局	2015 年	黄南州泽库县	
7	贵南茫曲国家湿地公园	国家林业局	2016 年	海南州贵南县	
8	黄河上游特有鱼类国家级水产种质资源保护区	农业部	2007 年	青海省河南县、四川省若尔盖县、甘肃省玛曲县	
9	格曲河特有鱼类国家级水产种质资源保护区	农业部	2011 年	果洛州玛沁县	
10	贵南黄沙头国家沙漠公园	国家林业局	2014 年	海南州贵南县	
11	贵南鲁仓国家沙漠公园	国家林业局	2017 年	海南州贵南县	
12	泽库和日国家沙漠公园	国家林业局	2015 年	黄南州泽库县	
13	贵南木格滩国家级沙化土地封禁保护区	国家林业局	2016 年	海南州贵南县	
14	贵南鲁仓国家级沙化土地封禁保护区	国家林业局	2018 年	海南州贵南县	
15	共和国家级沙化土地封禁保护区	国家林业局	2016 年	海南州共和县	
16	黄南州黄河走廊国家水利风景区	水利部	2007 年	黄南州同仁市、尖扎县、泽库县、河南县	

6.2.5 澜沧江源水源涵养与生物多样性维护生态保护功能区

该区地处青海省南部，与西藏自治区接壤，行政区划涉及玉树、杂多、囊谦3个县（市）。该区是澜沧江发源地和主要的水源补给区，具有极重要的水源涵养功能。植被类型主要有高寒草地、森林、灌丛。野生动物代表物种有金钱豹、雪豹、猕猴、岩羊、暗腹雪鸡等。重要保护地有三江源国家公园、三江源自然保护区（昂赛、果宗木查、白扎、江西、东仲—巴塘保护分区）、杂多清水沟、杂多吉乃沟、囊谦那容沟饮用水水源地。重点保护澜沧江源区自然生态系统、冰川雪山、森林、灌丛、高寒草地、野生动物及其栖息地以及澜沧江源区特有鱼类。

6.2.5.1 主要河流

澜沧江中国境内干流长2 194 km，流域面积约16.48万km^2。青海省境内干流长457 km，流域面积37万km^2。澜沧江发源于青海省玉树藏族自治州杂多县北部拉宁查日山，扎曲为澜沧江正源，扎曲上源为谷涌曲。青海省境内澜沧江干流称扎曲，又称杂曲，系藏语音译，意为“从山岩中流出的河”。扎曲流经玉树藏族自治州杂多县和囊谦县，于囊谦县打如达村以南进入西藏自治区境内，省界处河道海拔高3 516 m。流域包括玉树藏族自治州杂多县的东部、囊谦县全部和玉树市的西南部。青海省境内澜沧江流域河网密集，水系发育。水系由干流扎曲和200多条大小支流组成，其中一级支流46条。青海省内流域面积大于1 000 km^2的支流有9条，其中一级支流6条。流域面积大于5 000 km^2的支流有吉曲和子曲，在青海省境内流域面积分别为94 614 km^2、8 211.7 km^2，河长分别为258 km、277 km。

干流扎曲是澜沧江上游段右岸一级支流，发源于玉树藏族自治州杂多县境内中部加果空桑贡玛山，河长89 km，河道平均比降4.64‰。干流扎曲流经地区地形复杂，景象万千，有平川、险滩、深谷，有丹霞地貌、原始森林、大片沼泽和广袤的草原。流域上游高山区多冰川雪岭，河道宽浅，河宽一般可达100～200 m；下游囊谦县城以下河流在高山峡谷中穿行，坡陡流急，河床下切深，河宽30 m左右，河床多为沙砾石质。

子曲是澜沧江上游段扎曲左岸一大支流，发源于青海省玉树藏族自治州杂多县东北端扎格俄玛拉山口东北2 km处的无名山地，由西北向东南流经青海省玉树藏族自治州的杂多县、玉树县、囊谦县和西藏自治区昌都县。子曲干流全长 299 km，河道平均比降 3.35‰，青海省境内干流长 277 km，流域面积 8 212 km^2。其东以得实普山—拉无茄山为界与金沙江分水，南以子散赛拉—查拉—夏拉—多吉直赛—浪俄拉山与干流扎曲相隔，西接布当曲，北与通天河各大支流的源区相邻。青海省子曲流域呈条状、羽状水系，流域面积在 50 km^2 以上的支流有 50 条，其中一级支流有 24 条。流域面积在 500 km^2 以上的支流有德曲、日青曲、降曲、赞曲、盖曲 5 条。径流以降水和冰雪融水补给为主。

吉曲是澜沧江（扎曲）右岸一级支流，又称解曲，流出青海省后称昂曲。它发源于青海省与西藏自治区交界的唐古拉山瓦尔公冰川。吉曲源头西距长江二级支流绕德曲源头约 1.5 km。干流上段名松曲，长 73.6 km，流经西藏自治区巴青县东北部；中段名吉曲，长 258 km，流经青海省杂多县、囊谦县；下段名昂曲，长 188.4 km，流经西藏自治区类乌齐县、昌都县。吉曲干流全长 520 km，其北部、东部与澜沧江（扎曲）干流流域相连，南部、西部与西藏自治区毗邻。流域处于高原温带半湿润季风气候区，日照充足、干湿季分明、年无霜期短等特点。径流由降水、地下水、冰雪融水补给。洪水期以降水补给为主，枯水期以地下水和融水补给为主。

青海省澜沧江源区主要河流见表 6-11。

表 6-11　青海省澜沧江源区主要河流

序号	河名	水系	发源地	入河（湖）口	河长/km	流域面积/km^2	多年平均流量/(m^3/s)	流经地区	备注
1	澜沧江	国际河流	玉树州杂多县	于云南省西双版纳州勐腊县出境	2 161	164 400	—	青海、西藏、云南 45 个县（市、区）	—
2	扎阿曲	澜沧江上游扎曲段左岸支流	玉树州杂多县	玉树州杂多县	91.7	2 572	—	玉树州杂多县	—
3	阿涌	澜沧江上游扎曲段右岸支流	玉树州杂多县	玉树州杂多县	91	1 169	—	玉树州杂多县	—

序号	河名	水系	发源地	入河（湖）口	河长/km	流域面积/km^2	多年平均流量/（m^3/s）	流经地区	备注
4	布当曲	澜沧江上游扎曲段左岸支流	玉树州杂多县	玉树州杂多县	91.5	1 930	—	玉树州杂多县	—
5	沙曲	澜沧江上游扎曲段左岸支流	玉树州杂多县	玉树州杂多县	47.9	901		玉树州杂多县	
6	班涌	澜沧江上游扎曲段右岸支流	玉树州囊谦县	玉树州囊谦县	62.3	890	—	玉树州囊谦县	—
7	宁曲	澜沧江上游扎曲段左岸支流	玉树州杂多县	玉树州囊谦县	80.1	1 169	—	玉树州杂多县、囊谦县	—
8	子曲	澜沧江上游扎曲段左岸支流	玉树州杂多县	西藏自治区昌都县	292.7	12 645	—	青海省杂多县、玉树市、囊谦县，西藏自治区昌都县	—
9	隆曲	子曲左岸支流	玉树州玉树市	玉树州玉树市	55.7	789	—	玉树州玉树市	—
10	盖曲	子曲左岸支流	西藏自治区江达县	西藏自治区昌都县	150	5 930	—	西藏自治区江达县、昌都县，青海省囊谦县	—
11	亚涌曲	盖曲右岸支流	玉树州玉树市	西藏自治区江达县	66	853		青海省玉树市，西藏自治区江达县	
12	草曲	盖曲右岸支流	玉树州玉树市	西藏自治区昌都县	96.1	1 300	—	青海省玉树市，西藏自治区昌都县	—
13	热曲	澜沧江左岸支流	西藏自治区昌都县	玉树州囊谦县	82	2 470	—	青海省囊谦县，西藏自治区昌都县	—

序号	河名	水系	发源地	入河（湖）口	河长/km	流域面积/km^2	多年平均流量/（m^3/s）	流经地区	备注
14	吉曲	澜沧江右岸支流	西藏自治区巴青县	西藏自治区昌都县	499	16 774	—	西藏自治区巴青县、昌都县，青海省囊谦县	昂曲
15	羊木涌	吉曲右岸支流	西藏自治区丁青县	玉树州杂多县	79	851	—	西藏自治区丁青县，青海省杂多县	—
16	沙木曲	吉曲右岸支流	西藏自治区丁青县	玉树州囊谦县	82	1 412	—	西藏自治区丁青县，青海省囊谦县	—
17	买曲	吉曲右岸支流	玉树州囊谦县	玉树州囊谦县	62	875	—	玉树州囊谦县	—
18	巴曲	吉曲左岸支流	玉树州囊谦县	西藏自治区类乌齐县	133.4	1 752	—	青海省囊谦县，西藏自治区类乌齐县	—
19	金河	澜沧江右岸支流	西藏自治区丁青县	西藏自治区察雅县	301	6 493	—	西藏自治区丁青县、类乌齐县、昌都县、察雅县，青海省囊谦县	—
20	热曲	金河左岸支流	玉树州囊谦县	玉树州囊谦县	83.7	710	2.14	玉树州囊谦县	—

资料来源：《中国河湖大典（西南诸河卷）》。

6.2.5.2 主要保护地

保护地有自然保护区和水利风景区，见表 6-12。

表 6-12 青海省澜沧江源区主要保护地

序号	保护地名称	设立部门	设立时间	所在地区	备注
1	三江源国家级自然保护区（昂赛、果宗木查、白扎、江西、东仲—巴塘保护分区）	省政府	2000 年	玉树州杂多县、囊谦县、玉树市	东仲—巴塘保护分区跨澜沧江流域和长江流域，主体在长江流域
		国务院	2003 年		
2	囊谦澜沧江国家水利风景区	水利部	2013 年	玉树州囊谦县	—
3	杂多澜沧江国家水利风景区	水利部	2016 年	玉树州杂多县	—

6.2.6 黑河源水源涵养与生物多样性维护功能区

该区地处青海省东北部的祁连山腹地，与甘肃省接壤，全部位于祁连县境内。该区是黑河发源地和主要的水源补给区，具有极重要的水源涵养功能。植被类型主要为高寒草地、森林、灌丛。野生动物代表物种有野牦牛、盘羊、白唇鹿、岩羊、雪豹等。重要保护地有祁连山国家公园、祁连山自然保护区（黑河源、三河源、油葫芦沟、黄藏寺 4 个保护分区）、黑河源湿地公园、祁连黑河大峡谷森林公园、祁连黑河特有鱼类水产种质资源保护区以及祁连八宝河饮用水水源地。重点保护黑河源自然生态系统、冰川雪山、湿地、森林、灌丛、高寒草地、野生动物及其栖息地和黑河源区特有鱼类。

6.2.6.1 主要水系

黑河，为居延海水系，河西走廊三大内陆河水系中最大的一支，中国第二大内陆河。古称黑水、张掖河、溺水、删丹河，亦有羌谷水、合黎水、鲜水、“覆袁水”之称谓。黑河下游现称额济纳河，古时候也称坤都伦水。《尚书·禹贡》曰“导弱水至于合黎，余波入于流沙”即指黑河，“流沙”指弱水尾闾居延海附近。

黑河发源于青海省东北部祁连山支脉走廊南山雅腰掌，河源海拔 4 120 m。流向东南，流经 176 km，在祁连县城西北 7 km 多黄藏寺处接纳右岸的八宝河，同时干流转向北流，进入莺落峡，成为青海、甘肃两省界河，界河长约 39 km。青海省境内干流长233.7 km，位于海北藏族自治州祁连县境，源流段河谷宽 1～5 km，流域面积约 10 万 km^2，省界处河道海拔 3 260 m，落差 860 m，河道平均比降 3.68‰，年径流量 18.02 亿 m^3，年平均流量 57.1 m^3/s。枯水季节河水清澈见底，洪水期间挟带大量黑沙，故名黑河。

讨赖河是黑河水系西侧最大支流，在省境内又名托勒河、托来河。位于青海省东北部的祁连县西部和甘肃省西部，源于祁连县托莱山南麓的纳孕尔当。“托莱”为蒙古语音译，意为“有柴禾的山”，又称“托来”“托勒”“讨赖”，河因山而得名。发源于海北藏族自治州祁连县境内托勒山与托勒南山之间纳尔当高山草甸，汇集两山冰川融水溪流由东南向西北流，经甘肃省酒泉市冰沟出祁连山流入河西走廊酒泉盆地，再经嘉峪关市称北大河，流经金塔县鸳鸯池水库，至营盘汇入黑河干流，讨赖河全长 373 km。青海省境内河长 110.8 km，流域面积为 2 779 km^2，河道平均比降 8‰。

八宝河，又称俄博河，是黑河右岸一级支流。位于海北藏族自治州祁连县东部，源于祁连山南麓景阳岭南侧拿子海山。自东而西流经峨堡（红土城）、草大（加隆）、八宝（祁连）、到狼舌头（黄藏寺附近）汇入黑河。河长 104.1 km，流域面积为 2 511 km^2，河道平均比降 11.43‰。八宝河上游有冰川 15 条，冰川面积为 9.86 km^2，冰川储量为 2.2 亿 m^3。河上游称峨堡河，中下游始名八宝河，有大小支沟 50 余条，主要有天棚（蓬）河、小八宝河、青羊河、拉洞河、黑沟、黑泉河、东草河等。

青海省黑河流域主要河流见表 6-13。

表 6–13　青海省黑河流域主要河流

序号	河名	水系	发源地	入河（湖）口	河长/km	流域面积/km^2	多年平均流量/（m^3/s）	流经地区	备注
1	黑河	居延海	海北州祁连县	内蒙古自治区额济纳旗	928	142 440	15.8	青海省祁连县，甘肃省张掖市、酒泉市，内蒙古自治区阿拉善盟	—
2	八宝河	黑河右岸支流	海北州祁连县	海北州祁连县	104	2 511	4.51	海北州祁连县	—
3	讨赖河	黑河支流	海北州祁连县	甘肃省金塔县	373	6 883	6.24	青海省祁连县，甘肃肃南县、酒泉市、嘉峪关市	托勒河

资料来源：《中国河湖大典（西北诸河卷）》。

6.2.6.2　自然保护地

保护地有国家公园、自然保护区、风景名胜区、湿地公园、森林公园、水产种质资源保护区、水利风景区，见表 6-14。

表 6-14　青海省黑河源区主要保护地

序号	保护地名称	设立部门	设立时间	所在地区	备注
1	祁连山国家公园（青海片区）			海北州祁连县	共涉及海北州祁连县、门源县，海西州德令哈市、天峻县
2	祁连山省级自然保护区（黑河源、三河源、油葫芦沟、黄藏寺保护分区）	省政府	2005 年	海北州祁连县	整合优化为祁连山国家公园，三河源保护分区 跨黑河流域、疏勒河流域和黄河流域，主体在黑河流域，其次是疏勒河流域
3	天境祁连省级风景名胜区	省政府	2014 年	海北州祁连县	—
4	祁连黑河源国家湿地公园	国家林业局	2014 年	海北州祁连县	—
5	祁连黑河大峡谷省级森林公园	省林业部门	2005 年	海北州祁连县	—
6	黑河特有鱼类国家级水产种质资源保护区	农业部	2012 年	海北州祁连县	—
7	祁连八宝河省级水利风景区	省水利部门	—	海北州祁连县	—

6.2.7　疏勒河源水源涵养与生物多样性维护功能区

该区地处青海省北部，与甘肃省接壤，行政区划涉及德令哈和天峻 2 个县（市）。该区是疏勒河和党河的发源地及主要水源补给区，现代冰川发育，具有极重要的水源涵养功能。植被类型以高寒草地和灌丛为主。野生动物代表物种有：野牦牛、藏野驴、藏原羚、岩羊、雪豹、蓝马鸡等。重要保护地有祁连山国家公园，青海祁连山自然保护区（团结峰、党河源和三河源 3 个保护分区）。重点保护疏勒河源和党河源的自然生态系统，冰川雪山，高寒草地、灌丛，野生动物及其栖息地。

6.2.7.1　主要河流

疏勒河是河西走廊三大内陆河水系最西边的一支，也是中国第三大内陆河，上游昌马盆地河段称昌马河，中下游又称卜吉尔川、布隆吉尔河。“疏勒”系蒙古语“多水草”之意，汉时称“南籍端水”，又称“冥水”。发源于祁连山脉西段之疏勒南山的日阿哇日西南冰川地区之屑来日阿吾尔峰，与大通河、布哈河源头相邻。河水沿疏勒南山和托莱南山之间谷地，由东南流向西北，至硫磺山以下约 20 km 处转向正北方向后出省境入甘肃省，经玉门、安西、敦煌市西北，河尾变为间歇性河流，最后潜没于新疆维吾尔自治区东部边境的盐沼中。河全长 590 km，流域面积为 6.22 万 km^2，省境内河长为 222.6 km，流域面积为 6 415 km^2。源头日阿哇日西南有冰川，多沼泽，源流名屑来日阿吾尔曲，又名丹德尔曲，地势平坦，河床以碎石、沙砾为主，过错日岗后，干流名疏勒曲，又名苏里曲；进入疏勒峡后名疏勒河，又名昌马大河，穿行于陡峭峡谷之中，河床以碎石、沙砾为主，左岸支流的源头疏勒南山为大面积冰川。

党河，是疏勒河水系最西端支流，古名氐置水，《汉书 • 地理志》称：“龙勒县有氐置水，出南羌中，东北入泽，溉民田。”党河发源于祁连山西端，上源由两条支流汇成，南源巴音泽尔肯郭勒，发源于党河南山的巴音泽尔肯乌勒；北源克腾高勒，发源于疏勒南山的宰力木克。两支流西流至盐池湾以上汇合后称党河。党河继续西北流，经肃北蒙古族自治县、党河水库、敦煌市城区，于土窑墩汇入疏勒河。全长为 390 km，流域面积为 4.2 万 km^2。

6.2.7.2　自然保护地

保护地有国家公园和自然保护区，见表 6-15。

表 6-15　青海省疏勒河源区主要保护地

序号	保护地名称	设立部门	设立时间	所在地区	备注
1	祁连山国家公园	—	—	海北州祁连县	共涉及海北州祁连县、门源县，海西州德令哈市、天峻县
2	祁连山省级自然保护区（团结峰、党河源和三河源保护分区）	省政府	2005 年	海北州祁连县	整合优化为祁连山国家公园，三河源保护分区 跨黑河流域、疏勒河流域和黄河流域，主体在黑河流域，其次是疏勒河流域

6.2.8 石羊河源水源涵养与生物多样性维护功能区

该区地处青海省东北部，与甘肃省接壤，全部位于门源县境内，是石羊河发源地和重要水源补给区，也是我国分布最东端的现代冰川发育区，具有极重要的水源涵养功能。植被类型以高寒灌丛、高寒草地为主。野生动物代表物种有白唇鹿、岩羊等。重要保护地有祁连山国家公园、青海祁连山自然保护区（石羊河源保护分区）。重点保护石羊河源区自然生态系统、冰川雪山、高寒草地、灌丛、野生动物及其栖息地。

6.2.8.1 主要水系

石羊河，是河西走廊—阿拉善内流区河湖水系中最东边的一支水系。西汉时匈奴称狐奴河，东汉称芦水，北朝和隋唐时称谷水、马城河，元朝称五涧谷，明清时称三岔河，另称六峪水、白亭水、郭河、石羊大河、沙河、清涧水等。

石羊河水系自西向东由祁连山的西大河、东大河、西营河、金塔河、杂木河、黄羊河、古浪河与大靖河 8 条主要支流及区间多条小河组成，径流补给来源为山区降水和高山冰雪融水。

石羊河上游支流之一，处于西侧东大河与东侧杂木河之间。西营河发源于祁连山东端冷龙岭北麓，由宁昌河与水管河两条主要源流组成，宁昌河为主源流。宁昌河发源于海北藏族自治州门源回族自治县境内的假墙槽处，沿青海、甘肃两省边界向东北流经上店沟、上夹石、青羊三岔至大草滩进入甘肃省肃南裕固族自治县境内，流经黑河沟滩、小柳花沟到水管口与水管河汇合。以上河道全长为 42.4 km，集水面积为 714 km^2。宁昌河右岸主要支流青羊河，发源于青海省门源县境内的响拉瓦尔玛，由南向西北流经扎合尔休玛、倒仰三岔、黄草山至青羊三岔汇入宁昌河，全程长 25.4 km，河流全程均在青海省境内。宁昌河的第二支流托洛河，在宁昌河右岸青羊河以下，发源于甘肃省天祝县大直沟，由东南向西北流经邵家窑沟、大草滩汇入宁昌河，全程长 23.6 km。其下流经 13 km 汇入的还有发源于高山冰湖龙潭的龙潭河等。

另一支流是老虎沟，源于门源县乱石窝子处，由西南向东北流经水管滩、寺院滩到水管口与宁昌河汇流。以上全程长 47.6 km，集水面积为 297 km^2，沿途还汇入几条沟河。

6.2.8.2　自然保护地

保护地主要有国家公园、自然保护区、风景名胜区、森林公园，见表 6-16。

表 6-16　青海省石羊河源区主要保护地

序号	保护地名称	设立部门	设立时间	所在地区	备注
1	祁连山国家公园			海北州门源县	共涉及海北州祁连县、门源县，海西州德令哈市、天峻县
2	祁连山省级自然保护区（石羊河源保护分区）	省政府	2005 年	海北州门源县	整合优化为祁连山国家公园
3	门源百里花海省级风景名胜区	省政府	2013 年	海北州门源县	跨黄河流域和石羊河流域，主体在黄河流域
4	门源仙米国家森林公园	国家林业局	2005 年	海北州门源县	跨黄河流域和石羊河流域，主体在黄河流域

青海祁连山自然保护区石羊河源保护分区位于门源县北部的冷龙岭和岗什卡两座高峰的北坡。区内冷龙岭冰川是我国分布最东段的现代冰川发育区。冰川总面积 81 km^2，其中，北坡内陆区 48 km^2，南坡外流区 33 km^2。储水量 26.768 亿 m^3，融水量 0.774 25 亿 m^3，年径流量 6.642 5 亿 m^3。每当湿润年，山区大量固态降水都会储存在这一天然水库中；每当干旱年，气温升高，冰雪消融，大量融水补给河流，起到旱年不缺水和调节径流年际不均匀性的作用。冰川储量影响对永安河、老虎沟河、初麻沟河等外流河的水量供给以及祁连山内陆水系宁缠河、清阳河、水管河等 8 条河流的补给。因此，保护冷龙岭冰川不仅关系到门源县祁连山北坡大面积夏季草场的安危，同时也关系到甘肃省河西走廊的水量供给，其生态意义十分重大。区内分布有雪豹、雪鸡、白唇鹿、岩羊等野生动物和丰富的高寒植物种群。

6.2.9　青海湖水源涵养与生物多样性维护功能区

该区地处青海省东北部，行政区划涉及海晏、刚察、共和、天峻 4 个县。青海湖是我国最大的内陆咸水湖，是维系青藏高原东北部生态安全的重要水体，具有阻挡西部荒漠化向东蔓延的天然屏障作用，是我国高原湖泊湿地的典型代表，也是我国高原湖区水禽集中繁衍生息的重要场所。重要保护地有青海湖自然保护区、青海湖风景名胜区、青海湖裸鲤水产种质资源保护区、青海湖地质公园、青海湖国际/国家重要湿地、天峻山风景名胜区、天峻布哈河、刚察沙柳河湿地公园和刚察沙柳河饮用水水源地。重点保护青海湖及环湖湿地、水禽生态系统、普氏原羚、青海湖裸鲤、甘子河裸鲤等特有物种及其栖息地。

6.2.9.1 主要河流湖泊

青海湖是中国面积最大的内陆咸水湖泊，也是国际重要湿地和国家级自然保护区。青海湖位于青藏高原的东北部，处于大通山、日月山、青海南山之间。流域总面积为 2.96 万 km^2，湖面东西长约 106 km，南北宽约 63 km，略呈椭圆形，地势西北高、东南低。青海湖年均水位为 3 193.56 m，湖面面积为 4 348.62 km^2。青海湖流域为四周群山环抱的封闭式山间内陆盆地，整个流域呈近似织梭形，呈北西西—南东东走向。该流域内有 10 多个大小不同的湖泊，主要有青海湖、尕海、海晏湾和耳海等，均为咸水湖。该流域注入青海湖的河流主要有布哈河、沙柳河、哈尔盖河、倒淌河、黑马河等，其中，西面的布哈河是青海湖流域集水面积最大的子流域，入湖处河道曲折而分散，形成了冲积三角洲。流域内河流呈明显的不对称分布，西面（布哈河）和北面（沙柳河）河流多日流长水大，东面（哈尔盖河、甘子河和倒淌河）和南面（黑马河）则相反。河流主要以降水和冰雪融水补给为主。

作为青海湖流域内长度最长、流域面积最大的河流，布哈河全长 278 km，流域面积为 1.45 万 km^2。河流位于青海省天峻县境内，发源于疏勒南山，从西北向东南方向流动，最终在鸟岛附近注入青海湖。布哈河河口多年平均流量为 37.45 m^3/s，多年平均年径流量为 11.81 亿 m^3。沙柳河又称伊乌克兰河，为青海湖流域的第二大河流，发源于大通山的克克赛尼哈，上游河道走向从西北向东南，山陡谷深，流域形状为长条形。河长 107 km，流域面积为 1 536 km^2，流向由西向东南流入青海湖，多年平均流量为 7.74 m^3/s，多年平均年径流量为 244 亿 m^3。哈尔盖河是该流域第三大河流，发源于刚察县赞宝化久山和青达坂山之间的台布希山东北麓，河长 110 km，流域面积为 1 482 km^2，多年平均年径流量为 1.47 亿 m^3。

青海湖流域主要河流见表 6-17。

表 6-17　青海湖流域主要河流

序号	河名	水系	发源地	入河（湖）口	河长/km	流域面积/km^2	多年平均流量/(m^3/s)	流经地区	备注
1	哈尔盖河	青海湖	海北州刚察县	海北州刚察县	110	1 613	1.38	海北州刚察县、海晏县	—
2	甘子河	青海湖	海北州海晏县	海北州海晏县	47.4	296	0.19	海北州海晏县	—
3	倒淌河	青海湖	海南州共和县	海南州共和县	60	727	0.17	海南州共和县	—
4	黑马河	青海湖	海南州共和县	海南州共和县	20	112	0.11	海南州共和县	—
5	布哈河	青海湖	海西州天峻县	海西州天峻县	286	14 384	7.76	海西州天峻县	—
6	希格尔曲	布哈河左岸支流	海西州天峻县	海西州天峻县	84	2 047	1.16	海西州天峻县	—
7	夏日格曲	布哈河右岸支流	海西州天峻县	海西州天峻县	88.6	1 358	1.08	海西州天峻县	—
8	峻河	布哈河左岸支流	海西州天峻县	海西州天峻县	124.3	3 163	2.21	海西州天峻县	—
9	夏日哈河	峻河右岸支流	海西州天峻县	海西州天峻县	95.6	1 189	1.04	海西州天峻县	—
10	吉尔孟河	布哈河左岸支流	海北州刚察县	海北州刚察县	112	1 092	0.48	海北州刚察县	—
11	泉吉河	青海湖	海北州刚察县	海北州刚察县	65	567	0.24	海北州刚察县	—
12	伊克乌兰河	青海湖	海北州刚察县	海北州刚察县	106	1 500	2.33	海北州刚察县	沙柳河

资料来源：《中国河湖大典（西北诸河卷）》。

6.2.9.2 主要保护地

主要保护地包括自然保护区、风景名胜区、地质公园、湿地公园、沙漠公园、水产种质资源保护区、沙化土地封禁保护区、重要湿地。其中，青海湖自然保护区始建于1975年8月，目的是为保护青海湖鸟岛区域的繁殖候鸟及其栖息地而设立的，是青海省建立的第一个自然保护区，1997年12月晋升为国家级自然保护区。

表6-18 青海湖流域主要保护地

序号	保护地名称	设立部门	设立时间	所在地区	备注
1	青海湖国家级自然保护区	省政府	1975年	海北州刚察县、海晏县和海南州共和县	—
		国务院	1997年		
2	青海湖国家级风景名胜区	国务院	1994年	海北州刚察县、海晏县和海南州共和县	—
3	天峻山省级风景名胜区	省政府	2013年	海西州天峻县	—
4	青海湖国家地质公园	国土资源部	2017年	海北州海晏县、海南州共和县	—
5	天峻布哈河国家湿地公园	国家林业局	2014年	海西州天峻县	—
6	刚察沙柳河国家湿地公园	国家林业局	2016年	海北州刚察县	—
7	青海湖裸鲤国家级水产种质资源保护区	农业部	2007年	海北刚察县、海晏县和海南州共和县	—
8	海晏克土国家沙漠公园	国家林业局	2015年	海北州海晏县	—
9	海晏国家级沙化土地封禁保护区	国家林业局	2016年	海北州海晏县	—
10	青海湖国际重要湿地		1992年	海北州刚察县、海南州共和县	—
11	青海湖重要湿地		2000年	海北州刚察县、海晏县和海南州共和县	中国湿地保护行动计划

6.2.10　湟水—大通河水源涵养与生物多样性维护功能区

该区地处青海省东北部，与甘肃省接壤，行政区划涉及海晏、湟源、湟中、大通、平安、乐都、互助、民和、祁连、刚察、门源、天峻 12 个县（区）。该区是湟水河、大通河发源地和重要水源补给区，具有极重要的水源涵养功能。植被类型以森林、灌丛、草地为主。野生动物代表物种有岩羊、白唇鹿、雪雉、蓝马鸡等。重要保护地有祁连山国家公园、大通北川河源区自然保护区、青海祁连山自然保护区（三河源、仙米保护 2 个保护分区）、门源仙米森林公园、互助北山森林公园、大通察汗河鹞子沟森林公园、湟中群加森林公园、湟源东峡森林公园、平安峡群寺森林公园、互助南门峡森林公园、互助松多森林公园、乐都上北山森林公园、乐都药草台森林公园、乐都杨宗森林公园、大通老爷山宝库峡鹞子沟风景名胜区、互助北山风景名胜区以及大通河特有鱼类水产种质资源保护区。重点保护区有湟水北川河源区、大通河源区的自然生态系统、大通河流域湿地、森林、灌丛、大通河特有鱼类以及野生动物及其栖息地。

6.2.10.1　主要河流湖泊

湟水是黄河上游一条重要的支流，发源于青海省海北州海晏县境内肯特达坂山的洪呼日尼哈，河源海拔 4 353 m，河道全长 371 km，流经海晏、湟源、湟中、西宁、平安、互助、乐都、民和等县市，从甘肃省兰州市西固区达川乡河嘴村汇入黄河。湟水流域面积为 32 878 km^2，湟水干流在其最大支流——大通河汇入前，断面民和站的多年平均流量为 68.43 m^3/s，多年平均年径流量为 21.58 亿 m^3。按自然地形和河道形态，可将湟水划分为上游、中游和下游三段，上游段（河源至湟源峡东口），河道长 127.7 km；中游段（湟源峡东口至民和享堂大通河入口），河道长 172.3 km；下游段（民和享堂大通河口至入黄口），河道长 71 km。流域内面积大于 50 km^2 的支流有 92 条，其中，流域面积大于 100 km^2 的支流有 44 条。流域面积为 500～1 000 km^2 的支流分别为哈利涧河、药水河、西纳川河、黑林河、东峡河，流域面积大于 1 000 km^2 的支流依次为北川河、沙塘川河和大通河。

大通河是黄河的二级支流，是湟水河的一级支流，发源于青海省天峻县托勒南山，自西北向东南流经青海省的天峻、祁连、刚察、海晏、门源、互助、乐都、民和，以及甘肃省的天祝、永登、红古 11 个县（区），在民和县享堂镇汇入湟水。

大通河流域地处青藏高原东北部边缘，发源于青海省天峻县托勒南山的岗格尔肖合力冰峰东麓，河源海拔为 4 520 m，流域面积约为 15 万 km²，干流全长为 572 km。流域呈一狭长地带，地形西北高、东南低。河源至尕大滩为上游段，尕大滩至连城为中游段，连城以下为下游段。河流水系呈羽状分布，上游段主要支流有唐莫日曲江仓曲、呼达斯曲、萨拉沟、莱日图河、永安河、扎麻图河；中游段主要支流有白水河、老虎沟、讨拉沟、塔里华沟、初麻沟、珠固沟、甘禅沟、郎士当沟、朱岔沟、扎龙沟、金沙峡沟、土路沟、皮袋沟等；下游段主要有葳龙沟等几条小支流。大通河上游径流以降水和冰川、沼泽混合补给，中下游径流以降水补给为主。

青海省湟水—大通河水系主要河流、湖泊见表 6-19、表 6-20。

表 6-19 青海省湟水—大通河水系主要河流

序号	河名	水系	发源地	入河（湖）口	河长/km	流域面积/km²	多年平均流量/（m³/s）	流经地区	备注
1	湟水	黄河上游左岸支流	海北州海晏县	兰州	374	32 863	49.48	—	—
2	哈勒景河	湟水左岸支流	海北州海晏县	海北州海晏县	47.6	679	0.79	海北州海晏县	—
3	药水河	湟水右岸支流	西宁市湟源县	西宁市湟源县	52.2	639	0.81	西宁市湟源县	—
4	水峡河	湟水左岸支流	海北州海晏县	西宁市湟中区	81.5	957	1.54	海北州海晏县、西宁市湟中区	—
5	北川河	湟水左岸支流	西宁市大通县	西宁市城北区	154.2	3 371	6.57	西宁市大通县、城北区	—
6	黑林河	北川河右岸支流	西宁市大通县	西宁市大通县	56	673	0.79	西宁市大通县	—
7	东峡河	北川河左岸支流	西宁市大通县	西宁市大通县	43.7	547	1.25	西宁市大通县	—
8	南川河	湟水右岸支流	西宁市湟中区	西宁市	49.2	398	0.63	西宁市	—

序号	河名	水系	发源地	入河（湖）口	河长/km	流域面积/km^2	多年平均流量/(m^3/s)	流经地区	备注
9	沙塘川河	湟水左岸支流	海东市互助县	西宁市城东区	71.8	1 115	1.16	海东市互助县、西宁市城东区	—
10	引胜沟	湟水左岸支流	海东市互助县	海东市乐都区	51.9	481	0.99	海东市互助县、海东市乐都区	—
11	大通河	湟水左岸支流	海西州天峻县	海东市民和县	560.7	15 130	28.20	青海海西州、海北州、海东市，甘肃省兰州市	—
12	莫日曲	大通河右岸支流	海西州天峻县	海西州天峻县	52.6	520	0.90	海西州天峻县	—
13	克克赛河	大通河右岸支流	海西州天峻县和海北州刚察县交界处	海西州天峻县	43	480	0.86	海西州天峻县、海北州刚察县、祁连县	—
14	萨拉沟	大通河右岸支流	海北州海晏县	海北州祁连县	28	300	0.60	海北州海晏县、祁连县	—
15	永安西河	大通河左岸支流	海北州门源县	海北州门源县	54.2	475	0.92	海北州门源县	—
16	庄浪河	海北州门源县和甘肃省天祝县交界处	甘肃省兰州市	甘肃省兰州市	184.8	4 008	1.8	青海省门源县、甘肃省天祝县、永登县	—

资料来源：《中国河湖大典（黄河卷）》。

表 6-20　青海省湟水—大通河水系主要湖泊

湖名	湖泊性质	水系	湖面面积/km^2	蓄水量/亿 m^3	所在地区	备注
措喀莫日	淡水湖	黄河·大通河	4.2	—	海西州天峻县	—

资料来源：《中国河湖大典（黄河卷）》。

6.2.10.2 主要保护地

保护地有国家公园、自然保护区、风景名胜区、地质公园、森林公园、湿地公园、水利风景区、水产种质资源保护区，见表 6-21。

表 6-21 青海省湟水—大通河流域主要保护地

序号	保护地名称	设立部门	设立时间	所在地区	备注
1	祁连山国家公园（青海片区）	—	—	海北州祁连县、门源县，海西州天峻县	共涉及海北州祁连县、门源县，海西州德令哈市、天峻县
2	祁连山省级自然保护区（三河源、仙米保护分区）	省政府	2005 年	海北州祁连县、门源县，海西州天峻县	整合优化为祁连山国家公园，三河源保护分区跨黑河流域、疏勒河流域和黄河流域，主体在黑河流域，其次是疏勒河流域
3	大通北川河源区国家级自然保护区	省政府	2005 年	西宁市大通县	—
		国务院	2013 年		
4	大通老爷山宝库峡鹞子沟省级风景名胜区	省政府	1999 年	西宁市大通县	—
5	门源百里花海省级风景名胜区	省政府	2013 年 1 月	海北州门源县	跨黄河流域和石羊河流域，主体在黄河流域
6	互助北山风景名胜区	省政府	2013 年 1 月	海东市互助县	—
7	海晏金银滩省级风景名胜区	省政府	2014 年	海北州海晏县	—
8	互助佑宁寺省级风景名胜区	省政府	2013 年	海东市互助县	—
9	乐都药草台省级风景名胜区	省政府	2013 年	海东市乐都区	—
10	互助北山国家地质公园	国土资源部	2005 年	海东市互助县	—
11	互助南门峡国家湿地公园	国家林业局	2014 年	海东市互助县	—

序号	保护地名称	设立部门	设立时间	所在地区	备注
12	西宁湟水国家湿地公园	国家林业局	2013 年	西宁市	—
13	乐都大地湾国家湿地公园	国家林业局	2014 年	海北州祁连县	—
14	门源仙米国家森林公园	国家林业局	2005 年	海北州祁连县	跨黄河流域和石羊河流域，主体在黄河流域
15	互助北山国家森林公园	国家林业局	1992 年	海东市互助县	—
16	大通国家森林公园	国家林业局	2001 年	西宁市大通县	—
17	湟中上五庄省级森林公园	省林业部门	1996 年	西宁市湟中区	—
18	湟中南朔山省级森林公园	省林业部门	2009 年	西宁市湟中区	—
19	湟源东峡省级森林公园	省林业部门	1996 年	西宁市湟源县	—
20	平安峡群寺省级森林公园	省林业部门	1996 年	海东市平安区	—
21	互助南门峡省级森林公园	省林业部门	1996 年	海东市互助县	—
22	互助松多省级森林公园	省林业部门	2009 年	海东市互助县	—
23	乐都上北山省级森林公园	省林业部门	1996 年	海东市乐都区	—
24	乐都药草台省级森林公园	省林业部门	2016 年	海东市乐都区	—
25	乐都杨宗省级森林公园	省林业部门	2016 年	海东市乐都区	—
26	民和南大山省级森林公园	省林业部门	2015 年	海东市民和县	主体在湟水流域
27	西宁湟水省级森林公园	省林业部门	1996 年	西宁市	—
28	大通黑泉水库国家水利风景区	水利部	2008 年	西宁市大通县	—
29	互助南门峡国家水利风景区	水利部	2005 年	海东市互助县	—
30	西宁长岭沟国家水利风景区	水利部	2005 年	西宁市	—
31	互助北山国家水利风景区	水利部	2009 年	海东市互助县	—
32	湟中莲花湖省级水利风景区	省水利部门	2016 年	西宁市湟中区	—
33	大通河特有鱼类国家级水产种质资源保护区	农业部	2012 年	海北州祁连县、门源县、刚察县，海东市互助县，海西州天峻县	—

6.2.11 黄河干流东部丘陵地区水源涵养与生物多样性维护功能区

该区地处青海省东部丘陵山区，与甘肃省接壤，行政区划涉及贵德、贵南、尖扎、化隆、循化、民和、湟中、泽库、共和 9 个县（区）。该区植被类型以森林、灌木林和草地为主。对青海东部地区具有水源涵养、水土保持、调节气候等重要功能。重要保护地有循化孟达自然保护区、贵德黄河风景名胜区、尖扎坎布拉风景名胜区、贵德地质公园、尖扎坎布拉地质公园、尖扎坎布拉森林公园、贵德黄河森林公园、化隆雄先森林公园、贵德黄河清湿地公园、黄河贵德段特有鱼类水产种质资源保护区、黄河尖扎段特有鱼类水产种质资源保护区。重点保护野生动植物集中分布在森林和灌木林。

6.2.11.1 主要河流

黄河干流经龙羊峡后转向东流，经海南藏族自治州贵德县、黄南藏族自治州尖扎县和海东市化隆县、循化县、民和县，于积石峡进入甘肃和青海界河段，于寺沟峡入口下游约 5 km 处进入甘肃省境内，主要有东河、西河、街子河、清水河、隆务河，见表 6-22。

表 6-22 青海省黄河干流东部丘陵地区主要河流

序号	河名	水系	发源地	入河（湖）口	河长/km	流域面积/km^2	多年平均流量/（m^3/s）	流经地区	备注
1	沙珠玉河	黄河上游右岸支流	海南州共和县	海南州共和县	188	8 300	0.56	海南州共和县	—
2	农春河	黄河上游左岸支流	海南州贵德县	海南州贵德县	58	360	0.42	海南州贵德县	—
3	西河	黄河上游右岸支流	黄南州泽库县	海南州贵德县	94.5	865	0.86	黄南州泽库县、海南州贵德县	—
4	高红崖河	黄河上游右岸支流	海南州贵德县	海南州贵德县	69.1	1 093	0.82	海南州贵德县	—
5	隆务河	黄河上游右岸支流	黄南州泽库县	黄南州尖扎县	156.8	4 960	6.43	黄南州泽库县、同仁市、尖扎县	—

序号	河名	水系	发源地	入河（湖）口	河长/km	流域面积/km^2	多年平均流量/（m^3/s）	流经地区	备注
6	他木格曲	隆务河左岸支流	黄南州泽库县	黄南州泽库县	48	475	0.63	黄南州泽库县	—
7	扎毛河	隆务河左岸支流	黄南州泽库县	黄南州同仁市	50	466	0.62	黄南州泽库县、同仁市	—
8	姜加河	隆务河右岸支流	黄南州同仁市	黄南州同仁市	48	625	0.83	黄南州同仁市	—
9	羊智曲	隆务河左岸支流	海南州贵德县、贵南县和黄南州同仁市交界处	黄南州尖扎县、同仁市交界处	69	780	0.77	海南州贵德县、黄南州同仁市	—
10	巴燕沟	黄河上游左岸支流	海东市化隆县	海东市化隆县	49.4	833	1.44	海东市化隆县	—
11	清水河	黄河上游右岸支流	海东市循化县	海东市循化县	49.9	689	1.04	海东市循化县	—

资料来源：《中国河湖大典（黄河卷）》。

6.2.11.2　自然保护地

保护地有自然保护区、风景名胜区、地质公园、森林公园、湿地公园、水利风景区、水产种质资源保护区，见表 6-23。

表 6-23　青海省黄河干流东部丘陵地区主要保护地

序号	保护地名称	设立部门	设立时间	所在地区	备注
1	三江源国家级自然保护区（麦秀保护分区）	省政府	2000 年	黄南州泽库县	主体在东部区域
		国务院	2003 年		
2	循化孟达国家级自然保护区	省政府	1980 年	海东市循化县、民和县、化隆县	—
		国务院	2000 年		
3	贵德黄河省级风景名胜区	省政府	2008 年	海南州贵德县	—

序号	保护地名称	设立部门	设立时间	所在地区	备注
4	黄南州坎布拉省级风景名胜区	省政府	2008 年	黄南州尖扎县、海东市化隆县	—
5	贵南直亥省级风景名胜区	省政府	2013 年	海南州贵南县	—
6	贵德国家地质公园	国土资源部	2013 年	海南州贵德县	—
7	尖扎坎布拉国家地质公园	国土资源部	2004 年	黄南州尖扎县	—
8	尖扎坎布拉国家森林公园	国家林业局	1992 年	黄南州尖扎县	—
9	泽库麦秀国家森林公园	国家林业局	2005 年	黄南州泽库县	—
10	湟中群加国家森林公园	国家林业局	2002 年	西宁市湟中区	—
11	贵德黄河省级森林公园	省林业部门	2005 年	海南州贵德县	—
12	化隆雄先省级森林公园	省林业部门	2016 年	海东市化隆县	—
13	民和南大山省级森林公园	省林业部门	2015 年	海东市民和县	主体区域在湟水—大通河流域
14	贵德黄河清国家湿地公园	国家林业局	2012 年	海南州贵德县	—
15	循化孟达天池国家水利风景区	水利部	2008 年	海东市循化县	—
16	民和三川黄河国家水利风景区	水利部	2010 年	海东市民和县	—
17	黄河贵德段特有鱼类国家级水产种质资源保护区	农业部	2010 年	海南州贵德县	—
18	黄河尖扎段特有鱼类国家级水产种质资源保护区	农业部	2009 年	黄南州尖扎县、海东市化隆县	—

6.2.12 哈拉湖水源涵养与生物多样性维护功能区

该区主要位于青海省西部柴达木盆地东北部的祁连山腹地，行政区域涉及德令哈。该区对柴达木盆地具有水源涵养、水土保持等重要功能。该区域的主导功能为水源涵养和生物多样性，主要保护对象为哈拉湖区自然生态系统，集中分布的湿地、沼泽，主要野生动物有雁鸭类、鹬类、鸥类、野驴、野牦牛、白唇鹿、盘羊、藏羚羊和棕熊等。

6.2.12.1 主要水系

哈拉湖又名措纳河、黑海。位于海西蒙古族藏族自治州德令哈市东北与天峻县交界处，为青海省第二大咸水湖，仅次于青海湖。哈拉湖湖面近似椭圆形，长 34.6 km，最大宽为 23.0 km，平均宽为 17.39 km，水面面积为 601.7 km^2。湖水位为 4 077.00 m，最大水深为 65.0 m，平均水深为 27.4 m；集水面积为 4 107 km^2，补给系数为 6.8。湖水主要依赖降水和冰川融水补给。入湖河流 20 余条，总径流量 3.2 亿 m^3。其中，苏令河河长为 28 m，流域面积为 280 km^2，源于湖西北海拔 4 400 m 的山地，水系呈树枝状，中游有 23 眼泉水汇入，河口洪积扇面积近 8 km^2；音德尔特河河长为 6 km，流域面积为 410 km^2，源于湖东南海拔 4 400 m 的山地，中游有泉水汇入，河口地带沼泽发育。北部祁连山冰川面积为 89.27 km^2，年冰川融水径流量 3 500 m^3。哈拉湖湿地被认为是我国北方保留最完整、最原始的一块湿地，被列入重要湿地名录，是一个集自然性、稀有性、多样性于一体的生态系统。

6.2.12.2　自然保护地

保护地有哈拉湖省级风景名胜区和哈拉湖重要湿地，见表 6-24。

表 6-24　青海省哈拉湖流域主要保护地

序号	保护地名称	设立部门	设立时间	所在地区	备注
1	哈拉湖省级风景名胜区	省政府	2013 年	海西州德令哈市、天峻县	—
2	哈拉湖重要湿地	—	2000 年	海西州德令哈市、天峻县	中国湿地保护行动计划

6.2.13　柴达木盆地土地沙化防控与生物多样性维护功能区

该区地处青海省西北部的柴达木盆地，西部与新疆维吾尔自治区、北部与甘肃省接壤，行政区划涉及格尔木、德令哈市、茫崖、大柴旦、冷湖、乌兰、都兰、玛沁、玛多、治多、曲麻莱 11 个县（市、行委），生态保护红线呈片状分散分布。该区是柴达木盆地内陆河流域那棱格勒河、格尔木河、柴达木河的发源地，包括内陆湖泊、湿地、冰川雪山、荒漠植被，对涵养水源、控制土地沙化具有重要作用。野生动物代表物种有岩羊、棕熊、藏野驴、鹅喉羚、蓝马鸡等。重要保护地有柴达木梭梭林自然保护区、可鲁克湖—托素湖自然保护区、格尔木胡杨林自然保护区、诺木洪自然保护区、格尔木河特有鱼类水产种质资源保护区，哈里哈图国家森林公园，可鲁克湖—托素湖重要湿地，格尔木昆仑山地质公园、德令哈柏树山地质公园，柴达木魔鬼城风景名胜区、昆仑野牛谷风景名胜区、乌兰金子海风景名胜区、德令哈柏树山风景名胜区，乌兰都兰湖湿地公园、德令哈尕海湿地公园、玛多冬格措纳湖湿地公园、都兰阿拉克湖湿地公园、冷湖奎屯诺尔湿地公园。重点保护那棱格勒河、格尔木河、柴达木河源区的自然生态系统，可鲁克湖—托素湖等内陆湖泊湿地，胡杨林、梭梭林等荒漠植被，冰川雪山，野生动植物及其栖息地。

6.2.13.1 主要水系

柴达木盆地的河流均为内流河，以发源于昆仑山脉的为多。柴达木盆地是由多个一级盆地组成的，它们分别形成了各自的辐合向心水系，主要包括察尔汗盐湖水系、东台吉乃尔湖水系、西台吉乃尔湖水系、尕斯库勒湖水系、苏干湖水系、托素湖水系、希里沟湖水系、伊克柴达木湖水系、巴嘎柴达木湖水系等。各水系由独立出山的河流和其所注入的湖泊组成。青海省境内流域面积在 1 000 km^2 以上的河流有那陵格勒河、格尔木河、柴达木河、巴音河、大哈尔腾河、素陵郭勒河、乌图美仁河、蒙古尔河、塔塔棱河、呼伦河、鱼卡河等 58 条，其中，多年平均年径流量大于 1 亿 m^3 的有 15 条。柴达木岔地的河流都发源于四周山区，总体呈辐合状分布，径流主要靠冰雪融水、雨水和泉水补给，流经戈壁滩渗漏严重，有的完全变成潜流，进入草原地带后又以泉水形式出露，河道多呈扇状或辫状分流，归宿于湖泊。

那陵格勒河又名那仁郭勒。“那陵格勒”系蒙古语，意为“细长的河”，因河道狭窄细长而得名，位于柴达木盆地西南部，流经玉树藏族自治州治多县西北部和海西州格尔木市西部，是柴达木盆地流域面积最广、流量最大、流程最长的内陆河。那陵格勒河发源于昆仑山脉阿尔格山的雪莲山（峰顶海拔高 5 598 m）南麓，河长 575 km，流域面积为 2.767 1 万 km^2。河源至格茫公路河长 438 km，流域面积为 2.19 万 km^2。河道弯曲，水系较发育。流域面积大于 50 km^2 的支流有 121 条，其中，流域面积为 500 km^2 以上的支流有 10 条。

格尔木河是柴达木盆地的第二大河流，发源于唐格乌拉山的刚欠查鲁马雪山南麓，河源段称刚欠曲，沿唐格乌拉山南麓东流 54 km 达卡巴纽尔多湖，穿湖继续东流，河名霍兰郭勒，又名多纳东宰曲。格尔木河干流长 483 km，流域面积约 2.06 万 km^2，河流出山口后，穿过格尔大市城区流向东北，经过盐沼泽、盐渍沙丘和湖积平原，蜿蜒流淌 80 多千米，最终注入察尔汗盐湖中南部的达鲁逊湖。

柴达木河又称香日德河、巴彦河，为察尔汗盐湖水系的一条最大的内陆河。干流全长 534 km，发源于玛多县东北部的阿尼玛卿山西段的长石头山，于都兰县西北部注入察尔汗盐湖东南部的南霍鲁逊湖。流域面积大于 50 km^2 的支流有 112 条，其中，一级支流有 26 条，二级支流有 53 条，均分布在上中游地区。流域面积大于 500 km^2 的一级支流有察汗乌苏河、乌兰乌苏河、卡可特尔河、柯尔河、查卡曲、歇马昂里河、莫格尔加河 7 条。

巴音河是托素湖水系的主要河流，又称巴音郭勒、阿让郭勒。“巴音郭勒”为蒙古语音译，意为“富饶的河”。巴音河位于柴达木盆地东北部，海西蒙古族自治州德令哈市境内，流域面积为 9 530 km^2。巴音河发源于喀克图蒙克山伊克达坂山口以西约 9 km 的高地，干流长 323 km。径流来自降水、冰雪融水和地下水补给。上游水系较发育，众多支流来自野牛脊山、哈尔科山南坡，形成梳状水系，右岸支流少且短小。较大的支流有东荡格尔郭勒、拜兴沟、哈勒特尔河、夏尔郭勒和老泽令沟等。

青海省柴达木盆地主要河流、湖泊见表 6-25、表 6-26。

表 6-25　青海省柴达木盆地主要河流

序号	河名	水系	发源地	入河（湖）口	河长/km	流域面积/km^2	多年平均流量/(m^3/s)	流经地区	备注
1	鱼卡河	德宗马海湖	海西州大柴旦行委	海西州大柴旦行委	124.6	2 382	0.90	海西州大柴旦行委	—
2	塔塔棱河	巴嘎柴达木湖	海西州德令哈市	海西州大柴旦行委	214.8	4 771	1.16	海西州德令哈市、大柴旦行委	—
3	巴音河	托素湖	海西州德令哈市	海西州德令哈市	326	10 200	3.25	海西州德令哈市	—
4	东荡格尔郭勒	巴音河左岸支流	海西州德令哈市	海西州德令哈市	48.5	400	0.13	海西州德令哈市	—

序号	河名	水系	发源地	入河（湖）口	河长/km	流域面积/km^2	多年平均流量/（m^3/s）	流经地区	备注
5	拜兴沟	巴音河左岸支流	海西州德令哈市	海西州德令哈市	50	500	0.25	海西州德令哈市	—
6	都兰河	希里沟湖	海西州天峻县	海西州乌兰县	83.1	1 133	0.33	海西州天峻县、乌兰县	—
7	素棱郭勒河	察尔汗盐湖	果洛州玛多县	海西州都兰县	380	13 500	1.62	果洛州玛多县、海西州都兰县	—
8	东灶火河	素棱郭勒河右岸支流	海西州乌兰县	海西州乌兰县和都兰县交界处	80	1 175	0.32	海西州乌兰县	—
9	柴达木河	察尔汗盐湖	果洛州玛多县	海西州都兰县	503	20 800	4.60	果洛州玛多县、海西州都兰县	—
10	乌兰乌苏河	柴达木河左岸支流	海西州都兰县	海西州乌兰县	140	4 088	1.76	海西州都兰县、乌兰县	—
11	清水河	柴达木河右岸支流	海西州都兰县	海西州都兰县	79	1 949	0.97	海西州都兰县	—
12	察汗乌苏河	柴达木河右岸支流	海西州都兰县	海西州都兰县	240	6 500	1.38	海西州都兰县	—
13	夏日哈河	察汗乌苏河右岸支流	海西州都兰县	海西州都兰县	95	973	0.39	海西州都兰县	—
14	哈鲁乌苏河	察尔汗盐湖	海西州都兰县	海西州都兰县	250	5 200	1.27	海西州都兰县	—
15	诺木洪河	察尔汗盐湖	海西州都兰县	海西州都兰县	223	3 728	1.57	海西州都兰县	—
16	蒙古尔河	察尔汗盐湖	海西州都兰县	海西州都兰县	70	390	0.15	海西州都兰县	—
17	五龙沟	察尔汗盐湖	海西州都兰县	海西州都兰县	60.7	1 106	0.347	海西州都兰县	—

序号	河名	水系	发源地	入河（湖）口	河长/km	流域面积/km²	多年平均流量/（m³/s）	流经地区	备注
18	大格勒河	察尔汗盐湖	海西州都兰县	海西州格尔木市	54.2	1 009	0.31	海西州都兰县、格尔木市	—
19	格尔木河	察尔汗盐湖	玉树州曲麻莱县	海西州格尔木市	456	19 614	7.82	玉树州曲麻莱县、海西州格尔木市、都兰县	—
20	格涌曲	格尔木河右岸支流	玉树州曲麻莱县	玉树州曲麻莱	65	1 700	0.85	玉树州曲麻莱	—
21	灭格滩根郭勒	格尔木河右岸支流	玉树州曲麻莱县	玉树州曲麻莱	95	2 100	1.05	玉树州曲麻莱	—
22	昆仑河	格尔木河右岸支流	海西州格尔木市	海西州格尔木市	246.9	4 527	4.83	海西州格尔木市	—
23	南沟	昆仑河右岸支流	海西州格尔木市	海西州格尔木市	53.2	1 206	0.60	海西州格尔木市	—
24	托拉海河	察尔汗盐湖	海西州格尔木市	海西州格尔木市	128	1 830	0.49	海西州格尔木市	—
25	大灶火河	察尔汗盐湖	海西州格尔木市	海西州格尔木市	120	3 800	0.41	海西州格尔木市	—
26	小灶火河	察尔汗盐湖	海西州格尔木市	海西州格尔木市	150	3 250	0.32	海西州格尔木市	—
27	拉棱灶火河	察尔汗盐湖	海西州格尔木市	海西州格尔木市	130	1 425	0.22	海西州格尔木市	—
28	乌图美仁河	察尔汗盐湖	海西州格尔木市	海西州格尔木市	214	2 500	0.84	海西州格尔木市	—
29	那棱格勒河	东台吉乃尔湖	玉树州治多县	海西州格尔木市	574	26 000	10.91	玉树州治多县、海西州格尔木市	—
30	雪山河	那棱格勒河左岸支流	玉树州治多县和海西州格尔木市交界处	海西州格尔木市	78	1 280	0.86	玉树州治多县、海西州格尔木市	—

序号	河名	水系	发源地	入河（湖）口	河长/km	流域面积/km^2	多年平均流量/(m^3/s)	流经地区	备注
31	楚拉克阿拉干河	那棱格勒河左岸支流	海西州格尔木市	海西州格尔木市	205	10 152	3.88	海西州格尔木市	—
32	额尔滚赛埃图河	楚拉克阿拉干河右岸支流	海西州格尔木市	海西州格尔木市	146	3 600	2.10	海西州格尔木市	—
33	浑德伦河	那棱格勒河右岸支流	海西州格尔木市	海西州格尔木市	63	1 450	0.57	海西州格尔木市	—
34	东台吉乃尔河	那棱格勒河左岸支流	海西州茫崖市	海西州格尔木市	98	1 500	6.15	海西州茫崖市、格尔木市	—
35	铁木里克河	尕斯库勒湖	新疆维吾尔自治区若羌	海西州茫崖市	306.6	17 365	2.80	新疆维吾尔自治区若羌、青海省茫崖市	—

资料来源：《中国河湖大典（长江卷）》《中国河湖大典（西北诸河卷）》。

表 6-26　青海省柴达木盆地主要湖泊

序号	湖名	湖泊性质	水系	湖面面积/km^2	蓄水量/亿 m^3	所在地区	备注
1	昆特依干盐湖	盐湖	—	1.4	—	海西州茫崖市	—
2	德宗马海湖	盐湖	—	9.0	—	海西州茫崖市	—
3	伊克柴达木湖	盐湖	—	36	0.72	海西州大柴旦行委	—
4	巴嘎柴达木湖	盐湖	—	71.5	0.185 9	海西州大柴旦行委	—
5	托素湖	咸水湖	—	135	17.2	海西州德令哈市	—
6	克鲁克湖	淡水湖	托素湖	59.6	1.8	海西州德令哈市	—
7	尕海	盐湖	—	32	0.86	海西州德令哈市	—

序号	湖名	湖泊性质	水系	湖面面积/km^2	蓄水量/亿 m^3	所在地区	备注
8	柴凯盐湖	盐湖	—	48	—	海西州乌兰县	—
9	柯柯盐湖	盐湖	—	95	2.0	海西州乌兰县	—
10	希里沟湖	盐湖	—	23	0.44	海西州乌兰县	—
11	苦海	咸水湖	—	44	4.4	果洛州玛多县、海南州兴海县	—
12	冬给措纳湖	淡水湖	柴达木河	230	68.44	果洛州玛多县	—
13	阿拉克湖	淡水湖	察尔汗盐湖・柴达木河・乌兰乌苏河	35	4.9	海西州都兰县	—
14	卡巴纽尔多湖	淡水湖	—	29	2.0	玉树州曲麻莱县	—
15	错日阿巴鄂阿东湖	淡水湖	察尔汗盐湖・格尔木河	15	0.8	玉树州曲麻莱县	—
16	错木斗江章湖	淡水湖	察尔汗盐湖・格尔木河・格涌曲	21	1.5	玉树州曲麻莱县	—
17	黑海	淡水湖	—	38.7	3.06	海西州格尔木市	—
18	西台吉乃尔湖	盐湖	—	129	3.82	海西州大柴旦行委	—
19	东台吉乃尔湖	盐湖	—	208	4.09	海西州格尔木市	—
20	库水淙	淡水湖	东台吉乃尔湖・那棱格勒河	33.6	4	玉树州治多县	—
21	太阳湖	淡水湖	—	100	10.1	玉树州治多县	—
22	小库赛湖	淡水湖	—	9	—	海西州格尔木市	—
23	甘森泉湖	盐湖	—	16	—	海西州格尔木市	—
24	一里坪干盐湖	干盐湖	—	360	—	海西州茫崖市	—
25	茫崖盐湖	盐湖	—	128	—	海西州茫崖市	—
26	大浪滩干盐湖	干盐湖	—	5 000	—	海西州茫崖市	—
27	尕斯库勒湖	盐湖	—	123.8	0.8	海西州茫崖市	—

资料来源：《中国河湖大典（黄河卷）》。

6.2.13.2 主要保护地

保护地有自然保护区、风景名胜区、地质公园、森林公园、湿地公园、水产种质资源保护区、沙漠公园、沙化土地封禁保护区，见表 6-27。

表 6-27 青海省柴达木盆地主要保护地

序号	保护地名称	设立部门	设立时间	所在地区	备注
1	三江源国家公园（黄河源园区）	国务院	2016 年试点	海西州都兰县	黄河源园区主体在黄河流域
			2021 年设立		
2	柴达木梭梭林国家级自然保护区	省政府	2000 年	海西州德令哈市、都兰县、乌兰县	—
		国务院	2013 年		
3	可鲁克湖—托素湖省级自然保护区	省政府	2000 年	海西州德令哈市	—
4	格尔木胡杨林省级自然保护区	省政府	2000 年	海西州格尔木市	—
5	诺木洪省级自然保护区	省政府	2005 年	海西州都兰县	—
6	柴达木魔鬼城省级风景名胜区	省政府	2013 年	海西州大柴旦行委	—
7	格尔木昆仑野牛谷省级风景名胜区	省政府	2013 年	海西州格尔木市	—
8	乌兰金子海省级风景名胜区	省政府	2014 年	海西州乌兰县	—
9	都兰热水省级风景名胜区	省政府	2013 年	海西州都兰县	—
10	德令哈柏树山省级风景名胜区	省政府	2014 年	海西州德令哈市	—
11	乌兰哈里哈图国家森林公园	国家林业局	2005 年	海西州乌兰县	—
12	格尔木昆仑山国家地质公园	国土资源部	2005 年	海西州格尔木市	—
13	格尔木昆仑山世界地质公园		2014 年	海西州格尔木市	—
14	德令哈柏树山省级地质公园	省国土资源部门	2012 年	海西州德令哈市	—

序号	保护地名称	设立部门	设立时间	所在地区	备注
15	德令哈柏树山省级森林公园	省林业部门	2013 年	海西州德令哈市	—
16	乌兰都兰湖国家湿地公园	国家林业局	2014 年	海西州乌兰县	—
17	德令哈尕海国家湿地公园	国家林业局	2014 年	海西州德令哈市	—
18	玛多冬格措纳湖国家湿地公园	国家林业局	2014 年	果洛州玛多县	—
19	都兰阿拉克湖国家湿地公园	国家林业局	2014 年	海西州都兰县	—
20	冷湖奎屯诺尔省级湿地公园	省林业部门	2018 年	海西州茫崖市	—
21	茫崖千佛崖国家沙漠公园	国家林业局	2014 年	海西州茫崖市	—
22	冷湖雅丹国家沙漠公园	国家林业局	2017 年	海西州茫崖市	—
23	格尔木托拉海国家沙漠公园	国家林业局	2017 年	海西州格尔木市	—
24	乌兰泉水湾国家沙漠公园	国家林业局	2014 年	海西州乌兰县	—
25	乌兰金子海国家沙漠公园	国家林业局	2015 年	海西州乌兰县	—
26	都兰铁奎国家沙漠公园	国家林业局	2014 年	海西州都兰县	—
27	海西州巴音河国家水利风景区	水利部	2013 年	海西州德令哈市	—
28	乌兰都兰河省级水利风景区	省水利部门	2014 年	海西州乌兰县	—
29	乌兰金子海国家水利风景区	水利部	2013 年	海西州乌兰县	—
30	玛多县黄河源国家水利风景区	水利部	2011 年	跨黄河流域和柴达木盆地，主体在黄河流域	—
31	冷湖国家沙化土地封禁保护区	国家林业局	2018 年	海西州茫崖市	—
32	茫崖国家沙化土地封禁保护区	国家林业局	2016 年	海西州茫崖市	—
33	格尔木乌图美仁国家沙化土地封禁保护区	国家林业局	2016 年	海西州格尔木市	—
34	大柴旦国家沙化土地封禁保护区	国家林业局	2016 年	海西州大柴旦行委	—
35	乌兰灶火国家沙化土地封禁保护区	国家林业局	2019 年	海西州乌兰县	—

序号	保护地名称	设立部门	设立时间	所在地区	备注
36	乌兰卜浪沟国家沙化土地封禁保护区	国家林业局	2016 年	海西州乌兰县	—
37	都兰夏日哈国家沙化土地封禁保护区	国家林业局	2016 年	海西州都兰县	—
38	格尔木河特有鱼类国家级水产种质资源保护区	农业部	2013 年	海西州格尔木市	—
39	可鲁克湖—托素湖重要湿地	—	2000 年	海西州德令哈市	中国湿地保护行动计划
40	尕斯库勒湖重要湿地	—	2000 年	海西州茫崖市	中国湿地保护行动计划
41	柴达木盆地中的湿地	—	2000 年	海西州格尔木市、茫崖市、都兰县	由南霍布逊、北霍布逊、东台吉乃尔、西台吉乃尔、涩聂湖、达布逊湖、察尔汗盐湖 7 个湖泊组成
42	冬给措纳湖重要湿地	—	2000 年	果洛州玛多县	中国湿地保护行动计划

第7章

生态保护红线方案

7.1　生态保护红线划定范围

《中共中央办公厅　国务院办公厅发布〈关于划定并严守生态保护红线的若干意见〉的通知》《中共中央办公厅　国务院办公厅关于在国土空间规划中统筹划定落实三条控制线的指导意见》《中华人民共和国环境保护法》《青海省生态文明建设促进条例》明确了生态保护红线划定范围。

按照《全国主体功能区规划》，国土空间是指国家主权与主权权利管辖下的地域空间，是国民生存的场所和环境，国土空间包括陆地、陆上水域、内水、领海、领空等，是我们赖以生存和发展的家园。国土空间划分为城市空间、农业空间、生态空间和其他空间。城市空间，包括城市建设空间、工矿建设空间。城市建设空间包括城市和建制镇居民点空间。工矿建设空间是指城镇居民点以外的独立工矿空间。农业空间包括农业生产空间、农村生活空间。农业生产空间包括耕地、改良草地、人工草地、园地、其他农用地（包括农业设施和农村道路）空间。农村生活空间即农村居民点空间。生态空间，包括绿色生态空间、其他生态空间。绿色生态空间包括天然草地、林地、湿地、水库水面、河流水面、湖泊水面。其他生态空间包括荒草地、沙地、盐碱地、高原荒漠等。其他空间，指除以上三类空间以外的其他国土空间，包括交通设施空间、水利设施空间、特殊用地空间。交通设施空间包括铁路、公路、民用机场、港口码头、管道运输等占用的空间。水利设施空间即水利工程建设占用的空间。特殊用地空间包括居民点以外的国防、宗教等占用的空间。该规划将我国国土空间分为以下主体功能区，按开发方式分为优化开发区域、重点开发区域、限制开发区域和禁止开发区域；按开发内容分为城市化地区、农产品主产区和重点生态功能区；按层级分为国家级和省级两个层面。优化开发和重点开发区域都属于城市化地区；限制开发区域分为农产品主产区和重点生态功能区两类；禁止开发区域是依法设立的各级各类自然文化资源保护区域，以及其他禁止进行工业化城镇化开发、需要特殊保护的重点生态功能区。

《中共中央办公厅　国务院办公厅发布〈关于划定并严守生态保护红线的若干意见〉的通知》指出，识别生态功能重要区域和生态环境敏感脆弱区域的空间分布，将上述两类区域进行空间叠加，划入生态保护红线，涵盖所有国家级、省级禁止开发区域，以及有必要严格保护的其他各类保护地等。《中共中央办公厅 国务院办公厅关于在国土空间规划中统筹划定落实三条控制线的指导意见》要求，按照生态功能划定生态保护红线。优先将具有重要水源涵养、生物多样性维护、水土保持、防风固沙、海岸防护等功能的生态功能极重要区域，以及生态极敏感脆弱的水土流失、沙漠化、石漠化、海岸侵蚀等区域划入生态保护红线。其他区域经评估后虽然不能确定，但具有潜在重要生态价值的区域也划入生态保护红线。对自然保护地进行调整优化，评估调整后的自然保护地应划入生态保护红线；自然保护地发生调整的，生态保护红线相应调整。《青海省贯彻落实〈关于建立以国家公园为主体的自然保护地体系的指导意见〉的实施方案》要求调整后的自然保护地全部纳入生态保护红线。

《中华人民共和国环境保护法》第二十九条规定：国家在重点生态功能区、生态环境敏感区和脆弱区等区域划定生态保护红线，实行严格保护。《青海省生态文明建设促进条例》第二十六条规定：各级人民政府应当根据生态文明建设规划，在重点生态功能区、生态环境敏感区和脆弱区等区域划定生态保护红线，实行严格保护。

《生态保护红线划定指南》进一步细化生态保护红线划定范围，确保生态保护红线划定范围涵盖国家级和省级禁止开发区域，以及其他有必要严格保护的各类保护地。包括国家公园、自然保护区、森林公园、风景名胜区、地质公园、世界自然遗产、湿地公园、饮用水水源地、水产种质资源保护区、其他类型禁止开发区，以及极小种群物种分布的栖息地、国家一级公益林、重要湿地、国家级水土流失重点预防区、沙化土地封禁保护区、野生植物集中分布地、自然岸线、冰川雪山、高原冻土等重要生态保护地（图 7-1）。

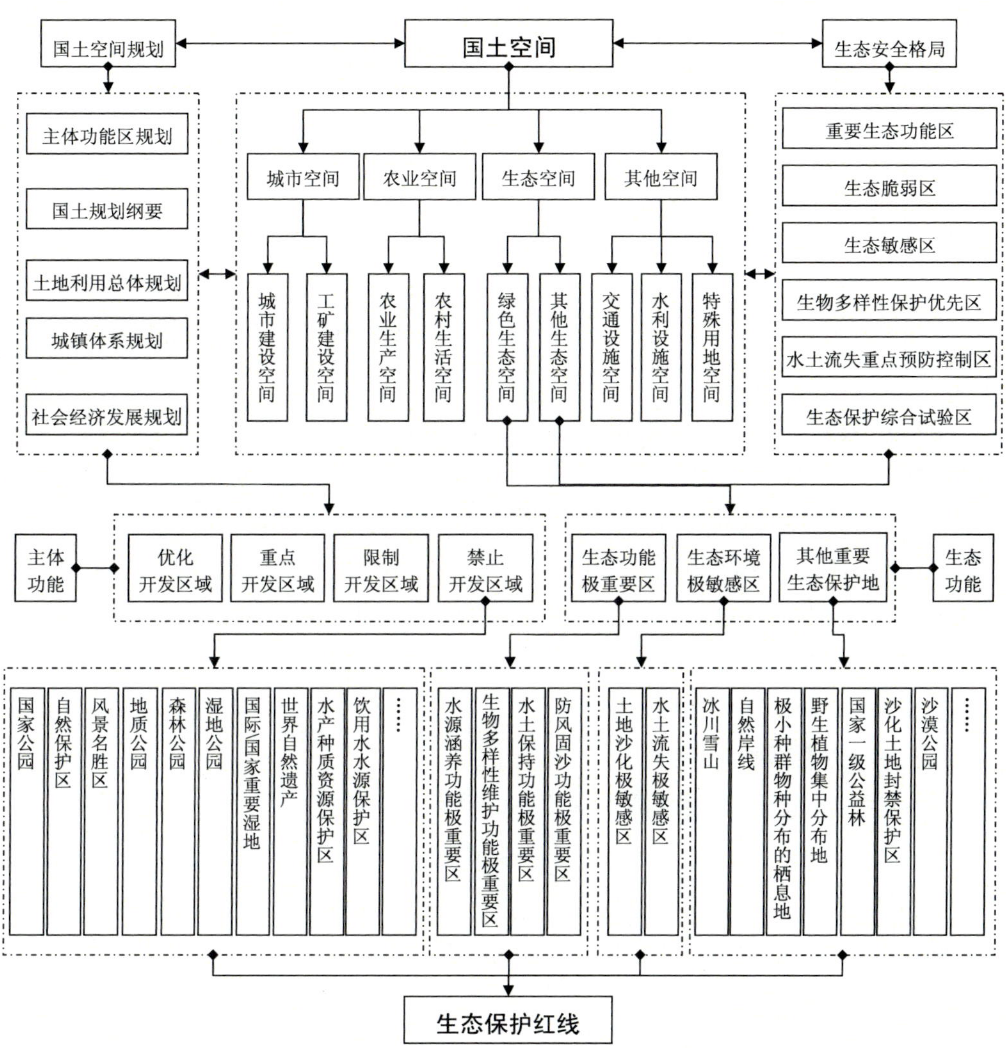

图 7-1　生态保护红线划定范围构成

7.2　生态保护红线划定路线

以国家生态保护红线划定政策为依据，以生态保护红线划定指南为基础，构建生态保护红线划定研究基础数据集，筛选和优化生态功能评估方法和数据模型，以主体功能区规划、土地利用总体规划、国土规划纲要、城镇体系规划、城市群发展规划、生态功能区划、生物多样性保护规划等现有国土空间规划、生态保护专项规划成果为基础，全面摸清青海省自然生态本底条件，开展生态功能重要性和生态环境敏感性评估，分析主导生态功能，识别生态功能极重要区和生态环境极敏感区，梳理青海省国家公园、自然保护区、饮用水水源保护区等依法批复的各类各级保护地，统筹生态保护与社会经济发展空间性规划，衔接国家提出的青海省生态保护红线划定建议，在技术层面上开展生态保护红线划定研究，提出生态保护红线划定方案。

将评估得到的生态功能极重要区和生态环境极敏感区进行叠加合并，并与自然保护地进行校验，形成生态保护红线空间叠加图，划定范围涵盖国家级和省级禁止开发区域，以及其他有必要严格保护的各类保护地。将评估得到的水源涵养功能极重要区、生物多样性维护功能极重要区、防风固沙功能极重要区、水土保持功能极重要区、水土流失极敏感区、土地沙化极敏感区等 6 类区域进行空间落图叠加，再叠加国家公园、自然保护区、森林公园、风景名胜区、地质公园、世界自然遗产、湿地公园、饮用水水源地、水产种质资源保护区、冰川雪山区域，形成青海省生态保护红线划定工作底图。

在此基础上，全面梳理国家有关支持青海省发展的重大政策和规划，与全省主体功能区规划、土地利用总体规划、城镇建设规划、矿产资源总体规划等重大规划，以及“十三五”规划确定的交通、水利、能源矿产、特色产业、旅游发展、村镇建设等重点内容进行充分衔接，通过多轮上下对接和跨区域协调，形成青海省生态保护红线“一张图”。

7.3 生态保护红线总体格局

青海省生态保护红线由自然保护地、未纳入自然保护地但生态功能极重要生态极脆弱的区域，以及具有潜在重要生态价值的区域构成，形成了以三江源、祁连山重点生态功能区为重要支撑，以长江、黄河、澜沧江、黑河重要江河源区水系为骨架，以自然保护地为重要组成的生态保护红线格局，在空间分布上总体呈现“一屏一带三区”分布格局。“一屏”为三江源草原草甸湿地生态屏障；“一带”为祁连山冰川与水源涵养生态带；“三区”分别为青海湖草原湿地生态功能区、柴达木荒漠湿地生态功能区、东部丘陵生物多样性功能区。具体包括：①国家公园、自然保护区、自然公园等各级各类自然保护地；②三江源地区的长江、黄河、澜沧江，祁连山地区的黑河、石羊河、疏勒河，柴达木地区的那陵格勒河、格尔木河、柴达木河等江河的发源地、具有重要生态功能的河段及岸线等水源涵养功能极重要区；③青海湖、扎陵湖、鄂陵湖、可鲁克湖、托素湖、哈拉湖，以及可可西里湖泊群等高原湖泊水域及岸线；④青海省的冰川及永久积雪，包括三江源、可可西里、祁连山、柴达木地区的冰川雪山群；⑤藏羚羊、雪豹、黑颈鹤等国家重点保护动物的栖息地、青海湖裸鲤洄游通道等生物多样性维护功能极重要区；⑥青海省重要的国家级一级公益林；⑦青海省重要的饮用水水源地。

7.3.1　青海省重大规划对接

统筹划定落实生态保护红线、永久基本农田、城镇开发边界三条控制线（以下简称三条控制线），落实最严格的生态环境保护制度、耕地保护制度和节约用地制度，将三条控制线作为调整经济结构、规划产业发展、推进城镇化不可逾越的红线，夯实中华民族永续发展基础。科学划定落实三条控制线，做到不交叉、不重叠、不冲突。

7.3.1.1　永久基本农田不交叉不重叠

民为国基，谷为民命。粮食事关国运民生，粮食安全是国家安全的重要基础。粮食安全是世界和平与发展的重要保障，是构建人类命运共同体的重要基础，关系人类永续发展和前途命运。粮食安全是“国之大者”。悠悠万事，吃饭为大。中国人的饭碗任何时候都要牢牢端在自己手上，饭碗里主要装中国粮，油瓶里装中国油，始终把握国家粮食安全的主动权，粮食安全是买不来的。耕地是粮食安全的基石，是粮食生产的命根子，必须保护好关系十几亿人吃饭大事的耕地。农民可以非农化，但耕地不能非农化，基本农田不能非粮化。永久基本农田是耕地的精华，即对基本农田实行永久性保护。保障粮食安全的根本在于耕地，必须保住用于粮食生产的耕地，守住耕地就是保护生命线。

《中华人民共和国土地管理法》（2019 年 8 月 26 日第十三届全国人民代表大会常务委员会第十二次会议第三次修正）第三十三条：国家实行永久基本农田保

护制度。下列耕地应当根据土地利用总体规划划为永久基本农田，实行严格保护：①经国务院农业农村主管部门或者县级以上地方人民政府批准确定的粮、棉、油、糖等重要农产品生产基地内的耕地；②有良好的水利与水土保持设施的耕地，正在实施改造计划以及可以改造的中、低产田和已建成的高标准农田；③蔬菜生产基地；④农业科研、教学试验田；⑤国务院规定应当划为永久基本农田的其他耕地。各省、自治区、直辖市划定的永久基本农田一般应当占本行政区域内耕地的百分之八十以上，具体比例由国务院根据各省、自治区、直辖市耕地实际情况规定。第三十四条：永久基本农田划定以乡（镇）为单位进行，由县级人民政府自然资源主管部门会同同级农业农村主管部门组织实施。永久基本农田应当落实到地块，纳入国家永久基本农田数据库严格管理。乡（镇）人民政府应当将永久基本农田的位置、范围向社会公告，并设立保护标志。第三十五条：永久基本农田经依法划定后，任何单位和个人不得擅自占用或者改变其用途。国家能源、交通、水利、军事设施等重点建设项目选址确实难以避让永久基本农田，涉及农用地转用或者土地征收的，必须经国务院批准。禁止通过擅自调整县级土地利用总体规划、乡（镇）土地利用总体规划等方式规避永久基本农田农用地转用或者土地征收的审批。第三十六条：各级人民政府应当采取措施，引导因地制宜轮作休耕，改良土壤，提高地力，维护排灌工程设施，防止土地荒漠化、盐渍化、水土流失和土壤污染。第三十七条：非农业建设必须节约使用土地，可以利用荒地的，不得占用耕地；可以利用劣地的，不得占用好地。禁止占用耕地建窑、建坟或者擅自在耕地上建房、挖砂、采石、采矿、取土等。禁止占用永久基本农田发展林果业和挖塘养鱼。第三十八条：禁止任何单位和个人闲置、荒芜耕地。

7.3.1.2 城镇开发边界不交叉不重叠

党的十九大报告提出，以城市群为主体构建大中小城市和小城镇协调发展的城镇格局，加快农业转移人口市民化。本研究城镇开发边界依据《青海省土地利用总体规划（2006—2020）》（国函〔2010〕14 号）、《国土资源部关于印发〈全国土地利用总体规划纲要（2006—2020 年）调整方案〉的通知》（国土资发〔2016〕67 号）、《国土资源部关于青海省土地利用总体规划（2006—2020 年）有关指标调整的函》（国土资函〔2017〕372 号）建设用地边界和指标，以及《青海省城镇体系规划（2015—2030 年）》确定的指标，规划中的有条件建设区、允许建设区（含独立工矿区）、现状和规划的城市、建制镇用地均与生态保护红线不交叉、不重叠、不冲突。

7.3.1.3　交通建设规划衔接情况

交通运输是国民经济中基础性、先导性、战略性产业，是重要的服务性行业。《公路安全保护条例》（2011 年 2 月 16 日是国务院第 144 次常务会议通过　2011 年 3 月 7 日中华人民共和国国务院令第 593 号公布　自 2011 年 7 月 1 日起施行）规定：县级以上地方人民政府应当根据保障公路运行安全和节约用地的原则以及公路发展的需要，组织交通运输、国土资源等部门划定公路建筑控制区的范围。《青海省“十三五”综合交通体系发展规划》《国家公路网规划（2013—2030 年）》《青海省省道网规划（2013—2030 年）》《青海省高速公路网规划（2017—2035 年）》进行了充分衔接，已建、在建、规划的国家高速、普通国道、普通省道、地方高速公路等道路预留出了建设用地和公路建筑控制区。

《铁路安全管理条例》（2013 年 7 月 24 日国务院第 18 次常务会议通过　2013 年 8 月 17 日中华人民共和国国务院令第 639 号公布　自 2014 年 1 月 1 日起施行）规定：铁路线路两侧应当设立铁路线路安全保护区。《青海省铁路安全管理办法》（2021 年 12 月 24 日省人民政府第 95 次常务会议审议通过，省政府令第 131 号公布，自 2022 年 3 月 1 日起施行）第八条：铁路线路两侧应当设立铁路线路安全保护区，安全保护区的划定和公告依照《铁路安全管理条例》的规定执行。铁路线路安全保护区划定公告后，铁路建设单位或者铁路运输企业应当在安全保护区边界设置标桩；第九条：铁路沿线县级以上人民政府应当依法将铁路线路安全保护区用地纳入国土空间规划。铁路沿线县级以上人民政府自然资源主管部门审批涉及铁路线路安全保护区及邻近区域建设用地申请、建设项目规划时，应当考虑对铁路安全可能产生的影响；第十二条：禁止在铁路线路安全保护区内烧荒、放养牲畜、种植影响铁路线路安全和行车瞭望的树木等植物。全省已建和在建的青藏铁路、兰新客运专线、兰青铁路、格敦铁路、格库铁路，以及规划建设的铁路做了充分衔接，预留了建设用地和安全保护区。

《民用机场管理条例》（2009 年 4 月 13 日中华人民共和国国务院令第 553 号公布　根据 2019 年 3 月 2 日《国务院关于修改部分行政法规的决定》修订）规定：运输机场所在地有关地方人民政府应当将运输机场场址纳入土地利用总体规划和

城乡规划统筹安排，并对场址实施保护。全省已建和续建的西宁曹家堡、玉树巴塘、格尔木、德令哈、茫崖花土沟、果洛、大武、祁连机场场址以及规划建设的机场场址均进行衔接。

7.3.1.4 水利建设规划衔接情况

水是生命之源、生产之要、生态之基。兴水利、除水害，事关人类生存、经济发展、社会进步，历来是治国安邦的大事。水利发展规划布局的全省水库、饮水、防洪、灌溉等水利工程和近期规划的重大工程进行了充分衔接。

7.3.1.5 能源发展规划衔接情况

能源是人类文明进步的重要物质基础和动力，攸关国计民生和国家安全。《青海省"十三五"能源发展规划》和国家有关水电建设规划进行了衔接。国家林业局《在国家级自然保护区修筑设施审批管理暂行办法》（国家林业局令第 50 号，自 2018 年 4 月 15 日起施行）规定了禁止在国家级自然保护区修筑光伏发电、风力发电、火力发电等项目的设施。

7.3.2 相邻省区衔接

青海省 8 个市（州）中除西宁市外，其余 7 个市（州）与甘肃、四川、西藏、新疆 4 个省（自治区）相邻，涉及 11 个市（州、地），在与跨省域生态保护红线衔接工作中，按照生态系统完整性要求，总体上以保护地边界为依据，遵循地貌、地形、河流水系等自然岸线，与相邻省区生态保护红线划定情况进行衔接。衔接后，在西北部茫崖地区与新疆罗布泊野骆驼国家级自然保护区相邻区域保持生态保护红线相接，保障阿尔金山生态系统的整体保护；北部祁连山地区、东南部久治县与甘肃省实现了跨区域协同，保障了祁连山和三江源水源涵养与生物多样性功能整体保护；东南部、南部和西南部三江源地区与四川省、西藏自治区长江上游、澜沧江源区总体保持了生态保护红线的一致性。

第8章

评估调整研究

8.1　评估调整要求

国土空间规划是国家空间发展的指南、可持续发展的空间蓝图，是各类开发保护建设活动的基本依据。国土空间规划是对一定区域国土空间开发保护在空间和时间上作出的安排，科学布局生产空间、生活空间、生态空间，是加快形成绿色生产方式和生活方式、推进生态文明建设、建设美丽中国的关键举措。科学有序统筹布局生态、农业、城镇等功能空间，划定生态保护红线、永久基本农田、城镇开发边界等空间管控边界以及各类海域保护线，强化底线约束，为可持续发展预留空间。统筹划定落实生态保护红线、永久基本农田、城镇开发边界三条控制线（以下简称三条控制线），落实最严格的生态环境保护制度、耕地保护制度和节约用地制度，将三条控制线作为调整经济结构、规划产业发展、推进城镇化不可逾越的红线，夯实中华民族永续发展基础。

2018 年，国土空间规划体系中的核心要素和强制性内容——生态保护红线的划定职能由生态环境部调整至自然资源部。此前，永久基本农田、生态保护红线、城镇开发边界的划定工作已分头展开，取得了阶段性的成果，同时一定程度上存在着交叉重叠、线内用地矛盾冲突问题。为落实三条控制线不交叉、不重叠、不冲突，对既有生态保护红线划定成果进行评估调整。

以落实国家生态安全责任为导向，维护全省生态总体格局。以第三次全国国土调查数据为工作底数和底图，优先将生态系统服务功能极重要区域和生态极脆弱区域划入生态保护红线，并将整合优化后的各级各类自然保护地纳入生态保护红线。遵循自然生态系统整体性和系统性，立足于省情实际，统筹协调好保护和发展的关系，妥善处理和解决各类历史遗留问题和现实矛盾冲突，确保三条控制线不交叉、不重叠、不冲突，重要生态空间和生态系统得到有效保护，水源涵养、生物多样性、水土保持等生态系统服务功能持续提升，划定具有青海特色的生态保护红线。

青海省生态保护红线评估调整工作采取县级自查评估、市州复核、省级审核的方式。主要工作步骤为基础数据评估调整、边界合理性评估调整、应划尽划评估调整、矛盾冲突评估调整。将既有生态保护红线划定成果、整合优化后的自然保护地和青海省生态保护极重要区进行空间叠加，形成青海省生态保护红线评估调整工作的底图。在此基础上更新基础数据、分析生态保护红线与行政边界、自然保护地边界、自然地理边界、省级间边界的一致性，并分析自然保护地、生态保护极重要区、禁止开发区、其他需要严格保护的区域应划尽划情况，再按照矛盾冲突的调整规则对矛盾冲突进行调入、调出处理，形成最终的生态保护红线。

8.2 生态保护重要性评价

按照在资源环境承载力和国土空间开发适宜性评价的基础上，科学有序统筹布局生态、农业、城镇空间，划定生态保护红线、永久基本农田、城镇开发边界等空间管控边界，强化底线约束，为可持续发展预留空间的要求，开展资源环境承载力和国土空间开发适宜性评价（简称“双评价”）。

生态保护重要性评价结果为生态系统服务功能重要性与生态脆弱性的加权最大值，其中生态系统服务功能重要性评价包括水源涵养功能评价、生物多样性维护功能评价、水土保持功能评价和防风固沙功能评价，生态脆弱性主要为水土流失脆弱性评价。结合省情，重点研究了水源涵养性与生物多样性评价要素，吸纳已有研究成果，充分考虑三江源功能定位及蒸散发量大的特点采用多源数据反复校核，与国土“三调”数据进行要素校验，提高评价结果的科学性和合理性。

将体现生态系统服务功能的生物多样性维护、水土保持、水源涵养、防风固沙单因子进行叠加，得到生态系统服务功能评价分级图，再与体现生态脆弱性的水土流失脆弱评价进行矩阵判断，即生态系统服务功能与生态脆弱性有一项为极重要或极脆弱的，生态保护重要性判定为极重要；均为一般重要的，生态保护重要性判定为一般重要；其余为重要区。

8.2.1 水源涵养功能重要性评价

水源涵养是生态系统（如森林、草地等）通过其特有的结构与水相互作用，对降水进行截流、渗透、蓄积，并通过蒸散发实现对水流、水循环的调控，主要表现在缓和地表径流、补充地下水、减缓河流流量的季节性波动、滞洪补枯、保证水质等方面。通过该项指标评价，识别现状和未来可以承担水源涵养功能的重要区域。以水源涵养能力或水源涵养量作为衡量指标，主要考虑植被净初级生产力、土壤渗流、降水量、坡度等因子。

水源涵养量计算公式（水源涵养量=降水量−地表径流量−蒸散发量），涉及计算因子有降水量、生态系统类型、径流系数和蒸散发量。其中，降水量数据采用全国降水数据进行插值（数据来源于中国科学院资源环境科学与数据中心）；生态系统类型采用全国生态系统类型分类数据（数据来源于中国科学院资源环境科学与数据中心）；径流系数根据生态系统类型赋值。

基于青海省蒸散发量远大于降水量的特征，为进一步体现三江源水源涵养重要性，从两方面进行参数优化。一是依托 MODIS MOD16 蒸散发产品数据优化蒸散发参数，采用卫星遥感数据估算地球陆地表面的全球陆地蒸散量（数据来源于 Terra 卫星 MODIS 光谱仪，数据精度为 500 m，8 d）。选择 2019 年 MOD16 产品数据覆盖青海省全年蒸散发量数据计算，对卫星未识别出的水体、湿地、贫瘠或稀疏植被地区等区域，依照文献资料对其蒸散发量进行补充（湿地水系蒸散发量为 815.9 mm，裸地及荒漠为 61.6 mm）。青海省年蒸散发量 60.75～822.48 mm，均值 297.6 mm。通过计算，按照生态服务功能累加值的 50%、80%分别作为极重要区和重要区。二是根据“结合大江大河源头区、饮用水水源地等边界进行适当修正”的原则，将流域划分识别源头区小流域，本研究基于国土“三调”数据，提取长江源头区域、黄河源头区域、黑河源头区域内（沱沱河流域、楚玛尔河流域、当曲河流域、北麓河流域、党河流域）坡度在 5°以下的除荒漠和城市生态系统之外的其他森林、草地、灌丛等类型生态系统作为水源涵养极重要区。将上述两部分区域进行叠加，识别为青海省水源涵养功能重要区。

经评价青海省水源涵养功能极重要区和重要区主要分布在三江源地区和祁连山地区。三江源地区水系发达，是多条重要江河发源地，湿地和草原面积大，水源涵养能极为重要；祁连山地区地处黄土高原向青藏高原的过渡地带，属于黄河支流和西北内陆河水系，河流众多，且受太平洋季风气候影响，是西北干旱地区少有的水源涵养功能高区。水源涵养一般重要区主要分布在柴达木盆地，该区域气候干旱、蒸散发量大，水源涵养能力相对不高。

8.2.2 水土保持功能重要性评价

水土保持是生态系统（如森林、草地等）通过其结构与过程减少由于水蚀所引导的土壤侵蚀的作用，通过生态系统类型、植被覆盖度和地形特征的差异，评价生态系统土壤保持功能的相对重要程度。通过该项评价，识别现状和未来承担水土保持功能的重要区域。水土保持功能主要与气候、土壤、地形和植被有关。本研究将坡度不小于 25°且植被覆盖度不小于 80%的森林、灌丛和草地确定为水土保持极重要区；将坡度不小于 15°且植被覆盖度不小于 60%的森林、灌丛和草地确定为水土保持重要区。

经评价全省水土保持功能极重要区主要分布在南部玉树藏族自治州、东部果洛藏族自治州和北部祁连山地区。重要区和一般重要区主要分布在玉树州南部、果洛州东北部、东部海东及黄南州东北部区域；柴达木盆地植被覆盖度低，坡度小，水土保持功能相对低。

8.2.3 生物多样性维护功能重要性评价

生物多样性维护功能是生态系统在维持物种、基因多样性中发挥的作用，通过该项指标的评价，识别现状和未来可以承担区域生物多样性（包括生态系统多样性、物种多样性和遗传多样性）维护功能的重点区域。

生物多样性维护功能重要性从生态系统、物种和遗传资源三个层次进行评价。在生态系统层次，将原真性和完整性高，需优先保护的森林、灌丛、草地、内陆湿地、荒漠、海洋等生态系统评定为生物多样性维护极重要区；其他需保护的生态系统评定为生物多样性维护重要区。在物种层次，参考国家重点保护野生动植物名录、世界自然保护联盟（IUCN）濒危物种及中国生物多样性红色名录，确定具有重要保护价值的物种为保护目标，将极危、濒危物种的集中分布区域、极小种群野生动植物的主要分布区域，确定为生物多样性维护极重要区；将省级重点保护物种等其他具有重要保护价值物种的集中分布区域，确定为生物多样性维护重要区。在遗传资源层次，将重要野生的农作物、水产、畜牧等种质资源的主要天然分布区域，确定为生物多样性维护极重要区。

8.2.4　防风固沙功能重要性评价

防风固沙是生态系统（如森林、草地等）通过其结构与过程减少由于风蚀所导致的土壤侵蚀的作用，是生态系统提供的重要调节服务之一。防风固沙功能主要与风速、降水、湿度、土壤、地形和植被等因素密切相关。以防风固沙量（潜在风蚀量与实际风蚀量的差值）作为生态系统防风固沙功能的评估指标。采用修正的风蚀方程来计算，主要计算因子有土壤可蚀因子、植被覆盖因子、气候因子、地表粗糙度因子和土壤结皮因子。其中，土壤可蚀因子根据全国土壤质地分布栅格数据赋值计算得出；植被覆盖因子由不同生态系统类型的植被覆盖度赋值得出；气候因子为各月多年平均风力因子，由省气象局提供的国家站点数据插值得出；地表粗糙度因子以 DEM 数据为基础计算得出；土壤结皮因子由土壤粉砂含量、黏粒含量、有机质含量分布图计算得出。

经评价，全省防风固沙功能极重要区零散分布在三江源地区、可可西里地区、唐古拉山北侧和巴颜喀拉山北部；主要类型为重要区和一般重要区。

8.2.5　水土流失脆弱性评价

根据土壤侵蚀发生的动力条件，水土流失类型主要有水力侵蚀和风力侵蚀。以风力侵蚀为主带来的水土流失脆弱性对土地沙化脆弱性进行评估，本研究主要是针对水动力为主的水土流失脆弱性进行评估。继续参照原国家环保总局发布的《生态功能区划暂行规程》，根据通用水土流失方程的基本原理，选取降雨侵蚀力、土壤可蚀性、坡度坡长和地表植被覆盖等指标。将反映各因素对水土流失脆弱性的单因子评估数据，用地理信息系统技术进行乘积运算，计算公式如下：

$$SS_i = \sqrt[4]{R_i \times K_i \times LS_i \times C_i}$$

式中，SS_i —— i 空间单元水土流失脆弱性指数；

R_i —— 降雨侵蚀力因子；

K_i —— 土壤可蚀性；

LS_i —— 坡度坡长因子；

C_i —— 地表植被覆盖因子。

将各因子根据评估模型计算得到水土流失脆弱性指数。各项指标综合采用自然分界法与专家知识确定分级赋值标准，不同评估指标对应的脆弱性等级值，见表 8-1。

表 8-1 水土流失脆弱性的评估指标及分级

指标	降雨侵蚀力	土壤可蚀性	地形起伏度	植被覆盖度	分级赋值
一般脆弱	＜100	石砾、沙、粗砂土、细砂土、黏土	0～50	≥0.6	1
脆弱	100～160	面砂土、壤土、砂壤土、粉黏土、黏壤土	50～300	0.2～0.6	3
极脆弱	≥160	砂粉土、粉土	≥300	≤0.2	5

经评价青海省水土流失极脆弱区主要分布在柴达木盆地北部和南部边缘，属于地貌类型的过渡地带，其余零星分布在河湟谷地地区；其他区域属于脆弱区和一般脆弱区，为主要类型。

8.2.6 评价结果

生态保护重要性是对特定区域（斑块）需要被保护程度高低的反映，从两个维度研究，一方面，本身具有高生态服务价值的区域（斑块）需要限制或降低开发强度甚至禁止开发，避免过度开发利用导致生态功能和生态环境质量下降；另一方面，部分区域具有较高的生态脆弱性，若过度开发会进一步产生严重生态问题。生态保护重要性是生态系统服务功能重要性与生态脆弱性的综合集成，青海省生态保护极重要区和重要区主要分布在青藏高原、祁连山地区、永久冰川分布地区、三江源、祁连山水源涵养地、环青海湖湿地区、东部丘陵生物多样性地区等国家重要生态功能区及其他生物多样性丰富的地区。

根据生态保护重要性评价结果，青海省生态保护极重要区主要分布于三江源地区、祁连山区域和青海湖流域。支撑构建“一屏两带，两区多廊”的生态保护格局。遵循生态系统完整性，构建以三江源草原草甸湿地生态功能区为屏障，以祁连山冰川与水源涵养生态带、青海湖草原湿地生态带为骨架以及禁止开发区域组成的区域生态保护格局；强化柴达木荒漠湿地生态功能区、东部丘陵生物多样性功能区两大生态功能区的保护建设；构建日月山、青海南山、大通河、绿洲等山河绿洲型生态廊道，增强生态系统的连通性和完整性，建立良性循环的共生生态系统。

8.3 自然保护地

自然保护地是生态保护红线的重要组成。按照评估调整后的自然保护地应划入生态保护红线的要求，开展评估调整后的自然保护地研究。

自然保护地是由各级政府依法划定或确认，对重要的自然生态系统、自然遗迹、自然景观及其所承载的自然资源、生态功能和文化价值实施长期保护的陆域或海域。建立自然保护地的目的是守护自然生态，保育自然资源，保护生物多样性与地质地貌景观多样性，维护自然生态系统健康稳定，提高生态系统服务功能；服务社会，为人民提供优质生态产品，为全社会提供科研、教育、体验、游憩等公共服务；维持人与自然和谐共生并永续发展。

按照自然生态系统原真性、整体性、系统性及其内在规律，依据管理目标与效能并借鉴国际经验，将自然保护地按生态价值和保护强度高低依次分为国家公园、自然保护区、自然公园三类。

青海省自然保护地整合优化方案包括国家公园、自然保护区、自然公园。

8.4 生态保护红线评估调整

在研究中，优先将具有重要水源涵养、生物多样性维护、水土保持、防风固沙、海岸防护等功能的生态功能极重要区域，以及生态极敏感脆弱的水土流失、沙漠化等区域划入生态保护红线；其他经评估目前虽然不能确定但具有潜在重要生态价值的区域也划入生态保护红线；评估调整后的自然保护地应划入生态保护红线。

8.4.1 调整内容

国家公园、自然保护区、自然公园全部按照优化整合后的边界范围划入生态保护红线。其他重要保护区域风景名胜区、世界自然遗产地、饮用水水源保护区、水产种质资源保护区、沙化土地封禁保护区等结合生态评估结果划入生态保护红线。

生态功能极重要区和生态极脆弱区域、重要生态系统和重要物种栖息地划入生态保护红线，以及生态保护红线邻近区域的重要生态空间划入生态保护红线，将有利于提高生态系统完整性和空间连通性。全省冰川及永久积雪、一级国家级公益林划入生态保护红线。

落实最严格的耕地保护制度，坚决制止各类耕地“非农化”行为，坚决守住耕地红线，自然保护地以外的永久基本农田和集中连片耕地虽然经过评估为生态功能极重要区域，坚持不划入生态保护红线，允许生态保护红线内零星的原住居民在不扩大现有耕地规模前提下，保留生活必需的少量种植。

生态功能极重要区内，自然保护地之外的镇村建设用地，按照三条控制线不交叉、不重叠的原则，不划入生态保护红线；零星居民点且未来无集聚发展趋势的保留在生态保护红线内。

交通、水利、能源、旅游、矿产资源等按照《关于在国土空间规划中统筹划定落实三条控制线的指导意见》管控要求进行调整。对于选址未明确的项目，以项目名录的方式列出。

8.4.2 总体格局

青海省生态保护红线呈“一屏一带三区”分布格局。“一屏”为三江源草原草甸湿地生态屏障；“一带”为祁连山冰川与水源涵养生态带；“三区”分别为青海湖草原湿地生态功能区、柴达木荒漠湿地生态功能区、东部丘陵生物多样性功能区。

青海省生态保护红线包括：①国家公园、自然保护区、自然公园等各级各类自然保护地；②三江源地区的长江、黄河、澜沧江，祁连山地区的黑河、石羊河、疏勒河，柴达木地区的那陵格勒河、格尔木河、柴达木河等江河的发源地，具有重要生态功能的河段及岸线等水源涵养功能极重要区；③青海湖、扎陵湖、鄂陵湖、可鲁克湖、托素湖、哈拉湖，以及可可西里湖泊群等高原湖泊水域及岸线；④青海省的冰川及永久积雪，包括三江源、可可西里、祁连山、柴达木地区的冰川雪山群；⑤藏羚羊、雪豹、黑颈鹤等国家重点保护动物的栖息地、青海湖裸鲤洄游通道等生物多样性维护功能极重要区；⑥青海省重要的国家级一级公益林；⑦青海省重要的饮用水水源地。

调整后的生态保护红线分布格局没有变化，符合国家生态保护红线分布意见与建议。

8.4.3　类型分布

按照主导生态功能和生态敏感脆弱类型，将青海省生态保护红线划分水源涵养、生物多样性、土地沙化防控 3 个主导生态功能类型。水源涵养与生物多样性生态保护红线主要位于长江、黄河、澜沧江、大渡河、黑河、石羊河、疏勒河和大通河等主要江河水系上游及汇水区；土地沙化防控与生物多样性维护生态保护红线主要分布在柴达木盆地。

8.4.4　重大规划衔接

按照耕地和永久基本农田、生态保护红线、城镇开发边界的顺序依次划定三条控制线，青海省永久基本农田、城镇开发边界均与生态保护红线不交叉不重叠。与“十四五”环境保护规划、交通运输体系发展规划、水利发展规划、能源发展规划、矿产资源规划等做了衔接，严格落实生态环境保护制度，也为社会经济发展提供保障和预留相应的空间。

8.4.5　相邻省区衔接

青海省 8 个市州与相邻的甘肃、四川、西藏、新疆 4 个省区 11 个市（州、地）相邻。按照生态系统完整性要求，遵循地貌、地形、河流水系等自然要素，与相邻省区生态保护红线划定情况进行了衔接。衔接后，在西北部茫崖地区与新疆罗布泊野骆驼国家级自然保护区保持了生态保护红线连续，保障了阿尔金山生态系统的完整性；北部祁连山地区、东南部果洛州与甘肃省保持了生态保护红线连续，保障了祁连山和三江源水源涵养和生物多样性功能的完整性；东南部、南部和西南部三江源地区与四川省、西藏自治区保持了生态保护红线的连续，保障了黄河流域、澜沧江流域生态保护红线的完整性，完成了长江流域、黄河流域、澜沧江流域等重要流域的跨区域衔接。

8.4.6 效益分析

青海省生态保护红线覆盖了整合优化后自然保护地、生态保护极重要区、国家级和省级禁止开发区以及其他需要严格保护的区域，将具有重要生态功能的江河源头、水源涵养区、冰川雪山、森林资源和珍稀濒危的野生动植物栖息地划入了生态保护红线，使得自然生态系统的连通性、完整性、原真性得到了有效提升和保护，优化完善了国家生态安全格局，保障并维护了青海省乃至国家生态安全的底线和生命线。①筑牢国家生态安全屏障，优化完善国家生态安全战略。②国家公园完整性和连通性显著提高，生态系统服务功能明显提升。③全面提升水源涵养功能，保障了江河源头、湖泊、湿地的水源涵养功能，对持续发挥生态系统服务功能，巩固“中华水塔”作用和地位，确保“一江清水向东流”，维护周边及下游地区水生态安全，具有重要的现实意义和深远的历史意义。④有效维护生物多样性生态价值，重点保护了藏羚羊、雪豹、黑颈鹤、野牦牛、普氏原羚、荒漠猫、裸鲤等国家级和省级重点保护物种的繁衍栖息地和迁徙通道、膜荚黄芪、高山龙胆、青藏龙胆、西南手参、梭罗草、固沙草等主要珍稀濒危野生植物，有利于青藏高原生物的栖息和繁衍生境，有利于珍稀濒危物种的保存，有利于恢复野生动物种群数量，有效保护了青藏高原生物多样性最丰富和最完整的生物基因库和最大的高原种质库。⑤妥善处理矛盾冲突，促进经济社会可持续发展。为统筹协调青海省生态环境保护与经济社会发展的关系，在科学客观、实事求是的基础上，结合青海实际，兼顾未来需求，对生态保护红线内历史遗留问题和现实矛盾冲突情况进行了评估调整，在不影响生态系统服务功能的前提下，按照国家规则合理扣除了耕地、永久基本农田、矿产资源、水利水电、能源、旅游、重点产业、脱贫攻坚等现状用地及规划发展空间，妥善处理了生态保护红线与脱贫攻坚、重大建设项目等各类矛盾冲突问题，有效解决了生态保护与经济社会发展之间的矛盾，为国土空间规划中划定落实三条控制线不交叉、不重叠、不冲突奠定了基础。

第9章

勘界定标研究

9.1　勘界定标要求

《中共中央办公厅　国务院办公厅发布〈关于划定并严守生态保护红线的若干意见〉的通知》（以下简称《若干意见》）指出，加快推进生态保护红线的划定和勘界定标工作，在勘界基础上设立统一规范的标识标牌，确保生态保护红线落地准确、边界清晰，明确提出 2020 年年底前，全面完成全国生态保护红线划定、勘界定标，基本建立生态保护红线制度，同时强调，加快推进生态保护红线的划定和勘界定标工作，在勘界基础上设立统一规范的标识标牌，确保生态红线落地准确、边界清晰。

2019 年 8 月生态环境部、自然资源部印发《生态保护红线勘界定标技术规范》，要求参照技术规范，推进生态保护红线勘界定标工作，京津冀、长江经济带省份和宁夏回族自治区等 15 个省（区、市）依据国务院认定的生态保护红线评估结果，开展勘界定标；其他省份在国务院批准生态保护红线划定方案后，启动勘界定标。按照《若干意见》要求，生态保护红线勘界定标应于 2020 年年底前全面完成。

9.2　基本要求

9.2.1　数学基础

①坐标系统采用“2000 国家大地坐标系（CGCS2000）”。

②高程基准采用“1985 国家高程基准”。

③投影方式采用高斯—克吕格投影，3 度分带，以“米（m）”为坐标单位，坐标值至少保留 2 位小数；按照行政区域组织的数据可不分带，采用地理坐标，经纬度值采用“度（°）”为单位，用双精度浮点数表示，至少保留 6 位小数。

④计量单位。长度单位采用米（m），小数点后保留 2 位小数；面积计算单位采用平方米（m^2），小数点后保留 2 位小数；面积统计汇总单位采用平方千米（km^2），小数点后保留 2 位小数。

9.2.2 精度要求

①空间分辨率。数字正射影像图分辨率为 1（局部地区可优于 1 m）；生态保护红线勘界图按照区域随纸张进行比例尺的调整，比例尺分母的倍数应为 1 000。

②平面精度。数字正射影像地物点相对于附近野外控制点的点位中误差：平地、丘陵（山地、高山地）地为 7.5（10）m；相邻县域接边限差不超过 5 m，同一县域内接边限差，平地、丘陵地不超过 2 个像素，山地、高山地不超过 4 个像素。对于大面积单一地物地区，例如水体、森林、草原、戈壁等，中误差可以适当放宽，但最大不得超过 1.5 倍，最大误差不超过中误差 2 倍。

③勘界精度。按照工作底图，实地勘定生态保护红线边界。勘定的明显界线物移位原则上不大于图上 0.3 mm，不明显界线不大于图上 1.0 mm。界桩点高程中误差一般不大于相应比例尺地形图上平地、丘陵、山地（高山地）十分之一基本等高距（特殊困难地区可放宽 0.5 倍中误差）。重点区域可执行地籍测绘规范中界址点精度规定。

9.2.3 数据格式

①矢量数据：标准 Shapefile 文件格式（*.shp）。

②正射影像数据：非压缩 TIFF 格式，加定位信息文件。

③勘界图：DWG、PDF、JPG 格式。

④电子文档：Word、Excel、PDF 格式。

9.3 勘界定标

以现势性强、分辨率高的卫星影像数据作为工作底图，配合生态保护红线已有相关资料，以高分卫星影像为基础对生态保护红线进行内业校核，对界桩埋设位置进行图上预设，并图解出坐标。

9.3.1 内业处理

①工作底图制作。以现势性强、分辨率高的高清数字正射影像图为基础，辅

以大比例尺土地利用和基础地理信息等数据，形成区域生态保护红线工作底图。

②边界校核。红线边界核准是在工作底图的基础上，开展生态保护红线边界的录入、转绘与校核修正工作。按照勘界定标的工作原则，利用 GIS 技术，以高分辨率遥感影像为基础数据，加载收集到的其他可利用资料，对生态保护红线进行内业人工分析判读，进一步校核生态保护红线的边界，并建立新增图层和删减图层。在内业处理进行边界校核时，主要遵循以下原则：

一是与自然边界或实际地物存在偏差的，依据地形地貌或生态系统完整性确定边界，如林线、雪线、流域分界线及生态系统分布界线等，河流、湖库等向陆域延伸一定距离的边界，遥感影像、地理国情普查等所能明确的地块边界等。

二是对生态保护红线内可能涉及的农村居民点、耕地等边界进行校核，确保"三条控制线"不交叉不重叠，并预留发展空间。

三是勘界定标过程中，对政府部门新提出的拟增加图斑/删减图斑进行校核，若存在争议或暂时无法确定的，提取拟增加/删减图斑形成问题图层，待现场勘界时进行现场校核。

③预标注。通过图解法获取生态保护红线边界上人为活动较频繁、有利于公众宣传的重点地段、重要拐点等关键控制点，标绘在生态保护红线工作底图上，作为拟设界桩和标识牌的预选点位，并输出外业勘界工作图。

9.3.2　现场勘界

①基本要求。根据工作底图，对生态保护红线边界、拟设界桩和标识牌位置进行外业实地勘测，按照实际进行校核调整，做好外业信息记录及照片采集。勘界过程中，一般采用选点、定向、判清、测准、记全的勘界方法。具体如下：

选点：沿着勘界路线，选择好站立点，一般选择地势较高、便于环顾四周、位置适宜的地点；

定向：根据明显目标和相关地物确定影像资料的方向，使影像方向与实地方向保持一致；

判清：对生态保护红线边界要判读清楚，从某个明显地物调起，一边逐段调记，一边用其他明显地物检查校对，严防错差；

测准：按照拟设界桩坐标在实地选位，并采用 GPS 方法进行测量；

记全：将勘界内容和记录项目等填写清楚、完整，确保图文一致。

②实地定点。根据预标注确定的拟设界桩和标识牌的坐标位置，结合典型地物或 GPS 定位找到拟设点位的位置，实地做好标记，并采用 GPS 方法进行界桩坐标测量。

界桩测量采用网络 RTK 和 RTX（卫星差分）两种方法进行。网络 RTK 覆盖区域采用网络 RTK 方法进行界桩测量，对无网络信号区域采用 RTX（卫星差分）方法进行界桩测量。

利用对中杆或脚架对中，观测次数不少于 3 次，每次观测历元数不少于 20 个，采样间隔 2～5 s，单点测量精度误差不大于 5 cm。

界桩点坐标一般要求实测。当实地测量确有困难，但能在图上准确判定界桩点位时，可在现有最大比例尺的地形图上量取，并保证与周边地物的相对位置正确。

③信息记录。实地定位好界桩点后，现场量测有关数据，详细记录生态保护红线现场勘界信息，填写外业核查记录表，并现场拍照记录（近景和远景至少各一张）。

④校核调整。按照勘界中所形成的工作底图、实测数据和信息记录表，对问题图斑、拟设界桩和标识牌点位等进行校核调整，对调整过的生态保护红线图斑面积进行重新核算，填写生态保护红线变化图斑信息记录表。

⑤图斑编号。生态保护红线图斑按照“行政编号—类型编号—数量编号”方式进行统一编号。行政编号是以县级行政区为单位，由 6 位阿拉伯数字组成。类型编号由 4 位组成，前 2 位表示类型特征（01 表示生态功能重要区，02 表示生态环境敏感区），后 2 位表示功能属性特征。类型编号要明确每个生态保护红线图斑的类型（生态功能重要区、生态环境敏感区）并单独编号，各个图斑之间不能交叉重叠。数量编号表示同一县级行政区内生态保护红线的图斑数量，从 0001 开始编号。同一县级行政区内生态保护红线图斑的数量编号按照由北到南、自西向东的顺序连续编号。

⑥界桩和标识牌的制作与埋设。界桩规格一般为地上部分 150 mm×150 mm×500 mm，地下部分不小于 600 mm。部分地区根据实地条件，可适当调整界桩埋设深度。界桩版面信息应包括生态保护红线字样及图标、界桩字样、设立主体、

设立日期、二维码（链接生态保护红线相关信息）等内容。以控制边界线基本走向为原则，在重点地段、重要拐点等关键控制点埋设界桩。对于人类活动密集地区，可适当增加界桩数量。对外业施工条件较差的地区，可根据实际条件设立电子界桩。

标识牌版面应标明生态保护红线名称、图标和编号、生态保护红线内容介绍、警示标语，版面还应包含生态保护红线示意图（包括行政区位置及道路、河流水系等基本信息）、二维码、管理部门、主管部门及监督电话等内容。

标识牌的设立位置应充分考虑生态保护红线的地形、地标、地物及人类活动分布等特点，以警示宣传生态保护红线为目的，根据管理需要，在人群易见的醒目位置处埋设，一般埋设于生态保护红线陆域界线的拐点、控制点及重要点（如公路、铁路等与生态保护红线交叉点）。根据现场埋设标识牌情况，填写标识牌信息登记表。

⑦图件制作。根据工作需要制作生态保护红线区域分布图、生态保护红线空间分布图、生态保护红线走向图等图件。

第10章

应用示范

10.1　纳入国土空间规划

生态保护红线是我国国土空间规划和生态环境体制机制改革的重要制度创新。《中共中央国务院关于建立国土空间规划体系并监督实施的若干意见》（中发〔2019〕18 号）》指出：国土空间规划是国家空间发展的指南、可持续发展的空间蓝图，是各类开发保护建设活动的基本依据。要求坚持节约优先、保护优先、自然恢复为主的方针，在资源环境承载力和国土空间开发适宜性评价的基础上，科学有序统筹布局生态、农业、城镇等功能空间，划定生态保护红线、永久基本农田、城镇开发边界等空间管控边界以及各类海域保护线，强化底线约束，为可持续发展预留空间。

《中华人民共和国土地管理法》第十八条：国家建立国土空间规划体系。编制国土空间规划应当坚持生态优先，绿色、可持续发展，科学有序统筹安排生态、农业、城镇等功能空间，优化国土空间结构和布局，提升国土空间开发、保护的质量和效率。

《中华人民共和国土地管理法实施条例》第二条：国家建立国土空间规划体系。土地开发、保护、建设活动应当坚持规划先行。经依法批准的国土空间规划是各类开发、保护、建设活动的基本依据。第三条：国土空间规划应当细化落实国家发展规划提出的国土空间开发保护要求，统筹布局农业、生态、城镇等功能空间，划定落实永久基本农田、生态保护红线和城镇开发边界。

科学划定“三区三线”是编制国土空间规划的关键，是国土空间用途管制的重要内容，也是国土空间用途管制的核心框架。“三区三线”是指农业空间、生态空间、城镇空间三种类型空间所对应的区域，以及分别对应划定的永久基本农田、生态保护红线、城镇开发边界三条控制线。“三区”突出主导功能划分，“三线”侧重边界的刚性管控。“三区”内部统筹要素分类，是功能分区和用途分类的基础；“三线”是“三区”内部最核心的刚性要求。空间关系上，“三区”各自包含“三线”。

生态保护红线是国土空间规划中的重要管控边界，青海省生态保护红线划定方案已纳入青海省国土空间规划和各市（州）、县（区）级国土空间规划。

《中共青海省委青海省人民政府关于建立全省国土空间规划体系并监督实施的意见》（青办发〔2020〕13 号）指出，将生态保护摆在优先位置，坚持山水林田湖草生命共同体理念，加强整体保护与自然修复，全面筑牢国家生态安全屏障。科学划定“三区三线”，强化红线约束，推进形成人口经济、产业布局和资源环境相匹配的国土空间格局，有效促进绿色生产生活方式转变。

《青海省自然资源厅关于印发〈青海省县级国土空间总体规划编制指南（试行）〉的通知》指出：在省级划定方案基础上，落实生态保护红线的规模、布局及管控要求，以双评价为基础，依据自然保护地整合优化工作和生态保护红线评估工作成果，协调边界矛盾，保证生态功能的系统性和完整性，确保生态功能不降低、面积不减少、性质不改变。城镇开发边界应尽可能避让生态保护红线、永久基本农田。出于城镇开发边界完整性及特殊地形条件约束的考虑，对于无法调整的零散分布生态保护红线和永久基本农田，可以“开天窗”形式不计入城镇开发边界面积，并按照生态保护红线、永久基本农田的保护要求进行管理。

根据 2010 年 12 月国务院发布的《全国主体功能区规划》（国发〔2010〕46 号），兰州—西宁地区列为国家层面的 18 个重点开发区域之一，2018 年 2 月，国务院批复了《兰州—西宁城市群发展规划》（国函〔2018〕38 号）。《国家发展改革委　住房和城乡建设部关于印发〈兰州—西宁城市群发展规划〉的通知》（发改规划〔2018〕423 号）要求，坚持生态优先，划定并严守生态保护红线，确定生态空间。依次确定农业、城镇空间范围，并划定永久基本农田和城市开发边界。生态空间、农业空间原则上按限制开发区进行用途管制，其中生态保护红线范围内空间原则上按禁止开发区进行用途管制，永久基本农田一经划定，任何单位和个人不得擅自占用或改变用途。城镇空间按照集约紧凑高效原则实施从严管控。

《融入兰西城市群—青海东部地区国土空间规划（2021—2035 年）》（征求意见稿），该规划是省级、市（州）级之间跨行政区域的国土空间专项规划，具有重要的承上启下作用。指标体系方面，在落实青海省国土空间规划核心指标的基础上，针对环境质量、资源集约节约、要素均衡、人居环境品质等突出问题，增设青海东部地区特色管控指标，形成共 15 项核心指标和 6 项特色指标的规划指标体系，其中生态保护红线是核心指标之一。划定基础设施应尽量避免穿越生态保护红线和永久基本农田。加强生态保护红线分级管控，应确保生态功能不降低、面积不减少、性质不改变。生态保护红线内，按照核心保护区和一般管控区实施两级管控和监管。核心保护区原则上禁止人为活动，合理引导已划入自然保护地核心保护区内的宅基地、耕地等人为活动有序退出；一般管控区内严格禁止开发性、建设性活动，除国家重大战略项目外，仅允许原住居民基本生产生活、适度参观旅游必要服务设施建设，符合县级以上国土空间规划的线性基础设施等对生态功能不造成破坏的有限人为活动，加强对现有活动的管控。

10.2　纳入“三线一单”

生态保护红线、环境质量底线、资源利用上线和生态环境准入清单，又称“三线一单”，是推进生态环境保护精细化管理、强化国土空间环境管控、推进绿色发展高质量发展的一项重要工作。通过系统收集整理区域生态环境及经济社会等基础数据，开展综合分析评价，明确生态保护红线，识别生态空间，确立环境质量底线，测算污染物允许排放量；确定资源利用上线，明确管控要求；综合各类分区，确定环境管控单元；统筹分区管控要求，建立环境准入清单的要求。基于环境管控单元，统筹生态保护红线、环境质量底线、资源利用上线的分区管控要求，明确空间布局约束、污染物排放管控、风险管控防控、资源开发利用效率等方面禁止和限制的环境准入要求，建立环境准入清单及相应治理要求。

2020 年 10 月 20 日，青海省政府印发了《青海省人民政府关于实施“三线一单”生态环境分区管控的通知》（青政〔2020〕77 号），提出构建生态环境分区管控体系，按照生态保护红线、环境质量底线、资源利用上线的管控要求，将青海省行政区域从生态环境保护角度划分为优先保护单元、重点管控单元、一般管控单元三类环境管控单元。在生态环境管控要求方面，提出以三类环境管控单元为基础，建立青海省、五大生态板块、市州、县四级生态环境管控体系。全省总体性生态环境管控要求，包括优先保护单元、重点管控单元、一般管控单元三类单元总体管控要求。其中，优先保护单元指具有一定生态功能、以生态环境保护为主的区域，应以生态环境保护优先为原则，严守生态环境质量底线，确保生态环境功能不降低；重点管控单元指人口密集、资源开发强度较大、污染物排放强度相对较高的区域，应推进产业布局优化、转型升级，不断提升资源利用效率，加强污染物排放控制和环境风险防控；一般管控单元指除优先保护单元和重点管控单元之外的其他区域，应促进生产、生活、生态功能协调融合，落实生态环境保护基本要求，保持区域生态环境质量稳定。五大生态板块区域性生态环境管控要求，包括三江源、祁连山、环青海湖、柴达木、河湟地区管控要求。其中，三江源地区重点关注水源涵养和生物多样性功能维护，保障“中华水塔”坚固丰沛；祁连山地区重点关注水源涵养功能的提升，加强生态治理修复；环青海湖地区重点关注生物多样性功能维护，巩固和扩大保护治理效果；柴达木地区重点协调好保护和开发的关系，保护好原生生态地表地貌，合理开发矿产资源；河湟地区重点关注生态环境治理修复、污染防控、生态需水保障。各市州地域性生态环境管控要求，以及各县（市、区、行委）内具体环境管控单元的差异性生态环境准入清单，各市州政府按照全省和五大生态板块分区管控要求，在识别区域主要生态环境问题、结合区域发展需求的基础上，细化本地区“三线一单”成果，形成市州地域性生态环境管控要求及各县（市、区、行委）内具体环境管控单元的差异性生态环境准入清单。

通过识别生态空间实现生态功能维护和改善，将青海省69%的土地面积识别为生态空间，实现了对长江、黄河、澜沧江三大河流源头区，以及青海湖、祁连山诸河源区自然生态系统的完整保护；通过确立水环境质量底线、水资源利用上线实现水资源保护和水环境改善，对湟水河干支流控制断面提出了生态基流控制目标，划分水环境控制单元，确立了各控制单元不同时期水环境质量底线，针对水环境质量超标地区提出了减排目标；通过环境管控单元划定和准入清单编制实现环境分区管控，青海省划定 562 个环境管控单元，提出相应管控要求，实现国土全覆盖、差别化的生态环境分区管控，构建了符合青海实际的环境分区管控体系。

青海省还在《青海省国民经济和社会发展第十四个五年规划和二〇三五年远景目标纲要》《青海省“十四五”生态环境保护规划》编制中积极融入“三线一单”成果，在各县区土地利用总体规划、水利、交通、能源等规划编制中，将有关“三线一单”成果、生态环境管控要求纳入规划，促进“三线一单”分区管控制度在相关行业规划中的衔接落实。依据“三线一单”明确园区环境准入要求和清单，指导帮助园区项目落地实施。同时，在规划环评审查、项目环评审批以及排污许可发放等事项办理中积极推进“三线一单”成果应用。

2019 年，生态环境部修订了《规划环境影响评价技术导则　总纲》（HJ 130—2019），这是落实《中华人民共和国环境影响评价法》等法律法规，衔接区域“三线一单”，推动“放管服”改革，规范和指导规划环评工作的重要举措。自 2020 年 10 月，青海省人民政府印发《关于实施“三线一单”生态环境分区管控的通知》（青政〔2020〕77 号）以来，青海省相继审批的湟水干流区水资源配置规划、海东市分散式风电发展规划、南川工业园区产城融合发展规划（2020—2035 年）等，“三线一单”成果、生态环境管控要求纳入规划，促进“三线一单”分区管控制度在相关行业规划中的衔接落实。规划实施充分分析论证与“三线一单”的符合性，严格落实“三线一单”生态环境分区管控要求。

项目环境影响评价是指对建设项目可能对环境造成的影响进行分析、预测估计，提出应对不利影响的措施和对策的评价过程。它包括项目地址的选择，在生产工艺、生产管理、污染治理、施工期的环境保护等方面提出具体建议。项目的环境影响评价作为一项预测性和参考性的环境管理手段，在提高决策质量方面被广泛接受。

“三线一单”与项目环评。在建设项目环评文件编制初期，审批人员提前介入，组织建设单位、环评机构召开项目环评审批对接会，运用“三线一单”数据平台查询项目所处环境管控单元，明确“三线一单”生态环境管控要求及准入清单，针对项目选址、规模、性质、生产工艺及产污节点、排污去向等方面，分析项目与“三线一单”的相符性，并将结果快速告知建设单位。通过对拟建项目进行可行性、合理性预判以及全程跟踪服务，可减少建设单位、环评机构在项目环评文件编制过程中多方联系、四处收集资料的时间，同时也使建设单位知晓自身需遵守的环保管理要求和达到的目标底线，少走弯路。如西宁市甘河工业园区年产 100 GW 光伏配套复合材料项目，在环评文件编制初期，审批人员提前介入，结合西宁市“三线一单”生态环境管控要求及准入清单，告知建设单位“三线一单”的管控要求、项目应执行的标准和环评审批流程，明确建设单位、环评机构、园区管委会各自的责任分工和需提供的支撑材料，提高了生态环境部门的服务水平和项目的审批时效，积极发挥“三线一单”预评估作用。

深度开展“三线一单”符合性分析。在建设项目环评中，通过比对查询“三线一单”数据成果，明确建设项目与“三线一单”中生态空间以及大气、水、土壤、水资源、土地资源管控分区的位置关系，明确各类生态环境要素管控要求，从空间布局约束、污染物排放管控、环境风险防控、资源开发利用效率要求四个维度对项目“三线一单”符合性、环境可行性进行深入分析，提升“三线一单”应用实效，为区域高水平保护提供绿色标尺。在审批的50余个建设项目环评中，对不涉及生态保护红线、大气环境优先保护区、水环境优先保护区、永久基本农田保护区、水资源优先保护区的建设项目，开辟绿色通道，简化环评审批手续，及时完成环评办理；对生态环境区位较为敏感的建设项目，深度开展“三线一单”符合性分析，包括产业政策及规划符合性、选址合理性、工艺设施先进性、环保措施完备性、环境影响可接受性及环境风险可控性分析，严格生态环境保护措施要求；对拟建项目所在环境管控单元生态环境准入清单中明确提出“禁止新建、扩建高耗能、高污染的工业项目”“禁止建设水资源消耗量较大，水污染较重的项目”“有关行业执行污染物特别排放限值”等要求的，严格落实“三线一单”要求。如海西州青海徕硕工贸有限公司综合利用4万吨氯化钙项目，在“三线一单”环境管控单元生态环境准入清单中提出了“新建、改扩建火电、水泥、有色、化工等重点行业及燃煤锅炉项目执行大气污染物特别排放限值”的要求，对此在环评中确定该项目工艺废气、锅炉废气排放分别执行《无机化学工业污染物排放标准》《锅炉大气污染物排放标准》特别排放限值要求，有力指导项目从严落实生态环境保护要求，深度开展“三线一单”符合性分析。

青海省将“三线一单”作为生态文明制度改革的一项新举措，推动工作走深走实。在项目环评应用中，“三线一单”发挥了顶层引领的重要作用，使项目环评过程中重点关注的生态环境政策、生态环境敏感目标、环境准入要求、生态环境保护措施等一目了然，节省了环评文件编制中收集各类生态环境基础资料的时间，大幅提升技术评估和环评审批进度、提高审批效率和环评文件编制质量，有利于推动建设项目生态环境保护措施的精准落实，也有利于项目尽快落地实施。

参考文献

[1] 习近平：高举中国特色社会主义伟大旗帜 为全面建设社会主义现代化国家而团结奋斗——在中国共产党第二十次全国代表大会上的报告. 北京：人民出版社，2022.

[2] 中共中央关于党的百年奋斗重大成就和历史经验的决议(2021 年 11 月 11 日中国共产党第十九届中央委员会第六次全体会议通过）. 北京：人民出版社，2021.

[3] 中共中央关于制定国民经济和社会发展第十四个五年规划和二〇三五年远景目标的建议（2020 年 10 月 29 日中国共产党第十九届中央委员会第五次全体会议通过）. 北京：人民出版社，2020.

[4] 中共中央关于坚持和完善中国特色社会主义制度推进国家治理体系和治理能力现代化若干重大问题的决定(2019 年 10 月 31 日中国共产党第十九届中央委员会第四次全体会议通过）. 北京：人民出版社，2019.

[5] 习近平：决胜全面建成小康社会夺取新时代中国特色社会主义伟大胜利——在中国共产党第十九次全国代表大会上的报告. 北京：人民出版社，2017.

[6] 中共中央关于全面深化改革若干重大问题的决定(2013 年 11 月 12 日中国共产党第十八届中央委员会第三次全体会议通过）. 北京：人民出版社，2013.

[7] 中华人民共和国国民经济和社会发展第十四个五年规划和二〇三五年远景目标纲要（第十三届全国人民代表大会第四次会议批准）. 北京：人民出版社，2021.

[8] 中华人民共和国国民经济和社会发展第十三个五年规划纲要（第十二届全国人民代表大会第四次会议批准）. 北京：人民出版社，2016.

[9] 中共中央国务院关于做好二〇二二年全面推进乡村振兴重点工作的意见. 北京：人民出版社，2022.

[10] 中共中央 国务院关于深入打好污染防治攻坚战的意见（2021 年 11 月 2 日）. http://www.gov.cn/zhengce/2021-11/07/content_5649656.htm.

[11] 中共中央 国务院关于完整准确全面贯彻新发展理念做好碳达峰碳中和工作的意见（2021 年 9 月 22 日）. 北京：人民出版社，2021.

[12] 中共中央 国务院印发《黄河流域生态保护和高质量发展规划纲要》. 北京：人民出版社，2021.

[13] 中共中央 国务院关于新时代推动中部地区高质量发展的意见（2021 年 4 月 23 日）. 北京：人民出版社，2021.

[14] 中共中央 国务院关于印发《交通强国建设纲要》. 北京：人民出版社，2019.

[15] 中共中央 国务院关于建立国土空间规划体系并监督实施的若干意见. 北京：人民出版社，2019.

[16] 中共中央 国务院关于建立健全城乡融合发展体制机制和政策体系的意见. 北京：人民出版社，2019.

[17] 中共中央 国务院关于建立更加有效的区域协调发展新机制的意见. 北京：人民出版社，2018.

[18] 中共中央 国务院印发《乡村振兴战略规划（2018—2022 年）》. 北京：人民出版社，2018.

[19] 中共中央 国务院关于全面加强生态环境保护坚决打好污染防治攻坚战的意见. 北京：人民出版社，2018.

[20] 中共中央 国务院关于实施乡村振兴战略的意见. 北京：人民出版社，2018.

[21] 中共中央 国务院关于落实发展新理念加快农业现代化实现全面小康目标的若干意见. 北京：人民出版社，2016.

[22] 中共中央 国务院印发《生态文明体制改革总体方案》. 北京：人民出版社，2015.

[23] 中共中央 国务院关于加快推进生态文明建设的意见. 北京：人民出版社，2015.

[24] 中共中央 国务院印发《国有林场改革方案国有林区改革指导意见》. 北京：人民出版社，2015.

[25] 中共中央 国务院印发《国家新型城镇化规划（2014—2020 年）》. 北京：人民出版社，2015.

[26] 中共中央 国务院关于做好 2022 年全面推进乡村振兴重点工作的意见（2022 年 1 月 4 日）. 农业农村部公报，2022（2）：6-13.

[27] 中共中央办公厅 国务院办公厅印发《关于加强新时代水土保持工作的意见》. 国务院公报，2023（2）.

[28] 中共中央办公厅 国务院办公厅印发《关于推进以县城为重要载体的城镇化建设的意

见》. 国务院公报，2022（14）：8-14.

[29] 中共中央办公厅 国务院办公厅印发《关于构建更高水平的全民健身公共服务体系的意见》. 国务院公报，2022（10）：8-12.

[30] 中共中央办公厅 国务院办公厅印发《农村人居环境整治提升五年行动方案（2021—2025 年）》. 国务院公报，2021（35）：10-15.

[31] 中共中央办公厅 国务院办公厅印发《关于推动城乡建设绿色发展的意见》. 国务院公报，2021（31）：43-48.

[32] 中共中央办公厅 国务院办公厅印发《关于进一步加强生物多样性保护的意见》. 国务院公报，2021（31）：39-43.

[33] 中共中央办公厅 国务院办公厅印发《关于深化生态保护补偿制度改革的意见》. 国务院公报，2021（27）：8-12.

[34] 中共中央办公厅 国务院办公厅印发《关于建立健全生态产品价值实现机制的意见》. 国务院公报，2021（14）：11-15.

[35] 中共中央办公厅 国务院办公厅印发《关于全面推行林长制的意见》. 国务院公报，2021（3）：6-8.

[36] 中共中央办公厅 国务院办公厅印发《关于在国土空间规划中统筹划定落实三条控制线的指导意见》. 国务院公报，2019（32）.

[37] 中共中央办公厅 国务院办公厅印发《天然林保护修复制度方案》. 北京：人民出版社，2019.

[38] 中共中央办公厅 国务院办公厅印发《关于建立以国家公园为主体的自然保护地体系的指导意见》. 北京：人民出版社，2019.

[39] 中共中央办公厅 国务院办公厅印发《关于统筹推进自然资源资产产权制度改革的指导意见》. 北京：人民出版社，2019.

[40] 中共中央办公厅 国务院办公厅印发《关于创新体制机制推进农业绿色发展的意见》. 国务院公报，2017（29）.

[41] 中共中央办公厅 国务院办公厅关于印发《建立国家公园体制总体方案》. 国务院公报，2017（29）.

[42] 中共中央办公厅 国务院办公厅印发《关于建立资源环境承载力监测预警长效机制的若干意见》. 国务院公报，2017（28）.

[43] 中共中央办公厅 国务院办公厅印发《关于划定并严守生态保护红线的若干意见》. 国务院公报，2017（7）.

[44] 中共中央办公厅 国务院办公厅印发《关于创新政府配置资源方式的指导意见》. 国务院公报，2017（3）.

[45] 中共中央办公厅 国务院办公厅印发《省级空间规划试点方案》. 国务院公报，2017（3）.

[46] 中共中央办公厅 国务院办公厅关于设立统一规范的国家生态文明试验区的意见. 国务院公报，2016（26）.

[47] 国务院关于印发《气象高质量发展纲要（2022—2035 年）》的通知（国发〔2022〕11 号）. 国务院公报，2022（16）：11-16.

[48] 国务院关于印发《“十四五”推进农业农村现代化规划》的通知（国发〔2021〕25 号）. 国务院公报，2022（6）：6-29.

[49] 国务院关于印发《2030 年前碳达峰行动方案》的通知（国发〔2021〕23 号）. 国务院公报，2021（31）：48-58.

[50] 国务院关于授权和委托用地审批权的决定（国发〔2020〕4 号）. 国务院公报，2020（9）.

[51] 国务院关于促进乡村产业振兴的指导意见（国发〔2019〕12 号）. 国务院公报，2019（19）.

[52] 国务院关于印发《打赢蓝天保卫战三年行动计划》的通知（国发〔2018〕22 号）. 国务院公报，2018（20）.

[53] 李克强. 政府工作报告——2018 年 3 月 5 日在第十三届全国人民代表大会第一次会议上. 北京：人民出版社，2018.

[54] 国务院关于落实《政府工作报告》重点工作部门分工的意见（国发〔2017〕22 号）. 国务院公报，2017（11）.

[55] 国务院关于印发《“十三五”现代综合交通运输体系发展规划》的通知（国发〔2017〕11 号）. 国务院公报，2017（8）.

[56] 国务院关于印发《全国国土规划纲要（2016—2030 年）》的通知（国发〔2017〕3 号）. 国务院公报，2017（6）.

[57] 国务院关于印发《“十三五”促进民族地区和人口较少民族发展规划》的通知（国发〔2016〕79 号）. 国务院公报，2017（5）.

[58] 国务院关于全国土地整治规划（2016—2020 年）的批复（国函〔2016〕209 号）. 国务院公报，2017（2）.

[59] 国务院关于印发《“十三五”生态环境保护规划》的通知（国发〔2016〕65 号）. 国务院公报，2016（35）.

[60] 国务院关于印发《全国农业现代化规划（2016—2020 年）》的通知（国发〔2016〕58 号）. 国务院公报，2016（31）；农业部公报，2016（11）：4-20.

[61] 国务院批转国家发展改革委关于 2016 年深化经济体制改革重点工作意见的通知（国发〔2016〕21 号）. 国务院公报，2016（11）.

[62] 国务院关于深入推进新型城镇化建设的若干意见（国发〔2016〕8 号）. 国务院公报，2016（6）.

[63] 国务院关于印发水污染防治行动计划的通知（国发〔2015〕17 号）. 国务院公报，2015（12）.

[64] 国务院关于依托黄金水道推动长江经济带发展的指导意见（国发〔2014〕39 号）. 国务院公报，2014（28）.

[65] 国务院关于印发国家环境保护“十二五”规划的通知（国发〔2011〕42 号）. 国务院公报，2012（1）.

[66] 国务院关于加强环境保护重点工作的意见（国发〔2011〕35 号）. 国务院公报，2011（30）.

[67] 国务院办公厅关于印发《要素市场化配置综合改革试点总体方案》的通知（国办发〔2021〕51 号）. 国务院公报，2022（2）：15-20.

[68] 国务院办公厅关于印发《“十四五”冷链物流发展规划》的通知（国办发〔2021〕46 号）. 国务院公报，2022（1）：15-32.

[69] 国务院办公厅关于鼓励和支持社会资本参与生态保护修复的意见（国办发〔2021〕40 号）. 国务院公报，2021（33）：17-21.

[70] 国务院办公厅关于加强城市内涝治理的实施意见（国办发〔2021〕11 号）. 国务院公报，2021（13）：9-13.

[71] 国务院办公厅关于加强草原保护修复的若干意见（国办发〔2021〕7 号）. 国务院公报，2021（11）：14-18.

[72] 国务院办公厅转发国家发展改革委关于促进特色小镇规范健康发展意见的通知（国办发〔2020〕33 号）. 国务院公报，2020（29）：24-27.

[73] 国务院办公厅关于坚决制止耕地“非农化”行为的通知（国办发明电〔2020〕24 号）. 国务院公报，2020（27）：36-37.

[74] 国务院办公厅关于切实做好长江流域禁捕有关工作的通知（国办发明电〔2020〕21 号）. 国务院公报，2020（20）：22-24.

[75] 国务院办公厅关于印发《自然资源领域中央与地方财政事权和支出责任划分改革方案》的通知（国办发〔2020〕19 号）. 国务院公报，2020（21）：13-16.

[76] 国务院办公厅关于切实加强高标准农田建设提升国家粮食安全保障能力的意见（国办发〔2019〕50 号）. 国务院公报，2019（34）.

[77] 国务院办公厅关于加强长江水生生物保护工作的意见（国办发〔2018〕95 号）. 国务院公报，2018（30）.

[78] 国务院办公厅关于印发《湿地保护修复制度方案》的通知（国办发〔2016〕89 号）. 国务院公报，2017（1）.

[79] 国务院办公厅关于健全生态保护补偿机制的意见（国办发〔2016〕31 号）. 国务院公报，2016（15）.

[80] 国务院办公厅关于印发《编制自然资源资产负债表试点方案》的通知（国办发〔2015〕82 号）. 国务院公报，2015（33）.

[81] 国务院办公厅关于印发生态环境监测网络建设方案的通知（国办发〔2015〕56 号）. 国务院公报，2015（24）.

[82] 《新时代的中国绿色发展白皮书》（2023 年 1 月）. 国务院新闻办公室. http://www. scio. gov. cn/zfbps/32832/Document/1735706/1735706. htm.

[83] 《中国应对气候变化的政策与行动白皮书》（2021 年 10 月）. 国务院新闻办公室. http:// www. scio. gov. cn/zfbps/32832/Document/1735706/1735706. htm.

[84] 《中国的生物多样性保护白皮书》（2021 年 10 月）. 国务院新闻办公室. http://www. scio. gov. cn/zfbps/32832/Document/1714274/1714274. htm.

[85] 《中国的全面小康白皮书》（2021 年 9 月）. 国务院新闻办公室. http://www. scio. gov. cn/zfbps/32832/Document/1713886/1713886. htm.

[86] 《中国交通的可持续发展白皮书》（2020 年 12 月）. 国务院新闻办公室. http://www. scio. gov. cn/zfbps/32832/Document/1695297/1695297. htm.

[87] 《青藏高原生态文明建设状况白皮书》（2018 年 7 月）. 国务院新闻办公室. http://www. scio. gov. cn/zfbps/32832/Document/1633895/1633895. htm.

[88] 生态环境部职能配置、内设机构和人员编制规定. https://www.mee.gov.cn/zjhb/zyzz/201810/

t20181011_660310. shtml.

[89] 自然资源部职能配置、内设机构和人员编制规定. https://www.mnr.gov.cn/jg/sdfa/201809/t20180912_2188298. html.

[90] 自然资源部办公厅关于严守底线规范开展全域土地综合整治试点工作有关要求的通知（自然资办发〔2023〕15 号）. http://www.gov.cn/zhengce/zhengceku/2023-04/26/content_5753236. htm.

[91] 自然资源部办公厅、国家林业和草原局办公室、国家能源局综合司关于支持光伏发电产业发展规范用地管理有关工作的通知（自然资办发〔2023〕12）号）. http://www.gov.cn/zhengce/zhengceku/2023-04/03/content_5749824. htm.

[92] 自然资源部办公厅关于印发《加强国土空间生态修复项目规范实施和监督管理》的通知（自然资办发〔2023〕10 号）. http://gi. mnr. gov. cn/202303/t20230306_2777533. html.

[93] 生态环境部关于印发《生态保护红线生态环境监督办法（试行）》的通知（国环规生态〔2022〕2 号）. 国务院公报，2023（4）.

[94] 中共青海省委关于制定国民经济和社会发展第十四个五年规划和二〇三五年远景目标的建议. http://fgw.qinghai.gov.cn/ztzl/zt2022/sswgh/ghjbsl_1139/202202/ t20220225_80492. html.

[95] 青海省人民政府办公厅关于印发《政府工作报告》的通知（青政办〔2014〕11 号）. 青海政报，2014（2）：14-24.

[96] 青海省人民政府办公厅关于印发《进一步加大祁连山省级自然保护区保护与治理工作方案》的通知（青政办〔2014〕142 号）. 青海政报，2014（16）：31-33.

[97] 青海省人民政府办公厅转发国家发展改革委等六部门关于青海省生态文明先行示范区建设实施方案的通知（青政办〔2014〕179 号）［附：国家发展改革委　财政部　国土资源部　水利部　农业部　国家林业局关于印发青海省生态文明先行示范区建设实施方案的通知（发改环资〔2014〕2415 号）］. 青海政报，2014（21）：15-34.

[98] 青海省人民政府办公厅关于贯彻落实《国务院办公厅关于加强环境监管执法的通知》的实施意见（青政办〔2015〕81 号）. 青海政报，2015（10）：15-18.

[99] 青海省人民政府关于印发《青海省水污染防治工作方案》的通知（青政〔2015〕100 号）. 青海政报，2015（23）：5-35.

[100] 青海省人民政府关于全面实施质量强省战略的意见（青政〔2016〕70 号）. 青海政报，

2016（18）：3-7.

[101] 青海省人民政府关于深入推进青海省新型城镇化建设的实施意见（青政〔2016〕76 号）. 青海政报，2016（18）：7-14.

[102] 国务院关于印发《全国农业现代化规划（2016—2020 年）》的通知（国发〔2016〕58 号）. 青海政报，2016（20）：8-24.

[103] 青海省人民政府关于印发《青海省土壤污染防治工作方案》的通知（青政〔2016〕92 号）. 青海政报，2016（24）：3-16.

[104] 青海省人民政府关于积极推进“互联网+”行动的实施意见（青政〔2017〕12 号）. 青海政报，2017（2）：3-19.

[105] 青海省人民政府办公厅关于印发《进一步加强自然保护区建设管理工作》的通知（青政办〔2017〕117 号）. 青海政报，2017（13）：35-37.

[106] 青海省人民政府办公厅关于贯彻落实湿地保护修复制度方案的实施意见（青政办〔2017〕109 号）. 青海政报，2017（13）：7-11.

[107] 青海省人民政府办公厅关于印发《青海省生态环境监测网络建设实施方案》的通知（青政办〔2017〕124 号）. 青海政报，2017（15）：3-34.

[108] 青海省人民政府关于印发《创建生态旅游示范省工作方案》的通知（青政〔2017〕72 号）. 青海政报，2017（20）：7-27.

[109] 青海省人民政府办公厅印发《关于在全省开展“百日攻坚”行动实施方案》的通知（青政〔2018〕19 号）. 青海政报，2018（4）：26-36.

[110] 青海省人民政府办公厅关于印发《在全省开展“会战黄金季”专项行动实施方案》的通知（青政〔2018〕46 号）. 青海政报，2018（7）：32-39.

[111] 青海省人民政府办公厅关于印发《祁连山国家公园体制试点（青海片区）实施方案》的通知（青政办〔2018〕57 号）. 青海政报，2018（8）：35-42.

[112] 青海省人民政府办公厅转发省发展改革委关于青海省生态文明先行示范区建设 2018 年度工作要点的通知（青政办〔2018〕69 号）. 青海政报，2018（11）：14-23.

[113] 青海省人民政府办公厅关于印发《在全省开展“夏秋季攻势”专项行动实施方案》的通知（青政〔2018〕100 号）. 青海政报，2018（13）：31-38.

[114] 青海省人民政府办公厅关于印发《全省特色小镇和特色小城镇创建工作实施意见》的通知（青政办〔2018〕136 号）. 青海政报，2018（17）：30-36.

[115] 青海省人民政府关于印发《青海省打赢蓝天保卫战三年行动实施方案（2018—2020年）》的通知（青政〔2018〕86号）. 青海政报，2018（23）：3-10.

[116] 青海省人民政府办公厅关于加强长江青海段水生生物保护工作的实施意见（青政办〔2018〕187号）. 青海政报，2018（24）：25-27.

[117] 青海省人民政府关于印发《化肥农药减量增效行动总体思路及2019年试点实施方案》的通知（青政〔2019〕26号）. 青海政报，2019（5）：7-15.

[118] 青海省人民政府办公厅印发关于《在全省开展“会战黄金季”专项行动实施方案》的通知（青政办〔2019〕47号）（青政办〔2020〕110号）. 青海政报，2019（6）：15-18.

[119] 青海省人民政府办公厅印发关于在全省开展“收好官、开好局”专项行动实施方案的通知（青政办〔2020〕110号）. 青海政报，2019（18）：7-12.

[120] 政府工作报告——2020年1月15日在青海省第十三届全国人民代表大会第四次会议上. 青海政报，2020（2）：3-14.

[121] 青海省人民政府办公厅关于印发《青海省法治政府建设2020年工作要点》的通知（青政办〔2020〕23号）. 青海政报，2020（8）：5-7.

[122] 青海省人民政府办公厅关于印发《在全省开展“会战黄金季”专项行动实施方案》的通知（青政办〔2020〕28号）. 青海政报，2020（8）：20-25.

[123] 青海省人民政府关于贯彻落实国务院关于授权和委托用地审批权的决定的通知（青政〔2020〕50号）. 青海政报，2020（13）：3-4.

[124] 青海省人民政府办公厅关于加强农业种质资源保护与利用的实施意见（青政办〔2020〕49号）. 青海政报，2020（13）：6-8.

[125] 青海省人民政府办公厅关于印发《“夏秋季攻势”专项行动实施方案》的通知（青政办〔2020〕53号）. 青海政报，2020（13）：18-23.

[126] 青海省人民政府关于实施“三线一单”生态环境分区管控的通知（青政〔2020〕77号）. 青海省人民政府公报，2020（19）：3-6.

[127] 青海省人民政府办公厅印发《关于在全省开展“收好官、开好局”专项行动实施方案》的通知（青政办〔2020〕78号）. 青海省人民政府公报，2020（19）：12-16.

[128] 青海省人民政府办公厅关于印发《青海省自然资源领域省与市州县财政事权和支出责任划分改革实施方案》的通知（青政〔2020〕88号）. 青海省人民政府公报，2020（23）：13-16.

[129] 青海省人民政府办公厅关于印发《加强青海省草原保护修复若干措施》的通知（青政办〔2021〕61 号）. 青海省人民政府公报，2021（15）：41-48.

[130] 青海省人民政府　文化和旅游部关于印发《青海打造国际生态旅游目的地行动方案》的通知（青政〔2021〕56 号）. 青海省人民政府公报，2021（22）：3-17.

[131] 青海省人民政府办公厅关于进一步加强矿产资源勘查开发监督管理和执法工作的意见（青政办〔2021〕98 号）. 青海省人民政府公报，2021（23）：69-75.

[132] 青海省人民政府办公厅关于进一步加强土地监督管理和严格执法起草工作的意见（青政办〔2021〕111 号）. 青海省人民政府公报，2021（24）：36-43.

[133] 青海省人民政府办公厅关于印发《青海省枸杞产业发展“十四五”规划》的通知（青政办〔2022〕111 号）. 青海省人民政府公报，2022（24）：5-88.

[134] 青海省人民政府办公厅关于印发《青海省生态产品价值实现机制试点工作指导方案》的通知（青政办〔2022〕100 号）. 青海省人民政府公报，2022（22）：35-44.

[135] 青海省人民政府关于印发青海省实施工业经济高质量发展“六大工程”工作方案（2022—2025 年）的通知（青政办〔2022〕54 号）. 青海省人民政府公报，2022（19）：3-16.

[136] 青海省人民政府办公厅关于印发《青海打造国际生态旅游目的地行动方案任务分工》的通知（青政办〔2022〕11 号）. 青海省人民政府公报，2022（4）：3-14.

[137] 青海省人民政府办公厅关于印发《加强露天矿山监督管理若干措施》的通知（青政办〔2022〕23 号）. 青海省人民政府公报，2022（7）：14-19.

[138] 青海省人民政府办公厅关于印发《青海省农牧民住房建设管理办法》的通知（青政办〔2022〕28 号）. 青海省人民政府公报，2022（8）：19-31.

[139] 青海省人民政府办公厅关于印发《青海省“十四五”冷链物流发展实施方案》的通知（青政办〔2022〕38 号）. 青海省人民政府公报，2022（11）：5-22.

[140] 青海省人民政府办公厅关于印发《青海省建设项目环境影响评价文件分级审批规定》的通知（青政办〔2022〕42 号）. 青海省人民政府公报，2022（12）：22-26.

[141] 青海省人民政府办公厅关于印发《青海省“十四五”工业和信息化发展规划》的通知. 青海省人民政府公报（青政办〔2021〕80 号）. 2022（特刊上）：37-95.

[142] 青海省人民政府办公厅关于印发《青海省“十四五”综合交通运输体系发展规划》的通知（青政办〔2021〕87 号）. 青海省人民政府公报，2022（特刊上）：96-129.

[143] 青海省人民政府办公厅关于印发《青海省“十四五”生态环境保护规划》的通知（青政

办〔2021〕88 号）. 青海省人民政府公报，2022（特刊上）：130-185.

[144] 青海省人民政府办公厅关于印发《青海省“十四五”生态文明建设规划》的通知（青政办〔2021〕89 号）. 青海省人民政府公报，2022（特刊上）：260-320.

[145] 青海省人民政府办公厅关于印发《青海省“十四五”自然资源保护和利用规划》的通知（青政办〔2021〕97 号）. 青海省人民政府公报，2022（特刊上）：333-384.

[146] 青海省人民政府办公厅关于印发《青海省“十四五”水安全保障规划》的通知（青政办〔2021〕99 号）. 青海省人民政府公报，2022（特刊中）：1-68.

[147] 青海省人民政府办公厅关于印发《青海省“十四五”林业和草原保护发展规划》的通知（青政办〔2021〕116 号）. 青海省人民政府公报，2022（特刊中）：297-378.

[148] 青海省人民政府办公厅关于印发《青海省生态经济发展规划（2021—2035 年）》的通知（青政办〔2021〕122 号）. 青海省人民政府公报，2022（特刊中）：120-173.

[149] 青海省人民政府办公厅关于印发《青海省“十四五”能源发展规划》的通知（青政办〔2022〕12 号）. 青海省人民政府公报，2022（特刊下）：405-437.

[150] 青海省人民政府办公厅关于印发《国际生态旅游目的地青海湖示范区创建工作方案》的通知（青政办〔2023〕28 号）. 青海省人民政府公报，2023（6）：3-20.

[151] 农业农村部 科技部 财政部 人力资源和社会保障部 自然资源部 商务部 银保监会关于推进返乡入乡创业园建设 提升农村创业创新水平的意见（农产发〔2020〕5 号）. 农业农村部公报，2020（12）：6-9.

[152] 农业农村部 国家发展改革委 教育部 科技部 财政部 人力资源和社会保障部 自然资源部 退役军人部 银保监会关于深入实施农村创新创业带头人培育行动的意见（农产发〔2020〕3 号）. 农业农村部公报，2020（7）：9-12.

[153] 农业农村部办公厅关于印发《国家级水产种质资源保护区调整申报材料编制指南》的通知（农办渔〔2018〕35 号）. 农业农村部公报，2018（6）：48-50.

[154] 中共中央　国务院关于全面深化农村改革加快推进农业现代化的若干意见（2014 年 1 月 2 日）. 农业部公报，2014（2）：4-10.

[155] 农业部关于切实做好 2014 年农业农村经济工作的意见（农发〔2014〕1 号）. 农业部公报，2014（2）：15-22.

[156] 农业部办公厅关于印发《2014 年畜牧业工作要点》的通知（农办牧〔2014〕7 号）. 农业部公报，2014（2）：33-36.

[157] 农业部 国家发展改革委 科技部 财政部 国土资源部 环境保护部 水利部 国家林业局关于印发《国家农业可持续发展试验示范区建设方案》的通知（农计发〔2016〕88号）. 农业部公报，2016（9）：8-13.

[158] 农业部关于切实做好2017年草原保护建设重点工作的通知（农牧发〔2017〕5号）. 农业部公报，2017（3）：26-28.

[159] 农业部关于印发《全国草原保护建设利用"十三五"规划》的通知（农牧发〔2016〕16号）. 农业部公报，2017（1）：30.

[160] 农业部 国家发展改革委 科技部 财政部 国土资源部 环境保护部 水利部 林业局关于印发《全国农业可持续发展规划（2015—2030年）》的通知（农计发〔2015〕145号）. 农业部公报，2015（6）：4-16.

[161] 农业农村部 青海省人民政府关于印发《农业农村部 青海省人民政府共同打造青海绿色有机农畜产品输出地行动方案》的通知（农质发〔2021〕10号）. 农业农村部公报，2021（10）：23-31.

[162] 农业部 国家发展改革委 科学技术部 财政部 国土资源部 环境保护部 水利部 国家林业局关于印发《促进西北旱区农牧业可持续发展的指导意见》的通知（农计发〔2015〕148号）. 农业部公报，2015（7）：9-12.

[163] 农业部关于印发《西北旱区农牧业可持续发展规划（2016—2020年）》的通知（农计发〔2016〕46号）. 农业部公报，2016（3）：30-39.

[164] 农业部关于北方农牧交错带农业结构调整的指导意见（农计发〔2016〕96号）. 农业部公报，2016（12）：7-12.

[165] 农业部关于推动落实长江流域水生生物保护区全面禁捕工作的意见（农长渔发〔2017〕1号）. 农业部公报，2017（3）：24-26.

[166] 农业部关于印发《全国渔业发展第十三个五年规划》的通知（农渔发〔2016〕36号）. 农业部公报，2017（2）：51.

[167] 陈灵芝. 中国植物区系与植被地理. 北京：科学出版社，2014.

[168] 国家林业局. 中国湿地资源·青海卷. 北京：中国林业出版社，2015.

[169] 黄河水利委员会黄河志总编辑室. 黄河志（卷二）·黄河流域综述. 郑州：河南人民出版社，2017.

[170] 李万寿. 湟水流域水资源研究. 兰州：飞天出版传媒集团，甘肃文化出版社，2015.

[171] 刘加林，李晚芳，马翼飞，等. 生态脆弱区生态红线划定问题研究. 北京：中国农业出版社，2018.

[172] 刘昌明，周成虎，于静洁. 中国水文地理. 北京：科学出版社，2016.

[173] 刘鸿亮. 湖泊富营养化控制. 北京：中国环境科学出版社，2011.

[174] 马永来，蒋秀华，刘东旭. 黄河流域河流与湖泊. 郑州：黄河水利出版社，2017.

[175] 潘启民，田水利. 黑河流域水资源. 郑州：黄河水利出版社，2001.

[176] 祁明荣. 黄河源头考察文集. 西宁：青海人民出版社，1982.

[177] 青海省地方志编纂委员会. 青海省志·农业志. 西宁：青海民族出版社，2016.

[178] 青海省地方志编纂委员会. 青海省志·畜牧业志. 西宁：青海民族出版社，2016.

[179] 青海省地方志编纂委员会. 青海省志（十二）·农业志·渔业志. 西宁：青海人民出版社，1993.

[180] 青海省地方志编纂委员会. 青海省志（七）·长江黄河澜沧江源志. 郑州：黄河水利出版社，2000.

[181] 青海省地方志编纂委员会. 青海省志（九）·水利志. 郑州：黄河水利出版社，2001.

[182] 青海省地方志编纂委员会. 青海省志（八）·青海湖志. 西宁：青海人民出版社，1998.

[183] 青海省地质矿产局. 青海省区域地质志. 北京：地质出版社，1991.

[184] 青海省水利志编委会办公室. 青海河流. 西宁：青海人民出版社，1995.

[185] 青海省志编纂委员会. 青海省志·高原生物志. 西宁：青海人民出版社，2002.

[186] 山东省地方史志编纂委员会. 山东省志·水产志. 济南：山东人民出版社，1991.

[187] 王苏民，窦鸿身. 中国湖泊志. 北京：科学出版社，1998.

[188] 张立成，章申，董文江，等. 长江河源区水环境地球化学. 北京：中国环境科学出版社，1992.

[189] 张荣祖. 中国动物地理. 北京：科学出版社，2014.

[190] 郑度，杨勤业，吴绍洪. 中国自然地理总论. 北京：科学出版社，2015.

[191] 郑喜玉，张明刚，徐昶，等. 中国盐湖志. 北京：科学出版社，2002.

[192] 中国科学院兰州地质研究所，中国科学院水生生物研究所，中国科学院微生物研究所等. 青海湖综合考察报告. 北京：科学出版社，1979.

[193] 中国科学院兰州分院，中国科学院西部资源环境研究中心. 青海湖近代环境的演化和预测. 北京：科学出版社，1994.

[194] 周兴民. 青海植被. 西宁：青海人民出版社，1986.

[195] 《第一次全国水利普查成果丛书》编委会. 水利工程基本情况普查报告. 北京：中国水利水电出版社，2017.

[196] 《第一次全国水利普查成果丛书》编委会. 河湖基本情况普查报告. 北京：中国水利水电出版社，2017.

[197] 《青海省综合自然区划》编写组. 青海省综合自然区划. 兰州：兰州大学出版社，1990.

[198] 《中国河湖大典》编纂委员会. 中国河湖大典・综合卷. 北京：中国水利水电出版社，2014.

[199] 《中国河湖大典》编纂委员会. 中国河湖大典・长江卷（上下卷）. 北京：中国水利水电出版社，2014.

[200] 《中国河湖大典》编纂委员会. 中国河湖大典・西南诸河卷. 北京：中国水利水电出版社，2014.

[201] 《中国河湖大典》编纂委员会. 中国河湖大典・西北诸河卷. 北京：中国水利水电出版社，2014.

[202] 《中国河湖大典》编纂委员会. 中国河湖大典・黄河卷. 北京：中国水利水电出版社，2014.

[203] 《中国河湖大典》编纂委员会. 中国河湖大典・黑龙江・辽河卷. 北京：中国水利水电出版社，2014.